제4판

공업화학

정찬문 지음

자유아카데미

머리말

우리는 의약품, 화장품, 자동차, 컴퓨터, 휴대전화, 의복, 식품 등 '물질(materials)'로 된 다양한 제품을 사용하며 현대 문명의 풍요 속에서 살고 있다. 이러한 제품들은 모두 원료 물질로부터 화학적 원리를 이용하여 제품을 생산하는 화학 공업(chemical industry)과 밀접한 연관이 있다고 할 수 있다. 즉, 우리는 화학 공업의 혜택인 생활의 윤택함과 편리함을 만끽하면서 살고 있는 것이다. 공업 화학(industrial chemistry)은 바로 화학 공업에 있어서 화학 반응과 관련된 부분을 연구하는 학문이라고 할 수 있다. 또 다른 측면에서 본다면, 공업 화학은 '상업화와 관련된 화학'이라고도 할 수 있다. 즉, 기초 화학의 성과를 인간 생활을 풍요롭게 하는 데 어떻게 응용할 것인가를 연구하는 학문이라고 할 수 있다.

공업 화학 교재로는 '유기 공업 화학'과 '무기 공업 화학'을 별도로 다룬 책들이 다수 출판되어 있는데, 이 두 분야를 함께 다룬 교재의 출간에 대한 요청이 계속 제기되어 온 것이 이 책을 저술하게 된 주요 동기가 되었다. 2007년에 이 책이 처음으로 출판된 이래 2012년, 2020년에 개정판을 내놓았고, 이번에 다시 최신의 발전 동향을 반영하여 제4판을 내놓게 되었다.

이 책은 대학의 화학과, 공업화학과, 응용화학과, 고분자 관련 학과, 화학공학과 등에서 교재로 사용할 수 있도록 저술하였다. 석유 화학 공업, 산 · 알칼리 공업 등의 전통적인 분야와 나노 기술, 연료 전지, 반도체 등의 첨단 분야를 함께 다루었다. 1부 총론에서는 화학 공업의 전반적인 소개와 공업 화학의 개념을 소개한다. 2부 유기 화학 공업에서는 전통적인 석유 정제 공업, 석유 화학 공업, 석탄 화학 공업, 고분자를 다루었다. 3부 무기 화학 공업에서는 전통적인 산 · 알칼리 공업, 암모니아 · 비료 공업, 전기 화학 공업, 실리콘 소재와 함께, 우리나라가 세계적인 경쟁력을 갖고 있는 반도체에 대하여 기술하였다. 4부에서는 최근 화학 공업의 주축으로 자리 잡아 가고 있는 고부가가치 정밀 화학 공업의 대표적 분야를 다루었다.

좋은 책을 위해 최선을 다했지만 미흡한 부분이 있을 수 있다. 이 점은 양해를 바라며, 출간 후 나올 수 있는 수정사항 등은 자유아카데미 홈페이지(www.freeaca.com) 자료실에 제공할 예정이니 참고하기를 바란다.

끝으로, 이 책의 집필을 적극 권유하고 또 도움을 아끼지 않은 자유아카데미 관계자께 감사의 뜻을 전하고 싶다. 집필을 위해 다양한 도서, 잡지, 인터넷 등을 참고하였음을 여기서 미리 밝혀 둔다.

2024년

봄의 기운이 불어오는 미래캠퍼스에서

차례

1부 | 총 론

01 화학 공업

02 공업 화학의 의의와 역할

2부 | 유기 화학 공업

03 석유의 정제와 전화에 의한 석유 제품 생산

1부

총론

Industrial Chemistry

01 화학 공업

1.1 서론

우리 주변에는 생활의 기본인 옷, 음식, 주거에 사용되는 제품을 비롯하여 자동차, 전자 제품, 의약품, 화장품 등 **화학 공업**(chemical industry)에서 제조된 제품들로 가득하다. 일상생활에서 우리가 접하는 대표적인 화학 공업 제품을 [표 1.1]에 나타내었다. 이러한 제품들 덕분에 우리는 그 어느 때보다도 생활의 편리함과 윤택함을 만끽하고 있다. 이처럼 화학 공업은 인류의 생활을 풍요롭게 하기 위한 다양한 제품을 보다 효율적으로, 안전하고 저렴하게 생산하는 역할을 하고 있다.

화학 공업에 사용되는 원료는 석유, 석탄, 광물 등의 자원을 비롯하여 동식물에 이르기까지 매우 다양하다. 이러한 원료를 화학 반응을 통하여 유용한 물질로 전환하고, 또 제품화하여 대량 생산함으로써 소비자에게 제공하는 것이다. 결론적으로 **화학 공업의 정의**는 자연계에 존재하는 다양한 자원을 원료로 하여 화학적인 물질 변환을 포함하는 가공을 통해 인간 생활에 유용한 제품을 만드는 산업이라고 할 수 있다.

표 1.1 화학 공업 제품의 대표적인 예들

분 류	제품의 예
의복	속옷, 양복, 와이셔츠, 양말, 운동복
자동차 관련	타이어, 시트, 범퍼, 윤활유, 도료, 대쉬보드
스포츠용품	각종 공, 신발, 라켓, 낚싯대, 스키판
의약품	소화제, 해열제, 항암제, 항생제, 바이타민, 마취제, 진단 시약
생활용품	비누, 샴푸, 세제, 화장지, 화장품, 각종 용기
연료	도시 가스, 프로판 가스, 등유, 휘발유, 경유
전자 제품	디스플레이, 반도체 칩, 회로 기판, 전선, CD/DVD
식품	주류(맥주, 소주 등), 커피, 우유, 버터, 가공 식품, 식품 포장, 식용유
건축 재료	시멘트, 도료, 단열재, 벽지, 파이프, 욕조, 바닥재

1.2 화학 공업의 생산 공정

화학 공업의 생산 공정은 일반적으로, 많은 단위 반응과 단위 조작으로 구성되어 있다. 단위 반응(unit reaction)에는 나이트레이션(nitration), 설포네이션(sulfonation), 산화(oxidation), 환원(reduction), 전기 분해(electrolysis), 중합(polymerization) 등의 화학 반응이 포함되고, 단위 조작(unit process)에는 증류(distillation), 추출(extraction), 여과(filtration), 흡착(adsorption), 분쇄(mastication) 등의 물리적 수단이 포함된다. 이러한 단위 공정들이 원료 전처리, 화학 반응, 생성물의 분리 정제 등의 생산 과정을 구성하고, 최종적으로 제품의 형태로 얻어진다([그림 1.1]).

그림 1.1 화학 공업의 생산 과정

화학 공업의 중심에는 화학 반응이 있다고 할 수 있지만, 장치면에서 볼 때는 화학 반응기의 비중은 그리 크지 않다. 오히려 반응 전후의 분리 및 정제와 같은 물리적 수단에 더 큰 장치와 시간이 소요된다. 그렇지만 어떤 물질로부터 제품에 요구되는 특성을 얻기 위해서는 적절한 화학 반응을 통하여 원하는 물질로 전환되어야 하므로 이를 위한 공정을 안전하고 효율적으로 수행하는 화학 반응 공정은 역시 화학 공업의 핵심이라고 할 수 있다.

화학 공업은 단위 반응과 단위 조작을 수행하기 위한 수많은 장치로 구성된 **장치 산업**이다. 장치는 가능한 한 **대형화**하는 것이 유리한데, 이것은 제품 중량당 건설비, 인건비, 에너지 비용 등이 절감되기 때문이다. 예를 들어, 어떤 화학자가 실험실 규모에서 1 L짜리 플라스크로 1 g의 유용한 신물질 합성에 성공했다고 하자. 시장 규모 등을 종합하여 계산한 결과 하루에 1,000 kg을 생산해야 경제성이 있다는 결론이 내려졌다고 하자. 이 생산 속도를 달성하기 위한 방법으로는 아주 단순하게 다음의 두 가지를 생각해 볼 수 있다. 첫 번째 방법은 1 L짜리 플라스크를 100만 개 사용하고 플라스크 10개당 한 명씩 총 10만 명의 인력을 채용하여 거대한 면적의 공장에서 생산하는 방법이다. 두 번째 방법은 1,000 m^3 부피의 대형 반응기 한 개를 사용하고 필요한 인력 10명을 채용하는 것이다. 위의 두 가지 방법에서의 생산 속도는 같겠지만 인건비, 건설비 등의 비용을 생각할 때 두 번째 방법, 즉 대형화가 경제적으로 더 유리하다는 것을 알 수 있다. 실제로 화학 공업의 공장은 수많은 대형 장치로 구성되어 있음을 볼 수 있다([그림 1.2]).

그림 1.2 화학 공업 공장의 모습(www.usamanufacturingguide.com)

화학 공업의 제조 방식은 회분식(batch type)보다는 **연속식**(continuous type)으로 되어 있는 경우가 많다. 석유 정제, 석유 화학 공업, 비료 공업, 정밀 화학 공업 등 대부분의 화학 공업 분야가 연속화된 공정을 사용하고 있다. 공정을 연속화함으로써 제품의 균질화, 생산 원가 절감, 생산 속도의 향상을 기대할 수 있다. 이처럼 화학 공업이 연속화되고 대형화됨에 따라 컴퓨터를 사용한 자동 제어 방식이 채용되고 있다.

1.3 유기 화학 공업과 무기 화학 공업

유기 화합물은 탄소(C)를 중심으로 수소(H), 질소(N), 산소(O), 황(S), 할로젠(halogen) 등의 원소가 결합된 '탄소의 화합물'을 지칭한다. 탄소 화합물이지만 다이아몬드, 흑연, 탄소 산화물(CO, CO_2 등), 금속 원소의 탄산염(KCN, Na_2CO_3 등) 등의 몇 가지 화합물은 제외된다. **유기 화학 공업**은 유기 화합물을 기본으로 한 제품을 생산하는 화학 공업이라고 할 수 있다. 이 '제품'이라는 용어 안에는 최종 제품이 물론 포함될 뿐 아니라, 다른 분야의 원료로 사용되는 기초 원료 및 중간 원료까지도 포함된다.

현재 유기 화학 공업의 원료 대부분은 유기 혼합물인 석유에서 얻어지고 있다. 그 외에 천연 가스와 석탄도 원료 자원으로 이용되고 있으며, 동식물 등의 생물 자원에서도 유기 원료가 얻어진다. 이러한 원료를 사용하여 각종 연료, 고분자 제품, 유지, 계면활성제, 의약품, 화장품 등이 제조된다. 또한 유기 물질을 원료로 사용하여 수소, 일산화 탄소, 황 등의 무기계 기초 원료를 얻기도 한다.

무기 화합물은 유기 화합물에 속하지 않는 화합물을 지칭하며, **무기 화학 공업**은 무기 화합물을 기본으로 한 기초·중간 원료와 최종 제품을 생산하는 화학 공업이라고 할 수 있다. 무기 화학 공업은 공기나 황, 황철광, 인광석, 규산염 등의 광물 자원 등을 원료로 하여 화학 비료, 산・알칼리, 금속, 세라믹 등의 무기 제품을 생산한다. 전기 화학 공업, 촉매 공업도 대체적으로 무기 화학 공업의 범주에 속한다.

위에서 유기 화학 공업과 무기 화학 공업을 분리하여 설명하였으나 세분화된 분야에서 보면 두 화학 공업이 병행되고 있는 경우도 많다. 예를 들어, 화장품, 의약, 반도체 제품 등에는 유기 및 무기 성분이 함께 사용된다. 따라서 유기-무기 화학 공업은 서로 관련되어 있다고 할 수 있다. 화학 공업이 효과적으로 발전하기 위해서는 유기 및 무기 화학 공업이 상호 협조 및 보완 관계를 가져야 할 필요가 있다.

1.4 전통적 화학 공업과 정밀 화학 공업

화학 공업 생산 제품의 정밀성이나 기능성 등의 기술적 특성에 따라 크게 전통적 화학 공업과 정밀 화학 공업으로 나눌 수 있다. **전통적 화학 공업**은 석유 화학 공업, 석탄 화학 공업, 산・알칼리 공업, 비료 공업, 전기 화학 공업 등으로서 저가의 일반 화학 제품(또는 범용 화학 제품이라고도 함. commodity chemicals)을 대량으로 제조하는 것이 특징이다. **정밀 화학 공업**은 석유 화학 공업 등으로부터 제공받은 기초 원료, 중간체, 최종 제품 등을 다단계 공정을 거쳐 가공, 배합하여 완제품을 생산하는 자본・기술 집약적 화학 공업으로 정의되며, 소량 생산형으로 가공도가 높고 부가가치가 높은 정밀 화학 제품(fine chemicals)을 생산한다. [표 1.2]에 일반 화학 제품과 정밀 화학 제품의 구체적인 예를 소개한다.

정밀 화학 공업은 부가가치가 높은 지식집약형 산업으로서, 근래 들어 선진 다국적 기업을 중심으로 연구 개발에 집중 투자가 이루어지고 있다. 우리 나라도 이러한 세계적인 추세에 발맞추어 정밀 화학 공업에 대한 원천 기술 개발에 많은 투자가 이루어져야 경제 강국으로서의 위치를 유지할 수 있다.

표 1.2 일반 화학 제품과 정밀 화학 제품

대분류	소분류
일반 화학 제품	석유 화학 제품, 석탄 화학 제품, 산・알칼리 공업 제품, 비료
정밀 화학 제품	의약, 농약, 염・안료, 화장품, 접착제, 계면활성제, 첨가제, 촉매, 사진용 화합물, 도료, 촉매, 형광체, 실리콘

1.5 원료 자원, 에너지원 및 환경 문제

1.5.1 원료 자원

화학 공업에서 사용하는 원료는 자연계에서 얻어지는 다양한 자원이다. 공기, 물을 비롯하여 각종 지하자원, 바닷물 속 용해 성분, 동식물에 이르기까지 매우 다양하다. 세계 인류의 전반적인 생활 수준 향상에 따라 화학 공업 제품의 소비량이 지속적으로 많아지고 있고, 따라서 안정적인 원료의 수급이 매우 중요하다.

원료 자원 중에는 현재 매우 중요하게 사용되고 있지만 고갈 위기를 맞고 있는 것도 있다. 또한 새롭게 중요성이 인식되어 급격하게 사용량이 증가하거나 또는 반대로 환경이나 인체에 대한 위해성 때문에 사용량이 급감하는 것들도 있다. 예를 들어, 석유는 인류 문명의 발전에 지대한 역할을 해 왔지만 고갈 위기 때문에 그 대체 자원의 개발이 시급한 실정이다. 실리콘 결정은 1950년 정도까지만 해도 이용 가치가 별로 없는 것으로 인식되는 소재였지만 현재는 막대한 규모의 반도체 산업의 주요 원료가 되고 있다. 반대로, 납은 과거에 페인트, 가솔린, 배관 밀봉 재료 등에 첨가되어 대량으로 사용되었지만 납중독의 위험성이 밝혀진 이후 많은 분야에서 사용이 금지되고 있다. 화학 공업의 발전을 위해서는 새로운 용도에 맞는 원료 자원의 개발과, 기존 원료의 새로운 용도 개발이 함께 지속적으로 수행되어야 한다.

유기 화학 공업의 원료는 현재 석유 및 천연 가스가 약 95 %를 차지하고, 석탄 및 기타가 나머지 5 %를 차지하고 있다([표 1.3]). 특히 석유에서 얻어지는 나프타(naphtha)는 현재 대부분의 유기 화학 공업 제품의 원료가 되고 있다. 그러나 석유는

표 1.3 유기 화학 공업의 원료

	종류	용도
현재의 주요 원료	석유	석유의 증류로 얻은 나프타를 열분해하여 기초 원료 제조
	석탄, 천연 가스	합성 가스, 방향족 화합물
	동식물	유지, 천연 섬유, 천연 고무, 종이, 향료, 의약
미래의 주요 원료 (석유 대체 원료)	석탄	합성 가스, 액상 탄화수소, C1 화학
	천연 가스	합성 가스, C1 화학
	산업 및 생활 폐기물	가스, 기초 원료
	바이오매스	알코올, 탄화수소, 수소, 단백질, 식물 유지
	기타: 오일쉘, 오일샌드, 동물 유지	

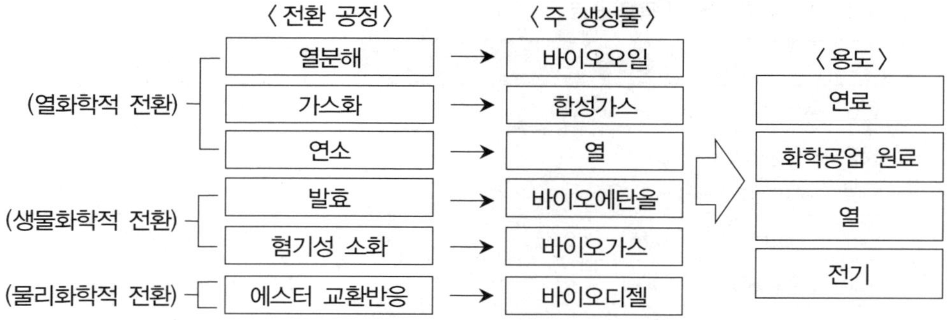

그림 1.3 바이오매스의 전환 공정, 주 생성물과 용도.

머지 않은 장래에 고갈 위기를 맞게 될 것으로 예상되며, 또한 석유 파동의 가능성이 상존하기 때문에 석유 대체 원료 자원의 개발이 시급하다. 장래의 원료 자원으로서는 매장량이 석유의 약 50배로 추정되는 석탄을 들 수 있다. 현재는 경제성 문제 때문에 많이 사용되지 못하고 있지만, 지속적인 기술 개발이 이루어지고 있으므로 석유 대체 원료 자원으로서 매우 중요한 역할을 하게 될 것으로 예상된다. 특히 석탄과 천연 가스로부터 출발하는 'C_1 화학(C_1 chemistry)'은 유기 화학 공업의 주요 기초 원료를 생산하는 데 주된 역할을 할 것으로 전망되고 있다. 이 밖에 폐기물, 동물, **바이오매스**(biomass) 등도 석유 대체 원료로서 연구되고 있다([표 1.3]). 바이오매스는 태양 에너지를 받아 광합성에 의하여 생성되는 식물체, 균체, 그리고 이를 먹고 살아가는 동물체를 뜻하는 것으로, 앞으로 원료로서의 사용량이 지속적으로 증가할 것으로 예상된다. 대표적인 바이오매스로는 식용 자원인 옥수수, 사탕수수, 콩 등이 있고, 비식용 자원인 식물 줄기, 목재, 미세 조류, 해조류 등이 있다. [그림 1.3]에 나타내었듯이 바이오매스를 다양한 공정으로 처리하여 화학 공업 원료를 얻을 수 있다. 대표적으로, 바이오오일(bio-oil), 합성가스, 바이오에탄올(bio-ethanol) 등이 화학 공업 원료로서 활용될 수 있다. 바이오오일은 바이오매스의 열분해에 의해 얻어지는 것으로, 당(sugar) 관련 성분, 리그닌(lignin) 관련 성분 등의 다양한 화합물의 혼합물이다. 바이오에탄올은 바이오매스의 발효에 의해 얻어진다.

무기 화학 공업의 원료는 크게 공기, 물, 광물로 나눌 수 있다. 공기로부터는 액화(liquefaction) 및 분리(separation) 공정을 통하여 산소와 질소를 얻는다. 산화(oxidation) 공정에서 공기 또는 순수한 산소가 사용되고, 질소는 주로 암모니아의 원료로 사용된다. 물의 전기 분해에 의하여 수소와 산소를 얻고 있으며, 각종 광물 자원으로부터 다양한 무기 화학 제품이 생산된다. [표 1.4]에 무기 화학 공업의 광물 원료 중 대표적인 것을 예시하였다.

첨단 산업에 주로 사용되는 '**희소 금속**(rare metal)'에 대한 관심이 최근 전 세계적

표 1.4 무기 화학 공업의 광물 원료

광물명	용 도
탄산리튬(lithium carbonate, Li_2CO_3)	리튬 제조
황광, 황철광(pyrite, FeS_2), 자류 철광(pyrrhotite, $Fe_{5-16}S_{6-17}$)	황 제조, 황산 제조
인광석(phosphate, $3Ca_3(PO_4)_2 \cdot CaF_2$)	인 제조, 인산 제조
보크사이트($Al_2O_3 \cdot 3H_2O$)	알루미늄 제조
실비나이트(sylvinite, $KCl \cdot NaCl$), 카널라이트(carnallite, $KCl \cdot MgCl_2 \cdot 6H_2O$)	칼륨 제조, KCl 제조
자철광(Fe_3O_4), 적철광(Fe_2O_3) 갈철광($Fe_2O_3 \cdot nH_2O$)	철 제조
산화규소(silicon oxide, SiO_2)	실리콘 제조

으로 높아지고 있다. 희소 금속은 '지각 내에 존재량이 적거나 추출이 어려운 금속 자원 중 현재 산업적 수요가 있으며, 향후 수요 신장이 예상되는 금속 원소'라고 정의된다. 최근에 다양한 IT 첨단 제품이 쏟아져 나오면서 희소 금속에 대한 수요는 점점 증가하고 있다. 예를 들어, 이제는 생활필수품이 된 휴대 전화에도 희소 금속이 20종류나 들어있다. 당연히 세계 각국에서도 희소 금속 확보에 치열한 경쟁을 벌이고 있다. 희소 금속의 매장량이 기본적으로 적은 데다가 일부 국가에 편중되어 있고, 특히 희토류 원소(rare earth elements)의 경우는 매장량의 98 %가 중국에 집중되어 있어서 '자원 무기화'가 되고 있는 실정이다. 우리나라에서는 총 35종 56개 원소를 희소 금속으로 지정하여 특별 관리하고 있다. [표 1.5]에 희소 금속을 7가지로 분류하고, 대표적인 원소와 용도를 정리하였다.

표 1.5 희소 금속의 분류 및 대표적인 용도

분류	대표적인 원소	대표적인 용도
알칼리 원소	리튬, 베릴륨, 스트론튬	2차 전지, 자성 재료
백금족 원소	백금, 팔라듐	전극 재료(태양 전지용 포함)
반금속 원소	게르마늄, 인, 셀렌	반도체, 발광 다이오드(LED)
희토류 원소	란타넘계 원소, 스칸듐, 이트륨	형광 물질, 광학 제품, 반도체, 2차 전지
고융점 원소	티타늄, 크로뮴, 텅스텐	고강도 합금, 도금 재료
보론족 원소	붕소, 갈륨, 인듐	반도체, 디스플레이 패널
철족 원소	코발트, 니켈	2차 전지, 촉매, 고성능 합금

1.5.2 에너지원

현재 전 세계적인 에너지 소비 구조를 살펴보면 공업, 운송, 기타(가정, 농업 포함)의 세 분야에서 각각 1/3 정도씩을 소비하고 있다. 공업 분야에 있어서 화학 공업은 철강 공업 다음으로 에너지를 많이 소비하고 있다.

에너지원 중에서는 석유의 비중이 가장 크고, 나머지는 석탄, 천연가스, 원자력, 수력 등이 담당하고 있다. 이들 중 석유, 석탄, 천연가스 같은 화석 연료는 연소 시 지구 온난화(결과적으로 기후변화 위기)의 원인이 되는 이산화탄소를 다량 발생하기 때문에 사용량을 감축할 필요가 있다. 석유는 현재뿐만 아니라 미래에도 화학 공업 원료로서 매우 중요하기 때문에, 그리고 전 세계가 직면한 기후변화 위기를 극복하기 위하여, 에너지원으로서의 석유의 사용량을 줄여야 할 필요성이 강하게 대두된다. 따라서 국가적, 세계적으로 석유 대체 에너지의 개발이 당면과제로 떠오르고 있다. 석유 대체 에너지의 조건으로서는 지구를 오염시키지 않는 청정 연료이어야 하며, 자원량이 풍부할 것 등을 들 수 있다. 미래의 주요 에너지원으로서 떠오르고 있는 것은 원자력, 수소, 태양, 지열, 해양, 바이오매스 등이다([표 1.6]). 이중 특히 세계 주요국이 차세대 에너지원으로 수소와 바이오 연료(biofuel)를 주목하고 있다.

수소는 연소 후에도 공해물질을 배출하지 않아(연소 생성물이 물임) 지구 온난화와 대기오염 문제를 해결할 친환경 에너지원으로 각광받고 있다. 또한 에너지원의 저장에 있어서, (전력의 경우 방전 손실이 있는데 비하여) 수소를 장기간 안전하게 저장할 수 있다는 장점이 있다. 아울러 수소는 가스 혹은 액체 상태로 수송이 용이하고, 전력 대비 수송 손실도 10분의 1 수준에 불과하다. 세계 수소시장은 2050년 2조 5000억 달러 규모로 성장해 전체 에너지 수요의 18 %를 차지할 전망이다. 머지않아 수소를 주 에너지원으로 활용하여 필요한 에너지를 전부 수소로 얻는 '수소 도시'도

표 1.6 석유 대체 에너지

분류	에너지를 얻는 방법
화석 에너지	석탄의 액화 또는 가스화 오일쉘(oil shale), 오일샌드(oil sand), 셰일가스(shale gas)
원자력 에너지	핵분열, 핵융합
태양 에너지	태양열 발전, 태양 전지
수력 에너지	수력 발전
해양 에너지	파력 발전, 조력 발전, 해류 발전
기타	연료 전지, 풍력 발전, 지열 발전, 바이오매스

등장할 것으로 보인다. 수소로 가정집과 건물에 전기와 냉·난방을 공급하고 수소연료전지 기반의 수소자동차가 도로를 달리는 '깨끗한 도시'가 최종 목표다. 이에 따라 세계 주요국이 수소경제로의 전환에 속도를 내고 있다. 현재 수소는 석유화학 공정 부산물로 나오는 수소와 천연가스를 개질해 만드는 수소가 대부분이지만, 주요국은 재생에너지 전력으로 물을 전기분해해 얻는 청정 수소의 비중을 높이기 위해 기술개발에 총력을 기울이고 있다. 태양광이나 풍력으로 얻는 전기를 수소(또는 메탄가스)로 변환하여 저장하는 기술을 P2G(power to gas) 기술이라고 한다. 수소로 저장해 두면 필요할 때 수소연료전지를 통해 전기에너지로 바꿀 수 있다.

바이오 연료는 식물이나 미생물과 같은 바이오매스를 원료로 하여 얻어지는 연료이다([그림 1.3], [표 1.7]). 화석 연료와 바이오 연료 모두 바이오매스에 기원하고 있으나, 장기간 탄화 작용에 의해 생성된 화석 연료에 비해 바이오 연료는 생성과 소비 과정에서의 탄소 사이클이 균형적이기 때문에 **탄소 중립**적 에너지라 불린다. 즉, 식물은 성장하는 동안 이산화탄소를 흡수하며, 이 식물로부터 제조된 바이오 연료가 연소될 때 방출되는 탄소의 양은 성장 시 흡수된 양과 거의 같다. 바이오에탄올을 예로 들면, 연료의 생산부터 최종 자동차 연소에 이르는 전 주기를 분석한 결과, 바이오에탄올이 휘발유에 비해 탄소 배출량이 절반 정도인 것으로 평가된다. 세계 바이오 연료 시장은 바이오매스 원료가 풍부한 국가들 중심으로 발달되어 있으며, 주요국 정부는 바이오 연료 사용 의무화 제도 정책을 시행하고 있다. 바이오 연료는 [표 1.7]에 나타낸 것과 같이 상태에 따라 고체, 액체, 기체로 나눌 수 있고, 주로 액체 상태로 활용된다. 발전용으로 사용하거나, 자동차용 휘발유 또는 경유에 혼합하여 사용한다.

표 1.7 바이오 연료의 분류

유형		설명
고체 연료	바이오 고형연료	목재펠릿 형태로 제조되며, 발전용으로 사용됨
액체 연료	바이오에탄올	주로 바이오매스의 발효로 생산되며, 자동차용 휘발유에 혼합하여 사용 가능함
	바이오부탄올	주로 폐목재와 폐농작물의 발효로 생산되며, 자동차용 휘발유에 혼합하여 사용 가능함
	바이오디젤	지방산 메틸 에스터로서, 자동차용 경유에 혼합하여 사용 가능함
	바이오중유	지방산 메틸 에스터, 지방산 에틸 에스터의 혼합물로서, 발전용 연료에 혼합하여 사용 가능함
기체 연료	바이오가스	바이오매스의 미생물에 의한 혐기성 소화로 주로 생산되며, 메테인이 주성분임.

1.5.3 환경 문제

화학 공업은 인류의 삶을 풍요롭게 만드는 중요한 역할을 하는 반면에 환경 오염의 원인 제공을 하고 있다는 지적을 받고 있다. 과거에 화학 공업의 급성장 과정에서 환경 문제를 야기해 온 것이 사실이다. 그러나 화학 공업 자체가 환경 오염의 원인이라는 일반인의 인식은 잘못된 것이며, 가장 근본적인 문제는 환경 보호에 대한 의식의 결여라고 할 수 있다. 즉, 모든 화학 공업 관련 업체에서 환경 보호 의지가 확고하다면 오염 방지 시설의 완비와 운영을 통해 얼마든지 환경 오염의 방지를 실현할 수 있다고 판단된다. 나아가, 공해 물질의 제거를 포함한 환경 문제 해결의 핵심 역할을 할 수 있는 분야는 화학 관련 학문과 기술(화학, 공업 화학 및 화학 공학)이라고 할 수 있다.

환경 오염은 크게, 공장 배출물에 의한 오염(수질, 대기, 토양), 제품에 함유된 위해 물질(의약품, 식품, 페인트, 접착제), 기타(소음, 진동, 악취, 배출 온수, 폭발 사고 등)의 세 가지 분야로 나누어진다. 환경공학자, 화학자, 화학 공학자가 협력하여 이미 진행된 환경 문제를 해결해 가면서, 궁극적으로는 오염 물질을 거의 배출하지 않는 생산 시스템을 개발할 필요가 있다.

현재 전 세계적으로 대두된 환경 문제는 지구 온난화, 산성비, 오존층의 파괴 등을 들 수 있다. **지구 온난화**는 대기 중에 포함된 이산화탄소(CO_2), 메테인(CH_4), 아산화질소(N_2O) 등의 양이 증가하면서 이들 기체가 지구 표면으로부터의 열의 방사를 억제함으로써 일어난다. 지구의 기온이 올라감으로써 해면이 상승하여 대규모 수몰 지대가 생길 것으로 우려되며, 생태계 변화, 엘리뇨 현상 등의 기상 이변(태풍, 가뭄, 홍수)이 심해지고 있다. 방지 대책으로서는 화석 연료 대체 에너지의 개발, 이산화탄소를 흡수하는 삼림의 보호, 이산화탄소의 고정·회수 기술의 개발 등을 들 수 있다.

산성비는 공장이나 발전소 등에서 대기로 배출되는 황 산화물(SOx), 자동차의 배기가스에 함유된 질소 산화물(NOx)이 빗물에 녹아 pH가 5.6 이하로 낮아진 빗물을 의미한다. 황을 포함한 연료가 연소될 때 이산화황(SO_2)이 배출되고, 이것은 2단계 반응을 거쳐 황산으로 변한다. 먼저, 대기 중에서 이산화황이 산화되어 삼산화황(SO_3)으로 전환되고(식 1.1), 이것이 빗물에 녹으면 황산이 된다(식 1.2).

$$SO_2(g) + \frac{1}{2}O_2(g) \longrightarrow SO_3(g) \qquad (1.1)$$

$$SO_3(g) + H_2O \longrightarrow H_2SO_4(g) \qquad (1.2)$$

질소 화합물을 포함한 연료가 연소될 때 산화질소(NO)가 배출되고, 이것이 대기 중에서 산화되어 이산화질소(NO_2)가 생성된다. 이것이 빗물에 녹아 질산(HNO_3)과 아질산(HNO_2)이 생성된다(식 1.3).

$$2NO_2(g) + H_2O \longrightarrow HNO_3(g) + HNO_2(aq) \quad (1.3)$$

산성비는 생태계를 파괴하고 건축물이나 문화재에 피해를 준다. 방지 대책으로는 연료 및 배출가스에서 황 산화물과 질소 산화물의 제거가 있다.

에어컨이나 냉장고의 냉매로 사용되는 클로로플루오로카본(chlorofluorocarbon: CFC), 스프레이에 포함된 할론(halon) 등의 물질이 대기 중으로 유출되면 태양광의 자외선에 의해 분해되어 염소 또는 브로민 원자가 생성되고(식 1.4), 이들이 성층권의 오존과 반응하여 **오존층**을 파괴한다(식 1.5 및 1.6). 한 개의 염소 원자는 수만 개의 오존 분자를 분해시킬 수 있는 것으로 보고되어 있다. 오존층이 엷어질수록 태양으로부터의 강한 자외선이 지구에 더 많이 도달하게 되므로 생물의 생장에 해를 주게 되며, 특히 인간의 피부암이 크게 증가할 우려가 있다. 대책으로는 CFC나 할론의 사용을 규제하고 이 물질들을 대체할 수 있는, 즉 염소나 브로민을 포함하지 않는 물질을 사용할 필요가 있다.

$$CF_2Cl_2(g) \longrightarrow CF_2Cl(g) + Cl\cdot(g) \quad (1.4)$$

$$Cl\cdot(g) + O_3(g) \longrightarrow ClO\cdot(g) + O_2(g) \quad (1.5)$$

$$ClO\cdot(g) + O_3(g) \longrightarrow Cl\cdot(g) + 2O_2(g) \quad (1.6)$$

최근 (초)미세먼지(particulate matter, PM)가 우리나라 환경 문제의 주요 이슈로 대두되고 있다. (초)미세먼지는 직경에 따라 PM10과 PM2.5 등으로 구분하는데, PM10은 직경 2.5~10 ㎛의 먼지로 미세먼지라고 부르며, PM2.5는 2.5 ㎛ 이하의 먼지로 초미세먼지라 부른다. (초)미세먼지의 주요 원인으로서는 화석 연료의 연소(난방, 발전, 운송), 건설, 공장의 생산 공정 등이 있다. (초)미세먼지는 배출원으로부터 직접 배출된 것일 수도 있고, 황산화물(SOx), 질소산화물(NOx), 암모니아(NH_3), 휘발성 유기화합물(VOCs)등의 전구물질이 배출원으로부터 배출된 후 대기 중에서 반응하여 2차 생성된 것일 수 있다. 자연적으로 존재하는 (초)미세먼지로서는 광물 입자(예: 황사), 소금 입자, 생물성 입자(예: 꽃가루, 미생물)등이 있다. 미세먼지는 천식과 같은 호흡기계 질병을 유발하고 폐 기능의 저하를 초래한다. 또한, 미세먼지는 시야를 방해하고, 식물의 잎 표면에 침적되어 신진대사를 방해하며, 건축물이나 유적물 및 동상 등에 퇴적되어 부식을 일으킨다. 초미세먼지는 입자가 미세하여 흡입시 코의 점막을 통해 걸러지지 않고 폐포까지 직접 침투하여 혈관까지 들어가기 때문에 각종 질병을 유발한다. 방지 대책으로서는 화석 연료 대체 에너지의 개발, 배출가스에서 오염 물질 제거 등이 있다.

1.5.4 화학 공업에서의 청정 생산

1992년 브라질의 리우데자네이루에서 개최된 지구정상회담에서 지구 환경 보전을 위한 이념적 방향의 설정과 함께 행동 강령으로서 '의제 21(Agenda 21)'을 채택한 바 있다. 의제 21은 환경 문제 해결을 위해 정부, 기업, 사회의 실천을 권고하는 내용으로서, 산업계에서의 실천 방법은 '**청정 기술**(clean technology)'이라는 인식이 확산되고 있다.

발생된 오염 물질을 저감하기 위해 일반적으로 적용되는 기술인 사후 처리(end of pipe: EOP) 기술은 고가의 비용이 투입됨에도 불구하고 효율이 떨어지고, 경우에 따라서는 다른 오염 물질로 전환되거나 이차 오염 물질의 발생을 초래할 수 있기 때문에 환경 문제를 근본적으로 해결하지 못하고 있다. 반면 청정 생산 기술은 오염 문제의 발생을 근원적으로 억제할 수 있기 때문에 환경 문제를 효과적으로 해결할 수 있다. 여기에는 폐기물의 최소화, 에너지 사용의 최소화, 자원 절감, 환경 친화적인 제품의 개발 등과 관련된 기술이 포함된다. 구체적인 기술을 제품 및 서비스, 공정, 경영 분야로 나누어 [표 1.8]에 정리하였다.

표 1.8 청정 생산 기술의 분류

분야	세부 기술 분류	기술의 내용
제품 및 서비스	청정 제품 설계 기술	제품의 설계 단계에서 환경 및 자원 보전을 고려한 기술 – 긴 수명의 제품 개발 – 재활용률을 높인 제품 개발 – 에너지 사용이 적은 제품 개발 – 인체 및 환경에 무해한 제품 개발
공정	청정 원천 공정 기술	생산 공정을 근본적으로 개선하여 오염 물질 발생을 최소화하거나 생산 효율을 높이는 기술 – 오염 물질 발생이 최소화된 공정 개발 – 공정 최적화
	유해성 원부재료 대체기술	환경 친화적인 원부재료로 대체하여 오염 물질의 발생을 제거 또는 최소화하는 기술 – 중금속 미사용 기술 개발 – 건식 공정 개발 – 유기 용매 미사용 기술 개발
	공정 내 재자원화 기술	발생한 폐기물 또는 부산물을 공정 내에서 재자원화하여 환경 오염 부하를 최소화하는 기술 – 공정 폐수를 재활용한 무방류 시스템 개발 – 공정 내 부산물 재활용 기술 개발
경영	환경 친화적 경영	환경 친화적 경영 시스템 구축

[출처: 화학세계]

예를 들어, 제품의 설계 부문에서는 긴 수명의 제품, 재활용률이 높은 제품, 에너지 사용량이 작은 제품, 인체 및 환경에 무해한 제품 등을 설계함으로써 폐기물 감소, 에너지 사용 최소화, 자원 절감, 환경 위해성 감소 등의 효과를 가져 올 수 있다. 또한 생산 공정 부분에서도 오염 물질 발생이 최소화되거나 생산 효율이 높은 기술을 개발할 필요가 있다. 생산에 투입되는 원부재료 면에서도 중금속 촉매 등을 사용하지 않는 기술, 용매 없이 진행되는 건식 공정 기술, 유기 용매 대신에 물을 사용하는 기술 등을 개발할 필요가 있다. 발생한 폐기물을 재활용하여 폐기물 배출을 최소화하는 기술과 생산 공정에서 발생한 부산물을 재활용하는 기술을 개발하는 것도 중요하다.

1.5.5 녹색 화학

청정 기술 중 화학 분야에 해당하는 개념을 **녹색 화학**(green chemistry) 또는 지속가능한 화학(sustainable chemistry)이라고 부른다. 녹색 화학은 유해한 물질의 사용 또는 발생을 최소화할 수 있는 화학 제품 또는 화학 공정을 설계한다는 개념이다. 다른 말로 하면, 환경친화적인 제품 생산을 위한 화학이라고 할 수 있다.

녹색 화학의 제1 목표는 화학 공정 또는 화학 제품에 의한 환경 부하를 대폭 감소시키는 것이다. 제2 목표는 우수한 경제성과 효율성을 확보하여 공정 또는 제품이 산업 또는 일상에서 실제로 활용할 수 있게 하는 것이다. 제3 목표는 결과적으로 화학과 사회 간의 신뢰 관계를 구축하는 것이다. 이러한 목표를 달성하기 위한 12가지 원칙이 제시되어 있다([표 1.9]).

[표 1.9]의 녹색 화학에 해당하는 몇 가지 사례를 들어보면 다음과 같다.

가) 독성이나 인화성이 높은 시약이나 유기 용매를 사용할 경우 세심하게 주의를 기울여도 사고의 위험성을 완전히 배제할 수 없다. 이러한 물질을 사용하지 않고도 같은 수준의 효율로 합성할 수 있다면 최선일 것이다. 폴리카보네이트의 전통적인 합성법(식 1.7)은 비스페놀A와 포스젠(phosgene)을 계면중합(interfacial polymerization)으로 반응시켜 합성하는 것이다. 이 방법에는 매우 유독한 포스젠 단량체와 다이클로로메테인 같은 유기 용매가 사용된다. 녹색 화학적 방법으로서, 위험성이 현저히 낮은 단량체들을 가열하여 용융된 상태에서 반응시켜 폴리카보네이트를 합성하는 용융법(melting method)이 개발되었다(식 1.8). 이 방법에서는 포스젠 대신 다이페닐 카보네이트를 사용하고, 유기 용매는 사용하지 않는다(무용매 중합에 해당함).

표 1.9 녹색 화학의 12 원칙

번호	개념	원칙
1	폐기물 발생 방지	폐기물이 발생한 후 처리하는 것보다 발생하지 않도록 하는 것이 더 바람직하다.
2	원자 경제성	화학 공정에서 투입되는 모든 물질들이 최종 제품에 최대한 들어가도록 하는 합성법을 사용한다. 즉 반응 완료 후에 제품에 들어가지 않고 버려지거나 회수되는 원료 화합물의 양을 최소화한다.
3	유해성이 낮은 합성	합성에 있어서, 사람 또는 환경에 독성을 나타내는 물질의 사용을 피하고, 독성 물질이 발생하지 않도록 설계한다.
4	안전한 화학 제품 설계	화학 제품은 본래의 기능을 발휘하면서도 유해성은 최소화하는 방향으로 설계되어야 한다.
5	안전한 용매 및 보조 물질 사용	합성 보조 물질(용매, 분리 정제용 물질 등)은 가능하면 사용하지 않도록 하며, 사용이 불가피하면 유해성이 낮은 것을 선택한다.
6	에너지 효율	에너지 소비는 환경 및 경제에 미치는 영향을 고려하여 최소화한다. 가능하면 화학 합성은 상온 및 상압 조건에서 수행하도록 한다.
7	재생가능한 원료 사용	원료 물질은 기술적, 경제적으로 허용되는 범위에서 재생 가능한 물질을 사용한다.
8	유도체 사용 회피	화학 제품 제조 과정에서 보호기의 사용, 일시적인 수식 등과 같은 불필요한 유도체를 경유하는 방법은 가능한 한 피한다. 이와 같은 방법은 추가적인 재료의 투입이 필요하며, 그에 따른 폐기물 발생과 에너지 사용 증가가 수반된다.
9	촉매 사용	동일한 반응이라면 양론적 반응 보다는 촉매를 사용하는 것이 바람직하다.
10	분해 가능 제품 설계	화학 제품은 그 사용이 완료된 이후에, 환경 속에 잔류하지 않고 환경에 무해한 물질로 분해되도록 설계하여야 한다.
11	오염 예방을 위한 실시간 분석	유해한 화학 물질의 생성을 억제하기 위하여, 실시간으로 공정을 관찰, 분석, 통제할 수 있는 분석법의 개발이 필요하다.
12	사고 예방을 위한 근본적인 공정 설계	화학 제품 제조 공정에 사용되는 모든 투입물 및 생성물들은 잠재적인 사고(유출, 폭발, 화재)를 최소화하는 것으로 선택하여야 한다.

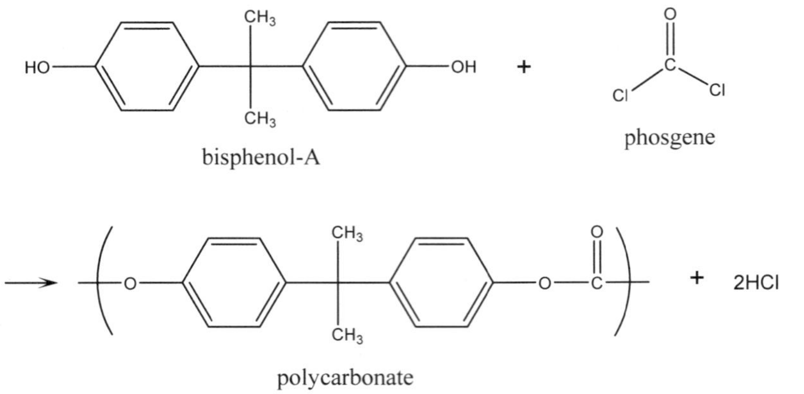

(1.7)

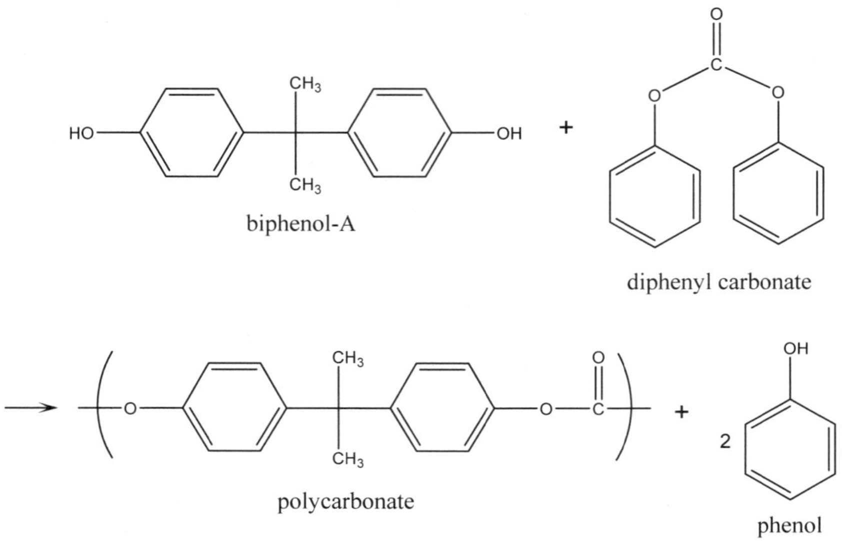

(1.8)

나) 촉매를 사용하면 화학 반응이 촉진된다. 그러나 황산이나 수산화 소듐 등을 사용하는 경우 균일계 촉매 반응이 되어 반응 후 생성물과 촉매의 분리 공정이 복잡하고, 발생하는 중화염의 처리가 문제가 된다. 또한 이러한 산, 염기 촉매 자체가 유독한 점, 물이나 습기에 약하고 반응 중 염소 가스 등의 독성가스가 발생하기 쉬운 점 등 때문에 개선이 필요하다. 불균일계 산이나 염기 촉매(즉, 고체 산이나 고체 염기)를 사용하면 반응 후 분리가 쉽고 재이용(reuse)이 가능하며 안전하다. 대표적인 예로는 실리카, 알루미나, 제올라이트 등이 있다.

다) 바이오매스는 재생가능한(renewable) 화학 원료로서 향후 중요성이 커질 것으로 예상된다. 예를 들어 바이오매스로부터 1,3-프로페인다이올과 2,5-퓨란다이카복실산을 얻을 수 있으며, 이들 단량체를 중합시켜 폴리에스터를 합성할 수

있다(식 1.9). 이 폴리에스터로 만들어진 플라스틱은 일종의 바이오플라스틱(bioplastic)이며, 생분해성을 갖는다.

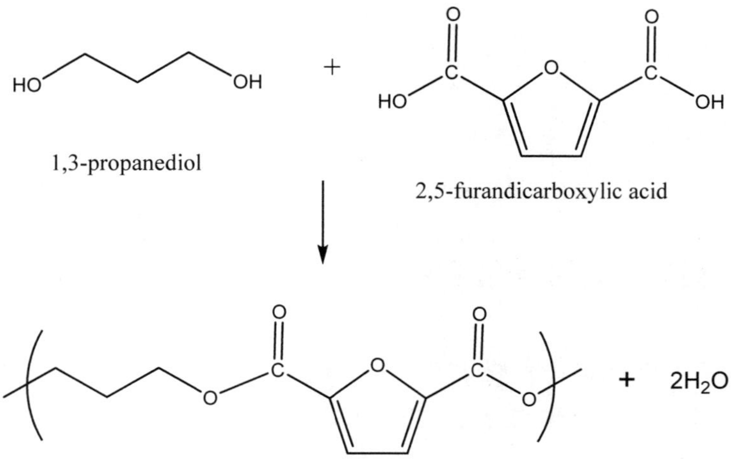

1,3-propanediol

2,5-furandicarboxylic acid

polyester

(1.9)

02 공업 화학의 의의와 역할

2.1 화학 공업과 공업 화학

1장에서 먼저 화학 공업에 대하여 소개하였는데, 그 이유는 화학 공업이라는 큰 틀 속에서 공업 화학을 생각해 보는 것이 공업 화학의 개념 이해에 도움이 되기 때문이다. 공업 화학(industrial chemistry)은 화학 공업의 다양한 분야에 있어서 화학적인 부분에 관련된 학문이라고 할 수 있다. 좀 더 구체적으로 말하면, 화학 공업에 이용되는 다양한 화학 반응(chemical reaction)에 관한 학문이라고 할 수 있다.

공업 화학을 다른 측면에서 정의하면, 기초 화학의 성과를 인간 생활을 풍요롭게 하는 데 어떻게 응용할 것인가를 연구하는 학문이라고 할 수 있다. 기초 화학에서의 어떤 성과에 대하여 공업 화학에서는 상업화 가능성을 탐색하고, 여기에서 제시된 결과를 토대로 하여 화학 공학에서는 제품화 및 생산에 대하여 연구한다. 화학-공업 화학-화학 공학 간의 관계를 보석 제품의 생산에 비유한다면, 화학에서는 보석을 발견하는 연구(화학적 발견이나 발명)를 하고, 공업 화학에서는 발견된 자연 상태의 보석을 어떻게 가공하면 가치를 높일 수 있는가를 연구하며, 화학 공학에서는 보석을 효율적으로 채굴, 가공, 제품화하기 위한 연구를 한다고 할 수 있다. 공업 화학은 이처럼 기초 화학과 화학 공학의 연결 고리를 담당하는 중요한 위치에 있다고 할 수 있다.

2.2 화학 공업과 공업 화학의 발전

2.2.1 화학 공업의 발전

화학 공업은 우리나라 경제 발전의 견인차 역할을 하고 있으며, 앞으로도 지속적인 기여를 할 것으로 전망된다. 전 세계적인 화학 공업의 발전 추이를 살펴보면 석유 화학 공업 등의 전통적인 화학 공업이 주도해 오던 추세에 변화의 조짐이 보이고 있다. 전통적 화학 공업의 비중이 줄고 정밀 화학 공업의 고성장이 전망되고 있다.

세계 정밀 화학 공업 시장을 살펴보면 시장 규모가 지속적으로 확대되고 있으며, 업종별로 보면 의약품, 화장품, 접착제, 촉매 등의 시장이 고성장을 할 것으로 예상된다. 국내 정밀 화학 공업에서는 의약품, 화장품, 촉매 등이 성장을 주도하고 있다.

2.2.2 화학 공업의 새로운 전개와 공업 화학의 역할

1900년대 후반부터 전개되고 있는 화학 공업의 변화는 크게 두 가지로 요약할 수 있다. 첫째는 위에서 언급한 대로 전통적인 화학 공업에서 정밀 화학 공업으로 비중이 옮겨지고 있다는 것이고, 둘째는 화학 공업에 나노 기술(NT), 생명 공학 기술(BT), 정보 통신 기술(IT), 환경 기술(ET) 등이 접목되고, 또 서로 융합하여 다양한 분야로 확대되고 있다는 것이다([그림 2.1]). 특히 나노 기술은 정밀 화학 공업에서 중요한 역할을 할 것으로 예상된다.

선진 다국적 기업들은 일반 화학 제품의 수요 증가세 둔화와 개도국의 생산량 확대 등으로 전통적 화학 공업의 경쟁력이 약화됨에 따라 최근에는 높은 부가가치를 가지는 정밀 화학 공업에 대한 연구 개발에 집중 투자하고 있다. 세계 시장 선점을 위한 신물질 개발을 비롯하여, 수요 패턴의 다양화·고도화에 부응한 기능성 물질의 성능 개선, 보다 효율적인 신공정의 개발이 활발하게 진행되고 있다.

정밀 화학 공업에서의 제품 개발 방향은 크게 1) 기존 제품의 특성 개선, 2) 전혀 새로운 특성을 갖는 제품의 개발로 구분할 수 있다. 기존 제품의 특성을 개선하는 것은

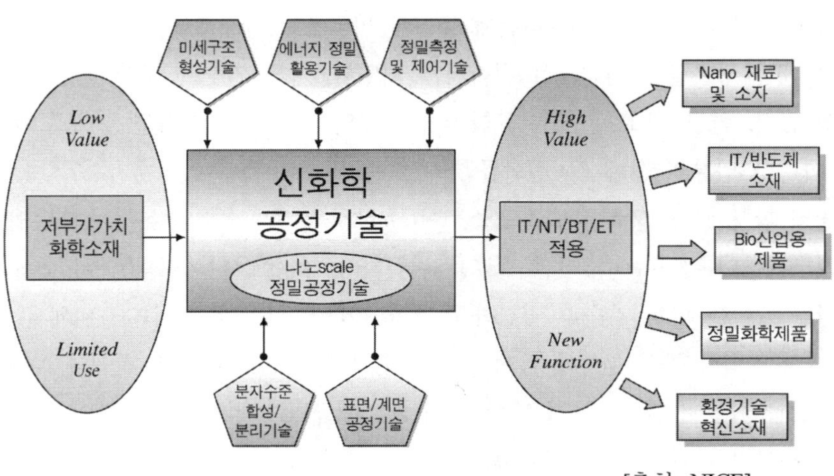

[출처: NICE]

그림 2.1 21세기 화학 공업을 이끌어 갈 것으로 예상되는 신화학 공정 기술

표 2.1 신제품 개발에 있어서의 공업 화학의 역할

역할의 분류	내 용
기존 물질의 새로운 이용	제품에 종래 사용되던 물질을 알려진 다른 물질로 대체
새로운 물질의 합성	1) 기존에 없던 새로운 물질을 합성 2) 기존 물질의 부분적 변환(modification)에 의한 유도체 합성
합성 반응의 개선	합성 단계 축소, 반응 시간 단축, 환경 오염 물질 저감, 저비용화

비용과 시간적 측면에서 접근하기 쉬우나 시장을 선점할 수 있는 여지는 작다고 볼 수 있다. 완전히 새로운 제품을 개발하는 것은 비용과 시간이 많이 소요되는 단점이 있으나 성공할 경우 고부가가치 제품으로 시장을 선점할 수 있다는 장점이 있다. 이러한 제품 개발에 있어서 공업 화학은 화학적 관점에서 기여할 수 있다. 공업 화학의 가능한 역할을 [표 2.1]에 정리하였다.

2.3 나노 기술

2.3.1 나노 기술과 공업 화학

1959년 미국 물리학회에서 리처드 파인만 교수가 "바닥에는 풍부한 공간이 있다"고 비유하면서, 분자를 이용하여 특정한 임무를 수행하는 매우 작은 구조물을 만들 수 있는 시대가 올 것이라고 예언하였다. 즉, 분자 크기의 기계의 개발을 제안한 것이다. 파인만 교수의 이러한 제안을 계기로 나노 기술(nanotechnology: NT)에 대한 관심이 높아지게 되었고, 2000년에 들어서 미국을 시작으로 선진 각국이 정부차원의 기술 개발 투자를 본격적으로 시작하게 되었다. 나노 기술은 화학 공학, 정보 통신, 생명 공학, 환경, 재료 분야와 융합되어 미래의 과학 기술의 발전을 주도해 나갈 뿐만 아니라 인류의 삶에 큰 변화를 가져올 것으로 예측된다.

공업 화학에서는 기본적으로 옹스트롬(angstrom, Å) 수준의 분자나 이온을 다루고, 또 분자나 이온으로 이루어진 재료를 취급하기 때문에, 나노미터(nanometer) 수준의 물질을 다루는 나노 기술과 밀접하게 연관되어 있다고 할 수 있다. 뒤에서 언급하게 될 다양한 화학 공업 분야와 함께 나노 기술이 함께 발전해야 할 것이다. 나노 기술에서는 전통적인 유기 및 무기 화학 공업에서 제공되는 원료를 사용해야 하고, 반대로 나노 기술에서 제조된 새로운 재료는 전통적 화학 공업에 사용되어 그 발전을 촉진할 수 있기 때문이다. 아울러 정밀 화학에 속하는 의약품, 촉매, 화장품 등 대부분의 분야

크기	해당 크기의 물체
10^8 nm (10 cm)	테니스 공
10^7 nm (1 cm)	마침표
10^6 nm (1 mm)	복사 용지 두께
10^5 nm (100 ㎛)	사람의 머리카락 일반적인 세포
10^4 nm (10 ㎛)	백혈구
10^3 nm (1 ㎛)	미토콘드리아
10^2 nm (100 nm)	바이러스 (각종 나노 소재)
10^1 nm (10 nm)	단백질 분자 (각종 나노 소재)
10^0 nm (1 nm)	물 분자 (각종 나노 소재)
10^{-1} nm (1 Å)	원자

그림 2.2 나노 크기의 비교

에 나노 기술을 접목함으로써 새로운 특성을 창출할 수 있을 것으로 예측된다.

2.3.2 나노 기술의 정의

나노 기술은 말 그대로 나노미터 수준에서 물질을 다루는 기술이다. 1나노미터는 1미터의 10억분의 1이고, 1밀리미터의 100만분의 1이다. [그림 2.2]에 나노 크기를 우리가 흔히 접하는 크기와 비교하였다. 최근의 반도체 분야에서 초고집적 회로(ultra large scale integrated circuit: ULSI)의 선폭은 수 nm까지 실현되었다. 바이러스는 일반적으로 10 nm 크기이다. 1 nm는 단백질이나 DNA 정도의 분자 크기가 된다.

일반적으로 나노 기술에서는 1~100 nm 크기의 다양한 형태의 소재를 다룬다. 나노 기술이 주목을 받는 것은 이 물질의 크기가 나노미터 수준이 되면 그 이상의 크기에서 얻어지지 못했던 다양한 특성들을 얻을 수 있기 때문이다. **나노 기술의 정의는** 나노미터 수준으로 분자, 원자, 이온 등을 조작하거나 배열을 정교하게 제어함으로써 새로운 특성을 발현시키는 기술이라고 할 수 있다.

2.3.3 나노 소재의 형태

나노 기술에서 제조되는 물질의 형태는 [표 2.2]에 정리한 바와 같이 매우 다양하다. [그림 2.3]에는 이러한 나노 소재의 전형적인 형태를 나타내었다.

표 2.2 나노 기술로 제조되는 나노 소재의 형태

	형 태
0차원 (구형)	– 클러스터(cluster) – 초미립자
일차원 (선형)	– 나노튜브(nanotube) – 나노와이어(nanowire)
이차원 (판상)	– 나노쉬트(nanosheet) – 나노필름(nanofilm) – 나노벨트(nanobelt)
삼차원 (bulk상)	– 나노기공 소재(nanoporous materials)

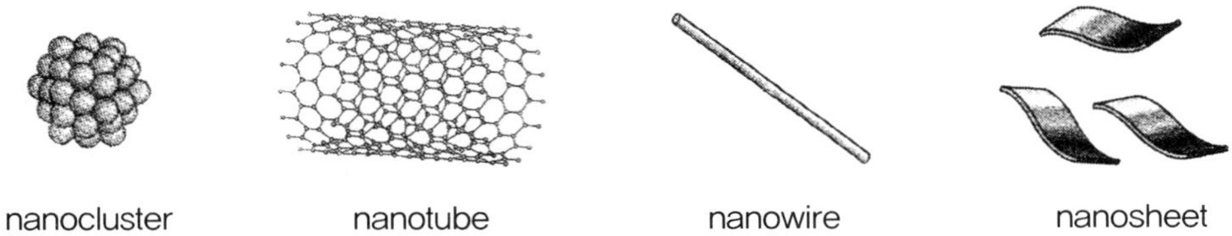

그림 2.3 나노 소재의 대표적 형태

2.3.4 나노 수준 크기로의 접근 방법

이러한 나노 수준의 물질을 제조하기 위해서는 크게 두 가지 접근 방법이 있다. 톱 다운(top-down) 방식과 보텀업(bottom-up) 방식이 그것이다.

톱 다운 방식은 큰 것을 깎고 또 깎아 작게 만드는 방식이다. 비유를 하자면 미세한 칼로 1 mm 길이의 물질을 반복하여 수백 번 깎으면 마이크로미터의 수준에 도달하고, 이것을 더 미세하게 깎으면 나노미터 수준의 물질을 얻을 수 있다는 것이다. 이러한 방식의 대표적인 예로서는 반도체 초미세 가공용 포토레지스트(photoresist, PR)를 들 수 있다(11.3절 참조). PR에 빛 또는 방사선을 조사하여 반도체의 초미세

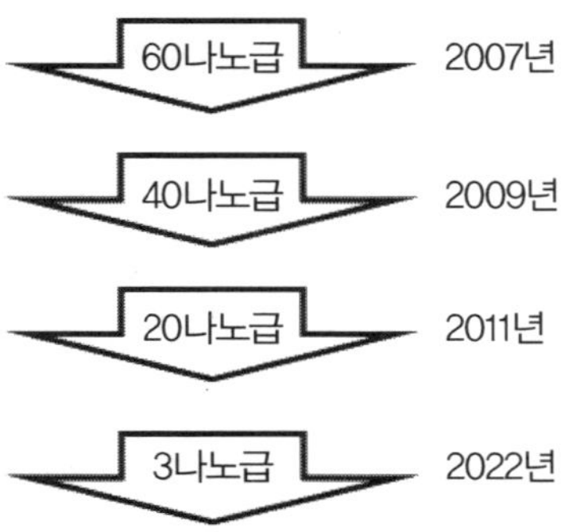

그림 2.4 우리나라 반도체 업계의 회로 가공 기술 발전 추이

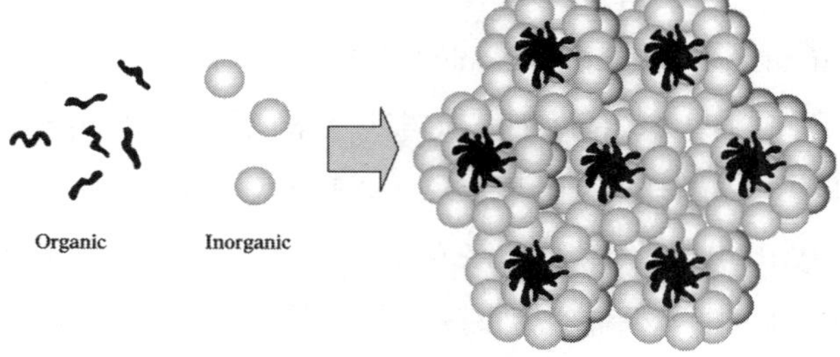

그림 2.5 보텀업 방식에 의한 나노 소재 제조의 예

회로를 가공하게 되는데, 회로선폭이 작을수록 반도체 칩에 보다 많은 회로를 넣을 수 있으므로 메모리 반도체의 경우 정보 저장 용량이 증가한다. 우리나라 반도체 업계의 반도체 가공 기술 발전 추이를 보면, [그림 2.4]에 나타낸 것처럼 2007년에는 회로선폭 60나노급 디램(dynamic random access memory: DRAM) 반도체의 양산이 이루어졌고, 2011년에는 20나노급 반도체의 양산이 달성되었으며, 2022년에는 3나노급 반도체가 상용화되었다. 톱다운 방식에서는 이처럼 보다 미세한 크기를 달성할 수 있는 가공 기술을 개발하여 소재의 크기를 점차 작게 만들어 나노미터 수준에 도달한다.

보텀업 방식에서는 톱다운 방식과는 반대로 원자나 분자를 배열하면서 쌓아나가 나노미터 수준의 조립체를 만드는 방식을 취한다. 원자간 또는 분자간의 상호작용(인력)을 이용하여 자체 조립(self assembly)시키는 방법이 주로 연구되고 있다. [그림 2.5]에 유기 및 무기 성분이 자체 조립되어 다공성 하이브리드(porous hybrid)를 형성하는 모식도를 나타내었다.

2.3.5 나노물질의 특성

물질이 나노 크기(특히 10 nm 이하)가 되면 그 물질이 벌크 상태(bulk state)에서 가지던 고유한 특성이 없어지고 새로운 전기적, 자기적, 광학적, 기계적, 열적 성질이 나타난다. 대표적으로 금(gold)을 예로 들 수 있다. 금은 뛰어난 내식성과 아름다운 색 덕분에, 오랜 과거부터 가치가 높은 금속으로 인식되고 있다. 수많은 관광객들의 발길을 사로잡는 '투탕카멘의 가면'과 같은 고대 이집트의 유물은 약 3000여 년이 지난 지금도 그 색을 잃지 않고 있다. 하지만 나노 기술은 절대 변하지 않을 것 같던 금의 고유한 물성에 변화를 준다.

먼저, 금 입자는 나노 크기가 되면 광학적 성질에 변화가 나타나 노란색이 아닌 붉은색을 띠게 된다. 이러한 색의 변화는 도체인 금속입자가 나노 크기가 되었을 때,

금속 표면의 자유전자가 특정 에너지의 빛에 공명을 일으켜 그 빛을 흡수하는 표면 플라즈몬 공명(surface plasmon resonance) 현상에 의해 나타난다. 이 효과가 발생하는 빛의 파장은 입자의 크기와 모양 그리고 응집 정도 등에 따라 달라지며, 이 현상을 물질 분석이나 프린터 등에 활용하는 방법이 연구되고 있다.

또한, 금은 벌크 상태에서 화학적으로 활성을 나타내지 않지만, 나노 입자가 되면 입자 크기 감소에 따른 전체적인 표면적의 증가를 통해 높은 표면에너지를 가지게 되고, 금 입자 속 전자 거동에도 변화가 생겨 화학적 활성이 발현된다. 이러한 현상은 금 입자를 CO의 산화 촉매로 사용될 수 있게 해준다. 이처럼 나노 기술은 기존에 존재하던 물성을 변화시키거나 색다른 특성을 부여하여 다양한 기술로의 응용을 가능케 한다. 벌크 물질의 물성에 대한 수많은 연구가 진행되고 규명된 지금, 나노 기술의 발전은 공업화학 분야에 새로운 돌파구를 제시할 것으로 보인다.

2.3.6 나노 기술의 응용

나노 기술이 세계적으로 각광받기 시작한 것은 2000년 클린턴 미국 대통령이 국가 나노 기술 구상(NNI ; National Nanotechnology Initiative)을 발표하고부터이다. 이 연설을 통해 클린턴은 솜털 같은 무게로 강철보다 10배 강한 물질을 합성하고, 각설탕만한 부피에 미국 국회 도서관 자료 전체를 수록할 메모리를 만들며, 암세포가 만들어지자마자 곧 감지할 수 있는 새로운 나노 기술 개발에 연방 정부가 적극 개입하여 기술 종주국의 위치를 고수하겠다는 강력한 의지를 표명하였다. 이어 일본, 유럽 각국들도 그 중요성을 인식하고 국가 종합 계획 등을 마련하여 대응하고 있으며, 한국에서도 2000년 국가과학기술위원회에서 국가적 차원의 나노 기술 개발이라는 정책 방향을 설정한 이후 국가 주도의 나노 연구 센터 설립과 관련 사업이 이루어지고 있다.

나노 기술은 나날이 다양하게 발전하고 있어 명확하게 분류하기가 쉽지는 않지만, 크게 세 가지 핵심 분야와 기타 분야로 나누어 볼 수 있다. **핵심 분야**로서는 첫째 나노미터 또는 그 이하 크기의 새로운 물질과 재료를 합성하는 기술, 둘째 나노 크기의 재료들을 조합하거나 배열하여 특정한 기능을 발휘하는 장치를 제작하는 기술, 셋째 나노 기술을 다양한 분야에 응용하는 것을 들 수 있다. 이외에도 측정 방법 개발이나 이론 정립 등에서도 많은 발전이 이루어지고 있다. 이러한 나노 기술이 응용됨으로써 기존의 여러 분야의 기술이 한 단계 도약하거나 또는 전혀 새로운 첨단 기술이 속속 개발되고 있다.

나노 기술의 **응용 분야**로서 많이 거론되는 분야는 첫째, 초고집적 반도체, 초소형 컴퓨터 및 차세대 전지 분야이다. 반도체는 특별한 신기술을 개발하지 않고도 현재의 톱다운 방식으로 집적 회로 선폭을 지속적으로 감소시켜 초고집적화가 이루어지고 있다(2.3.4절 참조). 그러나 이러한 방법으로는 집적 회로 선폭의 미세화에 한계가 있기 때문에 최근 분자 수준의 나노 전자 소자를 이용(보텀업 방식)하여 궁극적으로 손목 시계 크기 정도의 초소형 컴퓨터를 실현하려는 노력이 진행되고 있다. 전지 분야에서는 탄소 나노튜브(carbon nanotube)를 이용한 연료 전지(fuel cell), 태양 전지(solar cell), 리튬 이온 전지 등의 개발이 활발히 이루어지고 있다.

둘째, 나노 크기의 전자-기계 소자로 구성된 NEMS(nano electro-mechanical system)이다. 예를 들어, NEMS와 생명 공학을 융합시켜 만든 나노 바이오모터는 인체의 모세혈관 속을 잠수함처럼 다니면서 질병을 진단하고 치료할 목적으로 연구되고 있다.

셋째, TV · 컴퓨터 화면, 차량 내 표시판, 야외 전광판 등을 포함한 디스플레이(display) 분야이다. 대표적인 차세대 디스플레이 기술로서 전계 방출 디스플레이(field emission display, FED)는 소비 전력이 작고 혹독한 외부 조건(날씨, 온도)에 내구성이 강할 뿐만 아니라 완벽한 동영상, 넓은 시야각, 대화면 확장의 용이성, 공정의 단순 용이성 등으로 주목받고 있다. 한국은 특히 탄소 나노튜브 FED 관련 특허에서 압도적 우위를 점하고 있다.

넷째, 물질을 1~100 나노미터 크기의 초미세 입자로 만들 때 다양한 새로운 특성이 나타나는데, 이것을 이용하여 현재의 여러 산업 기술을 획기적으로 개선하거나 전혀 새로운 소재를 합성할 수 있다. 이미 사용되고 있는 나노 소재의 대표적인 예를 들면, 나노 은(silver) 입자의 경우 그 항균, 살균력을 이용하여 유아용 기구, 병원 내 환자복 및 기기, 에어컨, 냉장고, 공기 청정기 등에 코팅하거나 재료 속에 혼합시켜 사용하고 있다. 화장품도 나노 기술이 응용되고 있는 대표적인 분야로서, 화장품의 흡수력을 높이기 위해 기초 및 마무리 화장품, 자외선 차단제, 기능성 헤어 샴푸 등에 나노 소재가 쓰이고 있다. 또한 광촉매(photocatalyst) 나노 입자를 이용한 환경 오염 물질 제거 효과는 이미 입증되어 광촉매를 도입한 각종 소재가 개발되고 있다.

향후 우리의 생활에 사용되는 각종 제품에 나노 기술이 광범위하게 응용되어 삶의 질을 높여 줄 것으로 기대되며, 화학 공업의 반응 공정에 사용되는 촉매에도 나노 기술을 이용한 나노 입자가 대량으로 쓰일 것으로 전망된다.

2.4 인공지능과 공업 화학

4차 산업혁명의 중요한 요소로서 인공지능(artificial intelligence, AI)은 산업뿐만 아니라 인류의 삶을 변화시키는 핵심 기술로 등장했다. 복지, 교육, 치안 등 AI는 이미 우리의 일상생활 깊숙이 들어와 활용되고 있다. 다수의 AI 전문가와 미래 학자들은 가까운 장래에 스스로 학습하여 진화하는 AI의 출현을 예고하고 있다. 슈퍼지능(super intelligence)의 출현 가능성이 높아지면서, 범용 AI에 대한 기대도 현실로 다가오고 있다. AI와 사람의 협업뿐만 아니라 AI와 AI와의 협업도 가능하게 될 것으로 전망된다.

화학 및 소재 분야에서도 AI의 활용이 크게 증가하고 있다. 신물질・신소재의 화학 구조 설계, 합성/분리/정제 공정 설계와 최적화, 물성 분석 및 예측, 제품 설계 등 여러 측면에서 적용이 확대되고 있다. 공정 설계 분야에서는 축적된 데이터를 바탕으로 공정 최적화, 오류 또는 사고 방지, 수율 향상에 도움을 받는다. 현재 특히 신약 개발 분야, 태양전지, 이차전지 등의 에너지 분야, 그 외 첨단 신소재 분야에서 AI를 활용한 연구가 활발하게 진행되고 있다.

[그림 2.6]에 AI와 로봇을 활용한 신약 또는 신물질 개발의 개념도를 보였다. AI가 수행한 실험 모델링(시뮬레이션) 결과를 연구자가 이해한 후, 개발 목표에 부합하는 최선의 방안을 선정한다. 목표를 달성하기 위한 화학구조를 설계하고 합성과 특성 평가를 수행한다. 이때 AI와 로봇의 도움을 받아 화학 구조 설계-합성-특성 평가를 진행할 수도 있다. 필요에 따라서는 실험 모델링-구조설계-합성-특성 평가 과정을 AI와 로봇을 활용하여 자동으로 (반복) 진행할 수도 있다. 합성된 화합물이 특성 평가에서 필요한 수준을 만족하면 제품화가 진행될 수 있고, 그렇지 않으면 다시 실험 모델링을 실시하여 화학 구조를 개선한다.

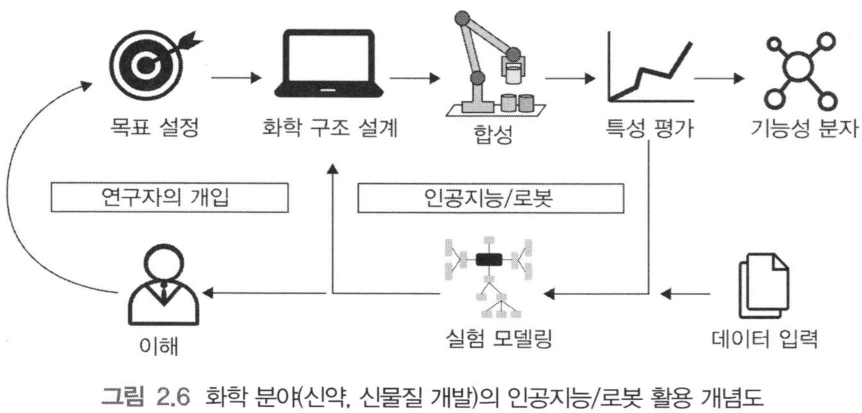

그림 2.6 화학 분야(신약, 신물질 개발)의 인공지능/로봇 활용 개념도

Industrial Chemistry

2부

유기 화학 공업

03 석유의 정제와 전화에 의한 석유 제품 생산

3.1 서론

석유(petroleum)의 사용은 기원전 3000년경부터로 추정되는데, 초기에는 주로 등잔의 연료나 방수제(water proofing agent) 등으로 사용되는 정도에 불과했다. 그러나 20세기에 들어서서 자동차 산업이 본격적으로 발전하기 시작하면서 석유가 자동차 연료로서 대량으로 사용되게 되었다. 1장에서 기술하였듯이 현재는 주요 에너지원 및 화학 공업의 원료 자원으로서 인류의 문명을 이끌어 가고 있다.

같은 화석 자원으로서 석탄도 에너지원 및 원료로서 사용되고 있지만 그 사용량은 석유에 비하여 매우 적다. 석탄의 매장량이 석유에 비해 월등히 큰 데도 불구하고 석유가 주로 사용되는 이유는 첫째, 석유는 유동성이 있어서 채굴과 대량 수송이 편리하며, 둘째, 열량이 상대적으로 높고, 셋째, 화학적 변환이 용이하며, 넷째, 불순물이 적은 점(석탄은 점토나 각종 광물을 다량으로 함유함) 등을 들 수 있다. 그러나 미래에는 석탄의 활용 기술이 더 발전하면서 석유를 대체하여 대량 사용될 가능성이 있다.

3.2 석유의 매장량 및 조성

3.2.1 석유의 생성과 매장량

석유의 생성을 설명하는 데는 생물 성인설과 무기 성인설의 두 가지 이론이 있다. 생물 성인설은 주로 해양 중에 서식했던 식물 또는 동물 플랑크톤의 시체가 해저에 침적하여 박테리아의 작용과 지열·지압 등에 의해 화학 변화를 일으켜 석유 탄화수소로 전환되었다는 설이다. 무기 성인설은 금속 탄화물이나 이산화탄소로부터 메틸렌(methylene)이 생성되고, 이것이 중합 반응에 의하여 석유 탄화수소로 전환되었다는 설이다. 양자

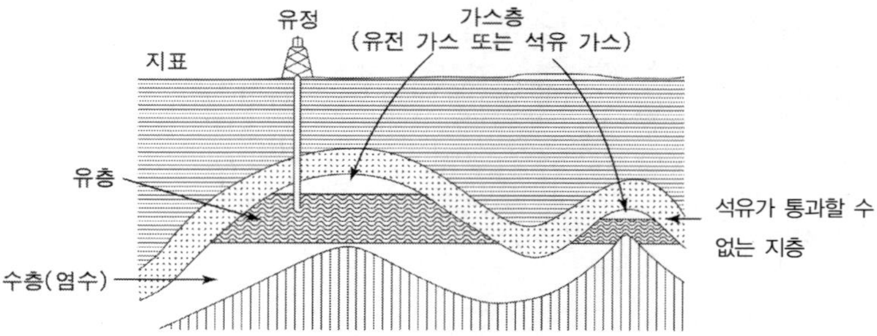

그림 3.1 유전의 구조

간의 논쟁은 계속되고 있지만 생물 성인설이 학자들로부터 더 지지를 받고 있다.

석유는 [그림 3.1]에 나타낸 배사 구조(anticline)라 불리는 지층에서 많이 발견된다. 지하 5,000 ~ 10,000 m 깊이에 석유가 통과할 수 없는 지층이 존재하고, 그 아래에 가스층, 유층, 염수층의 순서로 존재한다. 발견된 유전에는 일반적으로 염수가 존재하는데, 이것은 생물 성인설을 뒷받침하는 하나의 근거가 된다.

석유의 **매장량**은 특정 시점에 있어서 기술적, 경제적인 관점에서 채취 가능하다고 판단되는 추정량을 의미하며, 정확하게는 확인 매장량이라고 한다. 이 확인 매장량을 연간 채취량으로 나눈 값을 가채년수라고 하며, 이 용어는 앞으로 대략 몇 년간 채취가 가능한지를 뜻한다. 현재의 석유 채취 기술에 의하여 존재량의 30~40 %를 채취한다고 볼 때 가채년수는 약 150년이 된다. 그러나 이 수치는 앞으로 약 150년 후에는 석유가 고갈된다는 의미는 아니고, 신유전의 발견이나 탐사 및 채취 기술의 발전에 따라 더 장기간 석유를 채취할 수 있을 것으로 예상된다.

석유는 위에서 기술한 바와 같이 깊은 지하에 묻혀 있는 것도 있지만 오일 샌드(oil sand)나 오일 쉘(oil shale)처럼 지상에 드러나 있는 것도 있다. 오일 샌드는 석유의 중질 성분이 모래층에 함유되어 있는 것이고, 오일 쉘은 석유의 중질 성분이 혈암(shale) 중에 함유되어 있는 것이다. 함유량은 모래나 암석 전체 질량의 10~15 %이며, 함유된 석유 성분을 가열하여 채취하는 기술이 개발되어 있지만 상업화는 아직 일부에 그치고 있다. 그러나 이 두 가지 자원의 존재량은 석유로 환산할 때 지하에 묻혀 있는 석유의 확인 매장량보다도 많은 양으로서, 장래에 석유의 대체 자원으로서 중요한 역할을 할 수 있을 것으로 예상된다. 한편, 혈암 중에 함유되어 있는 천연가스를 셰일가스라고 하는데, 추출 기술이 발전함에 따라 최근 본격적으로 생산되어 연료 및 원료로서 사용되고 있다.

표 3.1 함유 원소의 중량 %로 나타낸 석유의 조성

원 소	중량 %	원 소	중량 %
탄소(C)	82~87	산소(O)	0~2
수소(H)	11~15	질소(N)	0~1
황(S)	0~4	기 타	< 0.1

3.2.2 석유의 조성과 성질

석유는 각종 **탄화수소(hydrocarbon)**의 혼합물이며, 여기에 미량의 황 화합물, 산소 화합물, 질소 화합물 등이 함유되어 있다. 석유의 조성을 원소의 중량비로 나타내면 [표 3.1]과 같다.

석유에 함유되어 있는 탄화수소는 파라핀계, 나프텐계, 방향족계 탄화수소로 나눌 수 있다. [표 3.2]에 그 대표적인 예를 나타내었다. **파라핀(paraffin)계** 탄화수소로서는 가지(branch)가 있거나 없는 탄소수 1~20개의 알케인(alkane)이 대부분을 차지한다. **나프텐(naphthene)계** 탄화수소는 메틸기가 있거나 없는 5 또는 6원환(five- or six-membered

표 3.2 석유 중에 함유된 탄화수소의 대표적인 예들

분류	대표적인 탄화수소의 예			
파라핀계	$CH_3CH_2CH_2CH_3$ *n*-butane	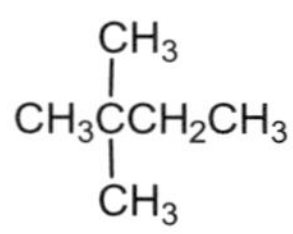 2,2-dimethylbutane	$CH_3CH_2CH_2CH_2CH_2CH_3$ *n*-hexane	
	$CH_3(CH_2)_5CH_3$ *n*-heptane	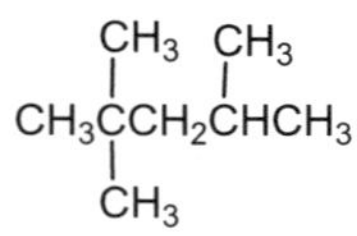 2,2,4-trimethylpentane	$CH_3(CH_2)_8CH_3$ *n*-decane	
나프텐계	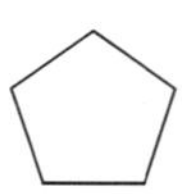 cyclopentane	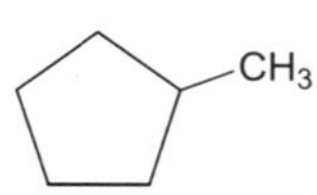 methylcyclopentane	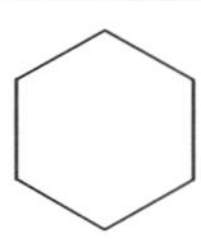 cyclohexane	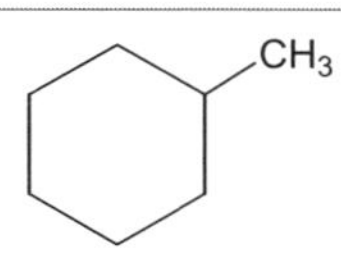 methylcyclohexane
방향족계	 benzene	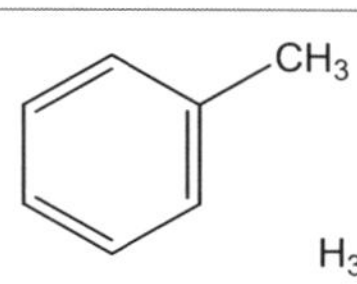 toluene	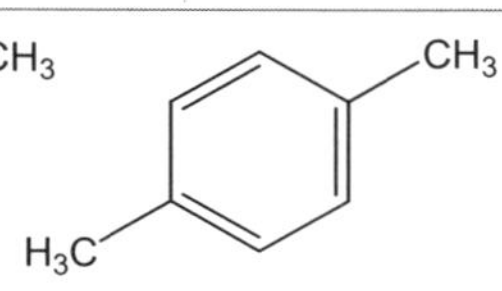 *p*-xylene	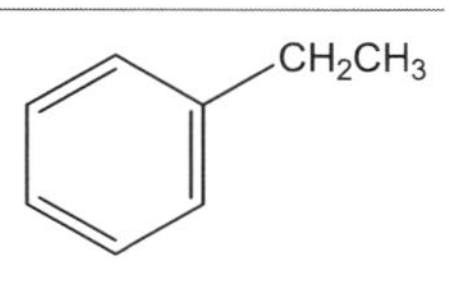 ethylbenzene

ring) 사이클로알케인(cycloalkane)이 대부분이다. **방향족**(aromatic)계 탄화수소는 벤젠 고리에 메틸기가 한 개 또는 두 개 붙은 구조가 대부분을 차지한다. 석유는 큰 압력이 작용하는 지하에 오랫동안 있었기 때문에 올레핀계 또는 아세틸렌계처럼 비교적 반응성이 높은 탄화수소는 거의 존재하지 않는다.

일반적으로 파라핀계와 나프텐계 탄화수소가 전체 석유 질량의 80~90 %를 차지하기 때문에, 이 두 종류의 탄화수소의 함유량을 기준으로 석유를 분류하기도 한다. 파라핀계 탄화수소의 함유량이 높은 석유는 파라핀기 석유(paraffin base crude oil)라고 하고, 나프텐계의 함유량이 높은 것은 나프텐기 석유(naphthene base crude oil)라고 한다. 두 종류가 비슷한 함유량을 갖는 석유는 중간기 또는 혼합기 석유(intermediate base crude oil)라고 부른다.

3.3 석유의 정제와 전화

석유를 증류 및 정제하여 연료유, 석유 화학 공업 원료, 윤활유 등의 석유 제품을 제조하는 공정을 **석유 정제**(petroleum refining)라고 한다. 한편, 석유의 증류로 얻은 유분 중 가치가 낮은 유분을 화학 변화시켜 가치를 높이는 공정을 **전화**(conversion)라고 한다. 대표적인 예로서, 증류만으로는 자동차의 연료인 개질가솔린의 생산량과 품질을 충분히 확보할 수 없기 때문에 석유의 증류로 얻은 유분 중 일부를 전화시켜서 개질가솔린을 제조하고 있다. 전화에는 크게 분해(cracking)와 개질(reforming)이 있다.

3.3.1 증류

석유 정제 및 전화의 주요 공정 흐름도를 [그림 3.2]에 나타내었다. 석유에 포함되어 있는 염류 및 수분을 제거하기 위하여 탈염 및 탈수 공정을 거친 후, **상압증류**에 의하여 비점별로 가스, 가솔린, 등유, 경유(가스유)로 분리된다. 분리된 각 유분은 수소화 정제에 의해 황, 질소 성분 등의 불순물이 제거되면서 각종 석유 제품(가스, 나프타, 제트 연료, 등유, 경유, 중유 등)이 제조된다.

석유 제품 중 개질가솔린은 중질가솔린 유분을 개질시키거나, 분자량이 높은 증류 유분을 분해하여 얻는다. 비점이 매우 높아 상압증류에 의해 증류되지 않은 잔유는 **감압 하에서 증류**가 수행되어 윤활유와 감압증류 잔유로 분리된다. 감압증류에 의한 석유 제품으로는 윤활유, 납, 아스팔트 등을 들 수 있다.

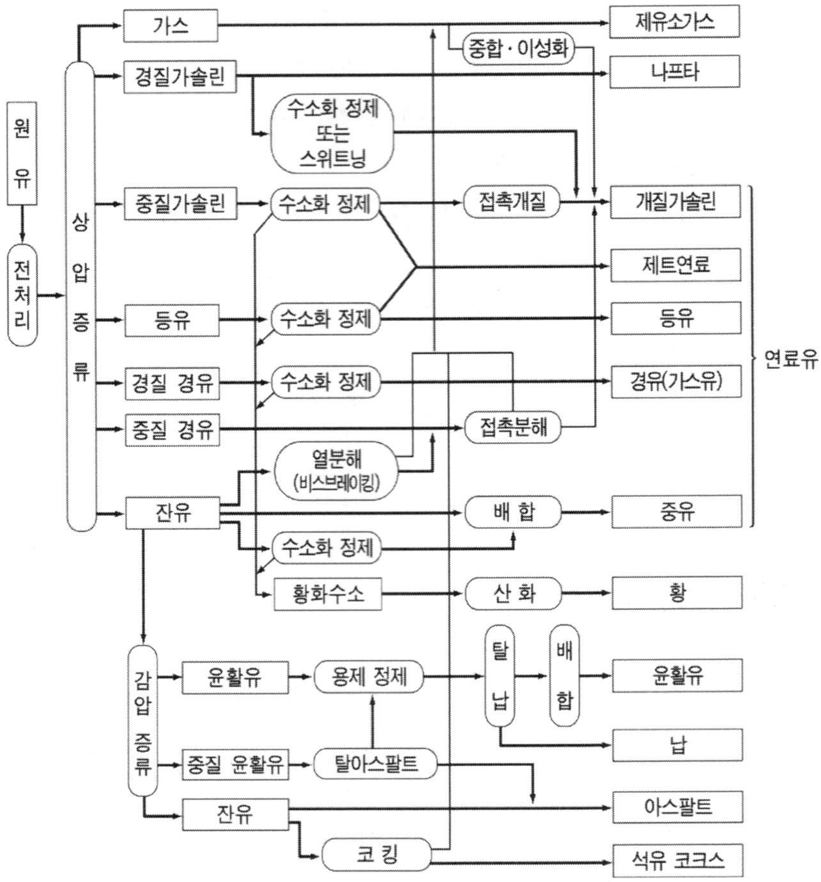

그림 3.2 석유 정제 및 전화 공정의 개요도

3.3.2 접촉 개질

자동차 엔진에서 연료 기체를 최대한 압축시킨 상태에서 점화-폭발이 일어나야 출력이 최대가 되는데, 가솔린 연료의 품질이 낮을 경우 최대로 압축되기 전에 스스로 폭발(knocking)을 일으켜 출력이 저하된다. 가솔린 연료가 높은 압축비에 얼마나 잘 견딜 수 있는가의 척도를 **옥탄가**(octane number)라고 한다. 즉, 옥탄가가 높으면 높은 압축비에 잘 견디고 따라서 열효율(=한 일/열량)이 높다.

가솔린 연료의 옥탄가는 그 연료와 표준 연료의 성능을 비교하여 결정한다. 표준 연료에는 n-헵테인(옥탄가 0)과 2,2,4-트라이메틸펜테인(옥탄가 100)의 두 가지 화합물을 사용한다. 이 두 물질의 혼합비를 변화시켜 다양한 옥탄가의 표준 연료가 제조된다. 예를 들어, 어떤 연료의 성능이 위의 두 화합물을 10:90의 비로 혼합한 표준 연료의 성능과 같다면 그 연료의 옥탄가는 90이 된다.

일반적으로 가지가 달리거나 고리 구조를 가진 탄화수소의 옥탄가가 높다. 접촉 개질(catalytic reforming)의 목적은 이러한 구조의 탄화수소를 합성하여 고옥탄가 가솔린을 제조하는 데 있다. 촉매로서는 알루미나 또는 실리카/알루미나 등의 고체산을 지지체로 한 백금(Pt) 또는 백금/레늄(Pt/Re) 촉매가 사용된다. 석유의 상압증류에서 얻은 중질가솔린(옥탄가 40~50)을 원료로 하여 아이소파라핀(isoparaffin)과 방향족 탄화수소가 주성분인 개질 가솔린(옥탄가 95~100)을 얻는다. 방향족 탄화수소가 연료에 함유되어 있으면 옥탄가가 높긴 하지만 엔진에 찌꺼기가 남고 배기 가스가 대기 중에 배출되었을 때 광화학 스모그의 원인이 된다. 따라서 방향족 탄화수소는 개질 가솔린으로부터 분리되어, 연료로 사용되는 대신 석유 화학 공업의 원료로 사용된다. 접촉 개질의 대표적인 반응을 식 3.1~3.3에 나타내었다.

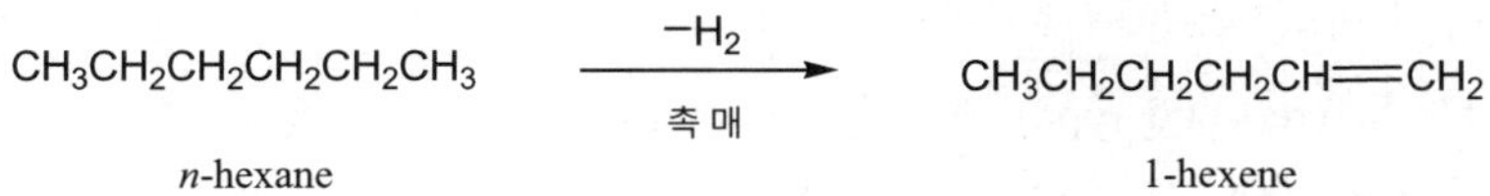

(3.1)

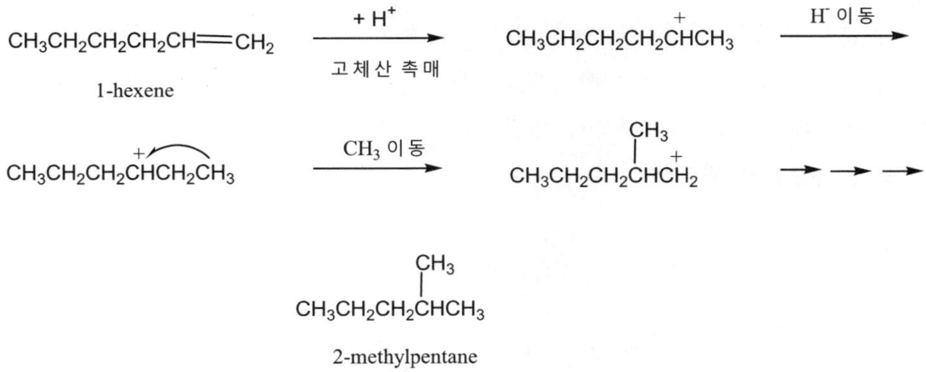

(3.2)

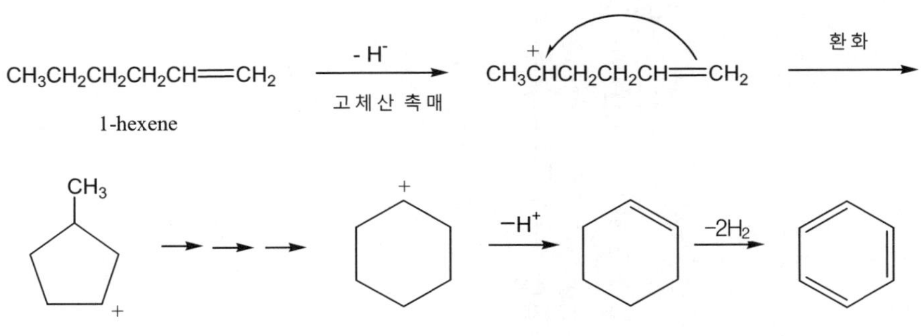

(3.3)

3.3.3 접촉 분해

석유 분해의 주요 목적은, 중질가솔린의 개질만으로는 고옥탄가 가솔린의 수요를 만족시키지 못하기 때문에 분자량이 큰 석유 유분 중 일부를 분해하여 가솔린 연료를 추가로 제조하는 데에 있다. 개질 공정에서는 원료와 생성물의 분자량이 유사한 데 비하여, 분해 공정에서는 원료보다 분자량이 낮은 생성물을 얻게 된다. 석유의 분해에는 접촉 분해(catalytic cracking)와 열분해(thermal cracking)가 있다.

접촉 분해는 가솔린보다 비점이 높은(즉, 분자량이 더 큰) 석유 유분을 촉매를 사용하여 분해하여 고옥탄가 가솔린을 제조하는 반응을 의미한다. 접촉 분해에서는 탄화수소의 분해와 가지 · 고리 구조 생성이 동시에 진행되어 아이소파라핀과 방향족 탄화수소가 주로 생성된다.

접촉 분해의 공정 방식으로는 원료유와 촉매의 접촉 방법에 따라 유동상법(fluidized-bed type), 고정상법(fixed-bed type), 이동상법(moving-bed type)이 있다. 이 중 주로 **유동상법**이 사용되고 있는데, 이 방법은 [그림 3.3]에 나타낸 것처럼 촉매 미립자를 반응기에 충전하고 원료가스를 기포 상태로 촉매층을 통과시켜 반응시키는 방식이다. 접촉 분해 반응이 진행됨에 따라 열화된 촉매 입자가 재생탑으로 이동하고, 재생된 촉매는 다시 반응탑으로 이동하여 접촉 분해 반응에 참여한다. 촉매는 두 유동상 간을 수분 이내에 이동하면서 반응과 재생을 반복하게 된다. 유동상법에 의해 옥탄가 90 이상의 가솔린이 생산된다.

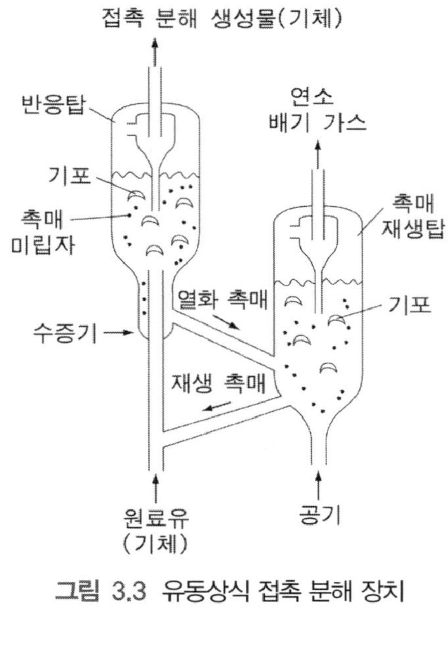

그림 3.3 유동상식 접촉 분해 장치

접촉 분해의 촉매로서는 실리카/알루미나(SiO_2/Al_2O_3) 또는 제올라이트(zeolite) 같은 고체 산을 사용한다. [그림 3.4]에 이들 고체 산의 화학 구조를 나타내었다. 그림에 보인 것처럼 이 고체 산은 전자를 받을 수 있는 루이스산(Lewis acid)점과 양성자(proton)를 제공할 수 있는 브뢴스테드산(Brønsted acid)점을 가지는데, 루이스산점은 반응계 안에 존재하는 미량의 물과 반응하여 브뢴스테드산점으로 전환된다. 이 브뢴스테드산점으로부터 양성자가 제공되면서 반응이 진행된다. 식 3.4에 나타낸 것과 같이 올레핀이 고체 산과 반응하여 카보늄 이온이 생성되고, 이 카보늄 이온이 이성질화(식 3.5~3.6), β절단(식 3.7), 고리화(식 3.8~3.11) 등의 반응을 일으킨다.

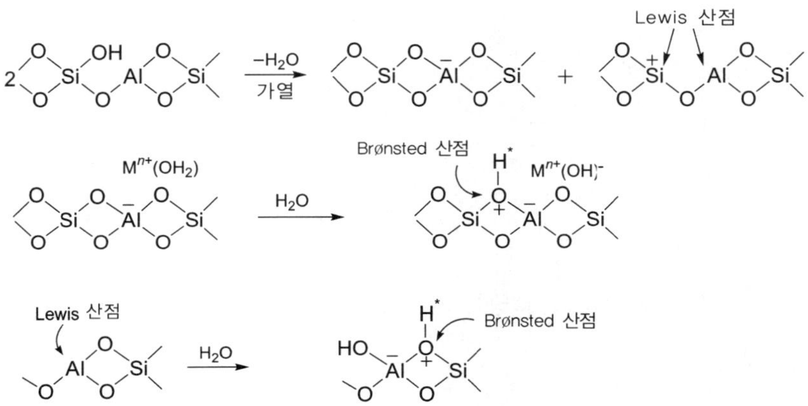

그림 3.4 접촉 분해에 사용되는 고체 산의 구조

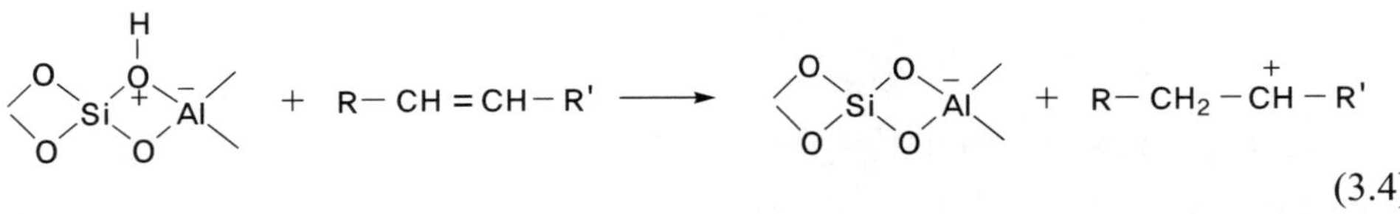

(3.4)

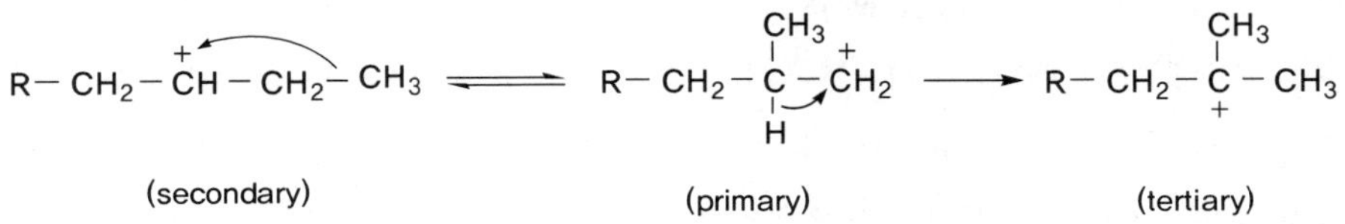

(3.5)

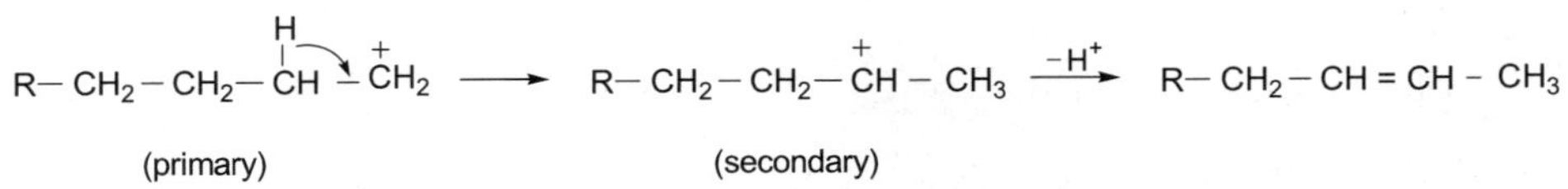

(3.6)

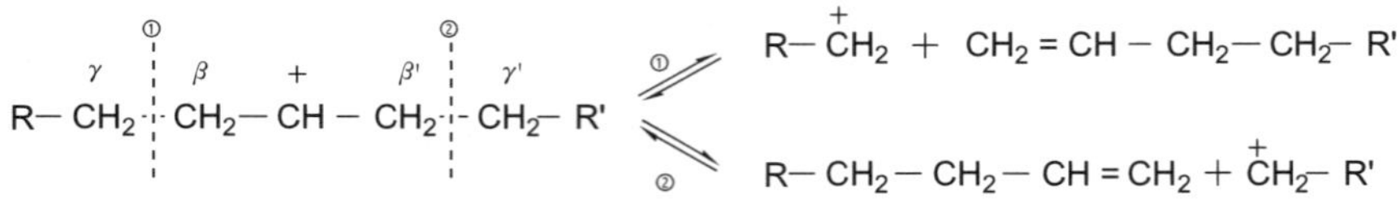

(3.7)

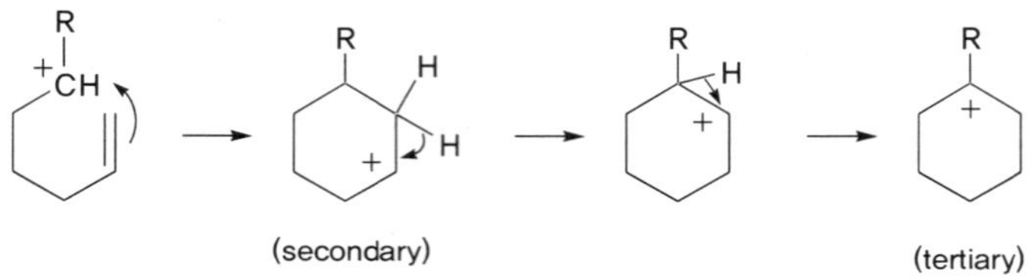

(3.8)

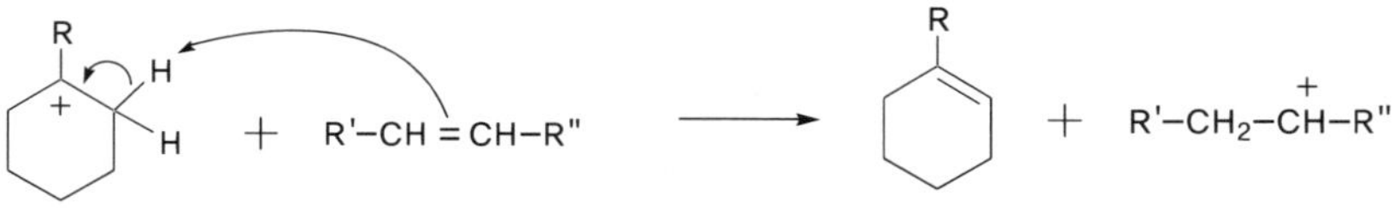

(3.9)

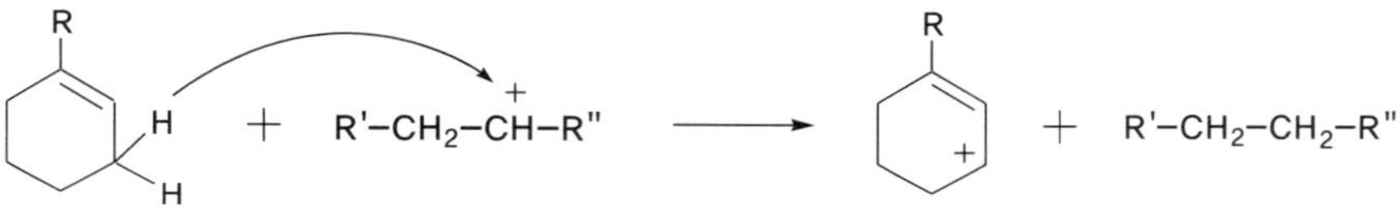

(3.10)

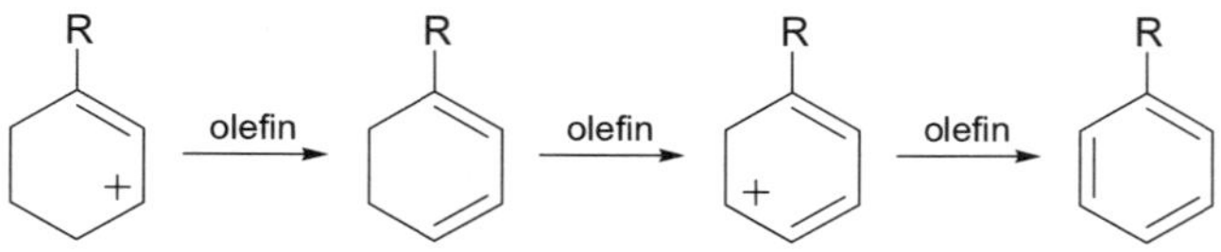

(3.11)

이성질화(isomerization)에서는 더 안정한 카보늄 이온을 생성하는 방향으로 수소나 알킬기가 전위를 일으킨다. 카보늄 이온의 안정성이 증가하는 순서는 일차(primary) < 이차(secondary) < 삼차(tertiary)의 순이므로 이차나 삼차 카보늄 이온이 생성되는 방향으로 반응이 진행된다. 식 3.5에서는 이차 카보늄 이온이 일차를 경유하여 삼차로 전환되는 것을 보여 주고 있으며, 식 3.6에서는 일차가 이차로 전환된 후 올레핀이 되는 반응을 보여 주고 있다. 이 올레핀은 식 3.4의 반응을 거치면서 다른 반응을 계속 일으키게 된다. 이성질화 반응에 의하여 결과적으로 가지 구조를 가진 탄화수소가 생성된다.

β절단(β scission)은 양이온 탄소를 기준으로 β탄소와 γ 탄소 사이의 결합이 절단되어 분자량이 작아지는 반응으로, 식 3.7과 같이 올레핀과 일차 카보늄 이온이 생성된다. 일차 카보늄 이온은 불안정하여 바로 이차 또는 삼차 카보늄 이온으로 이성질

화된 후 다시 β절단 등의 반응을 일으킬 수 있다.

고리화(cyclization)는 식 3.8에 나타낸 바와 같이 카보늄 이온 구조가 같은 분자 내의 이중 결합에 부가되면서 고리 구조가 형성되는 반응이다. 5원환(five-membered ring) 또는 6원환(six-membered ring)의 형성이 유리하며, 식 3.9~3.11과 같이 올레핀과 계속 반응하면서 환상 올레핀 또는 방향족 탄화수소가 생성된다.

3.3.4 열분해

석유 탄화수소를 (촉매를 사용하지 않고) 열적으로 분해하여 보다 분자량이 작은 분자로 전환시키는 공정을 **열분해**(thermal cracking)라고 한다. 열분해 공정에는 상압증류의 잔유를 열분해하는 비스브레이킹(visbreaking)과 감압증류의 잔유를 열분해하는 코킹(coking)의 두 가지 종류가 있다. 열분해에 의해 가스, 가솔린, 접촉 분해용 연료유 등이 제조된다. 특히 코킹에 의해서는 석유 코크스가 제조된다.

접촉 분해가 카보늄 이온의 생성과 반응으로 구성되는 데 비하여 열분해 반응은 **라디칼**(radical)의 생성 및 반응에 의해 일어난다. 라디칼은 석유 탄화수소의 탄소-탄소 결합 또는 탄소-수소 결합이 절단되면서 생성된다. [그림 3.5]에 나타냈듯이 결합의 절단은 삼차 탄소 라디칼이 생성되는 절단이 가장 일어나기 쉽고, 일차 탄소 라디칼이 생성되는 절단이 가장 일어나기 어렵다.

생성된 라디칼 화학종은 β절단, 연쇄 이동(chain transfer), 연쇄 정지(chain termination), 이성질화의 네 가지 반응을 통하여 탄화수소의 분자량이 낮아지게 된다. **β절단**(식 3.12)은 탄소 라디칼을 기준으로 β탄소와 γ탄소 사이의 결합이 절단되면서 일차 라디칼과 1-올레핀이 생성되는 반응이다. β절단은 탄화수소의 분자량이 감소하는 직접적인 원인이 된다. **분자간 연쇄 이동**(식 3.13)은 라디칼 구조가 다른 분자로 이동하는 것이다. 한편 라디칼 구조끼리 결합하여 라디칼 반응이 정지되는 **연쇄 정지**(식 3.14)가 일어나기도 한다. 그러나 반응계 내에 라디칼 화학종의 농도가 낮기 때문에 연쇄 정지는 많이 일어나지 않는다. **이성질화**(식 3.15)는 일종의 분자 내 연쇄 이동으로서 일차 탄소 라디칼의 탄소사슬이 길 경우 일어날 수 있다. 입체적으로 반응이 용

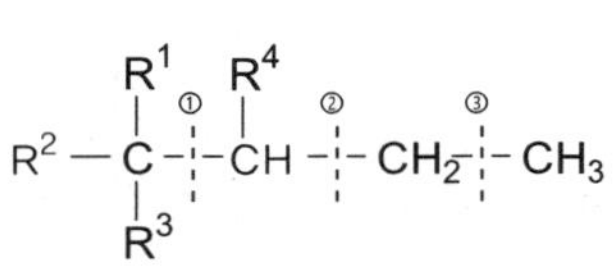

절단되기 쉬운 정도 : ①>②>③

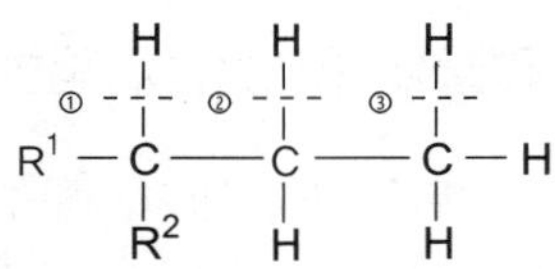

절단되기 쉬운 정도 : ①>②>③

그림 3.5 열분해에 의한 라디칼의 생성

이한 4~6번째 탄소에 결합된 수소가 뽑혀져 이차 라디칼이 생성된다. 이렇게 생성된 이차 라디칼은 식 3.12와 같은 β절단을 일으켜 분해가 더 진행된다.

$$\begin{array}{l} R{-}CH_2{-}\overset{\gamma}{CH_2}\,\vdots\,\overset{\beta}{CH_2}{-}\dot{C}H{-}CH_2{-}CH_2{-}CH_3 \\ \longrightarrow \underset{\text{primary radical}}{R{-}CH_2{-}\dot{C}H_2} + \underset{\text{1-olefin}}{CH_2{=}CH{-}CH_2{-}CH_2{-}CH_3} \end{array} \tag{3.12}$$

$$\begin{array}{l} R{-}CH_2{-}\dot{C}H_2 + \sim CH_2CH_2CH_2 \sim \\ \longrightarrow R{-}CH_2{-}CH_3 + \sim CH_2\dot{C}H\,CH_2 \sim \end{array} \tag{3.13}$$

$$R{-}CH_2{-}\dot{C}H_2 + \dot{C}H_2{-}CH_2{-}R' \longrightarrow R{-}CH_2{-}CH_2{-}CH_2{-}CH_2{-}R' \tag{3.14}$$

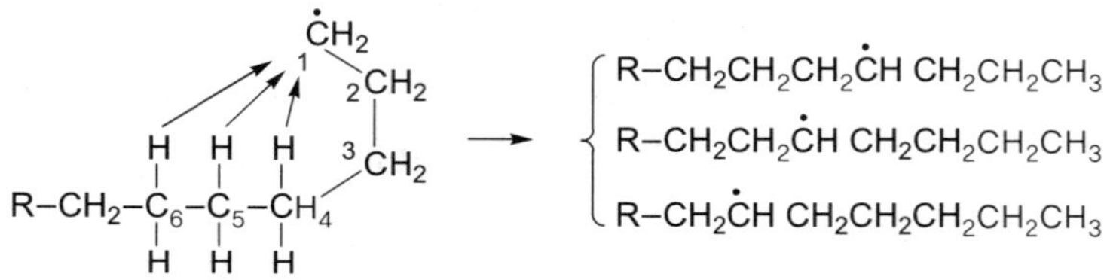

(3.15)

열분해 반응의 주된 생성물은 올레핀이다. 라디칼 기구로 진행되기 때문에 가지달린 구조의 생성이나 고리화는 별로 일어나지 않는다.

3.3.5 수소화 분해

수소화 분해(hydrocracking)는 수소 가압하에서 고비점 석유 유분을 분해하여 가솔린 성분으로 전환하는 공정이다. 촉매로서는 실리카-알루미나 복합체나 제올라이트를 지지체로 사용한 Co-Mo, Ni-Mo, 또는 Ni-W계 촉매가 사용된다. 반응 과정에서 탄화수소의 분해, 이성질화, 고리화, 올레핀 수소화, 탈황 등의 반응이 함께 일어나 아이소파라핀과 방향족 탄화수소가 많이 포함된 고옥탄가 가솔린이 얻어진다.

3.3.6 알킬화, 이성질화, 중합

앞에서 소개한 접촉 개질, 접촉 분해, 열분해 이외에도, 고옥탄가 가솔린의 생산을 늘리기 위해 알킬화, 이성질화, 중합 등을 행한다.

알킬화(alkylation)는 열분해나 접촉 분해 과정에서 생성된 올레핀과 아이소뷰테인

(isobutane)을 반응시켜 고옥탄가 가솔린을 제조하는 방법이다. H_2SO_4 또는 HF 등의 산을 촉매로 하여 다음 식 3.16~3.20과 같이 진행된다. 여기서는 대표적인 예로서 프로필렌과 아이소뷰테인과의 반응에 의해 2,3-다이메틸펜테인(2,3-dimethylpentane)이 합성되는 반응을 보였다.

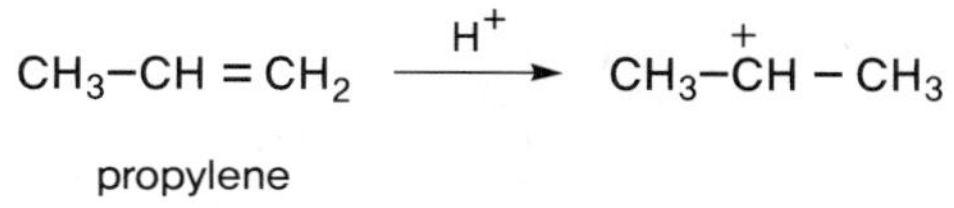

(3.16)

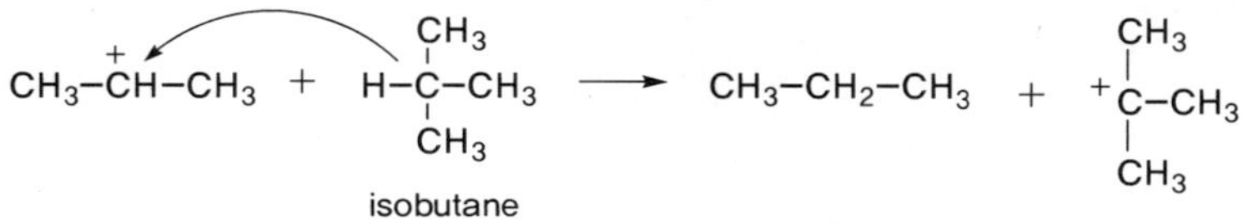

(3.17)

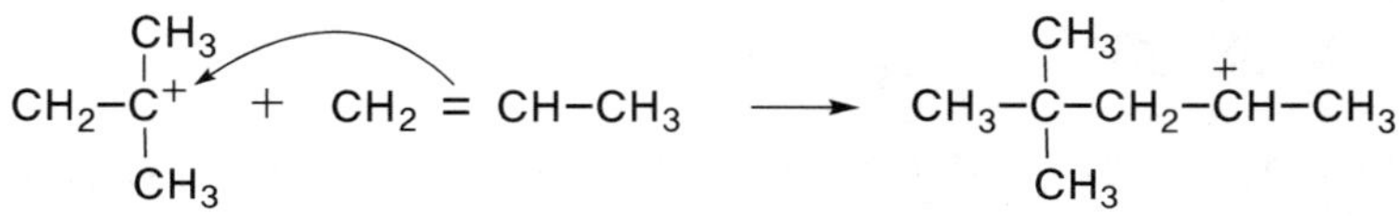

(3.18)

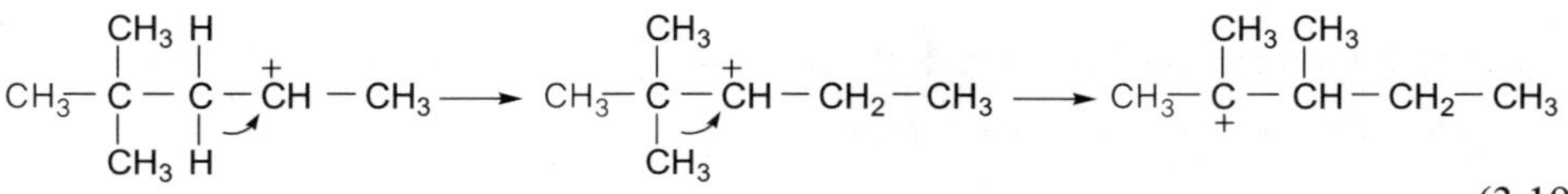

(3.19)

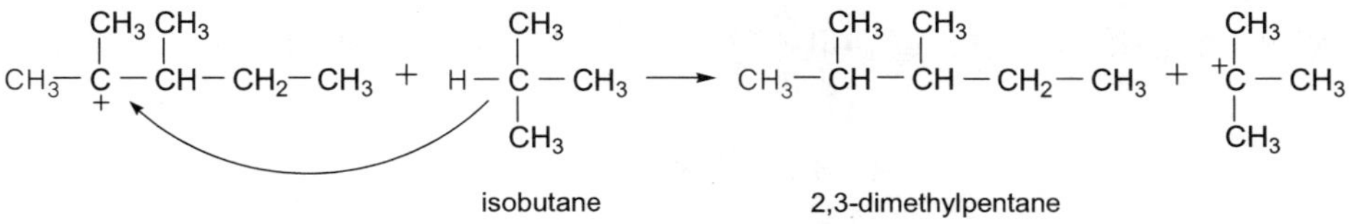

(3.20)

이성질화(isomerization)는 n-파라핀을 아이소파라핀으로 전환하는 반응으로서, 예를 들어 n-뷰테인을 아이소뷰테인으로 전환시키는 반응을 식 3.21에 나타내었다. 촉매로서는 백금(Pt)을 실리카-알루미나에 지지시킨 것이 사용된다.

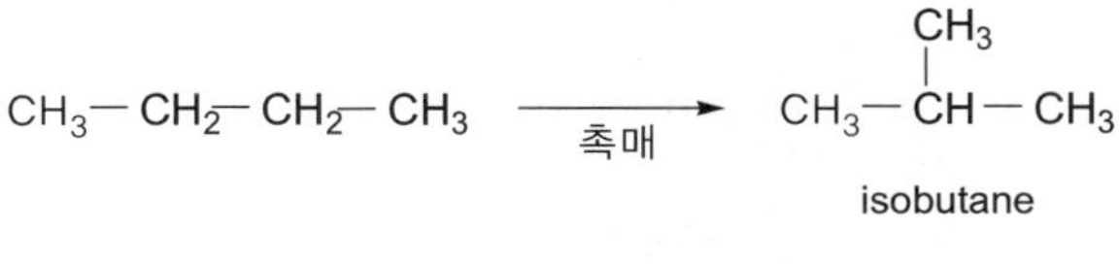

(3.21)

중합은 가스상 저분자 올레핀을 중합(2-3량화)시켜 고옥탄가 가솔린을 제조하는 반응이다. 대표적인 예로서, 아이소뷰텐(isobutene)을 이량화시켜 2,2,4-트라이메틸펜테인을 합성하는 반응을 식 3.22~3.23에 나타내었다.

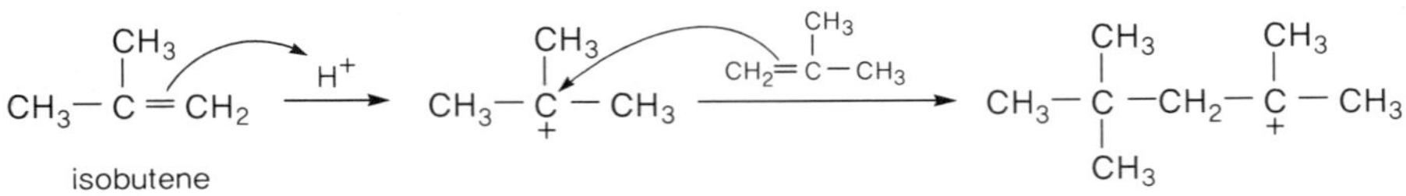

(3.22)

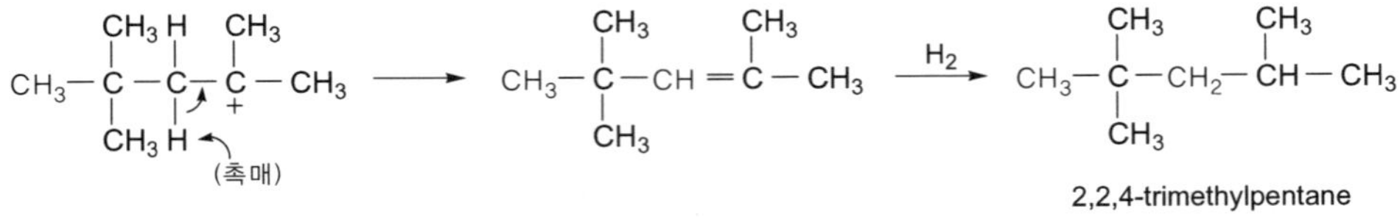

(3.23)

3.3.7 수소화 정제

석유 유분에 함유된 불순물(황, 질소, 산소 화합물)은 처리장치 부식, 촉매의 비활성화, 석유 제품 질 저하, 대기오염 등의 문제를 일으키므로 제거할 필요가 있다. **수소화 정제**(hydrorefining)는 수소화 또는 수소화 분해 반응에 의해 석유 유분 중의 불순물을 제거하는 공정을 말한다. 다음에 각각 황(식 3.24 및 3.25), 질소(식 3.26), 산소(식 3.27) 불순물을 제거하는 반응을 나타내었다. 위의 세 가지 불순물은 각각 황화수소(H_2S), 암모니아(NH_3), 물(H_2O)의 형태로 제거된다. 촉매로서는 Co-Mo(또는 Ni-W)계 금속 미립자가 알루미나 또는 제올라이트에 지지된 촉매가 사용된다.

$$\underset{\text{thiol}}{R-SH} \xrightarrow{H_2} R-H + H_2S \tag{3.24}$$

$$\underset{\text{disulfide}}{R-S-S-R'} \xrightarrow{3H_2} R-H + R'-H + 2H_2S \tag{3.25}$$

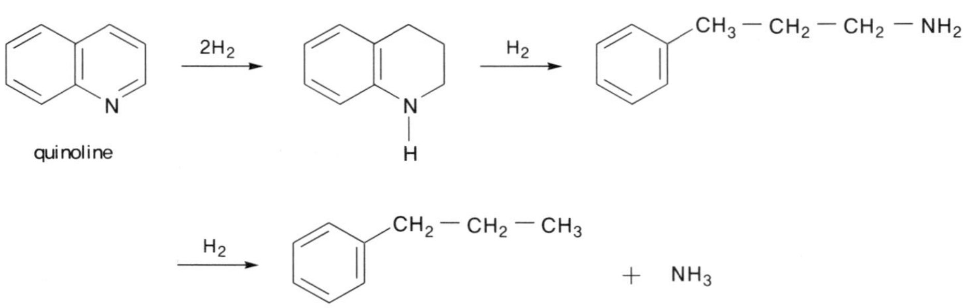

(3.26)

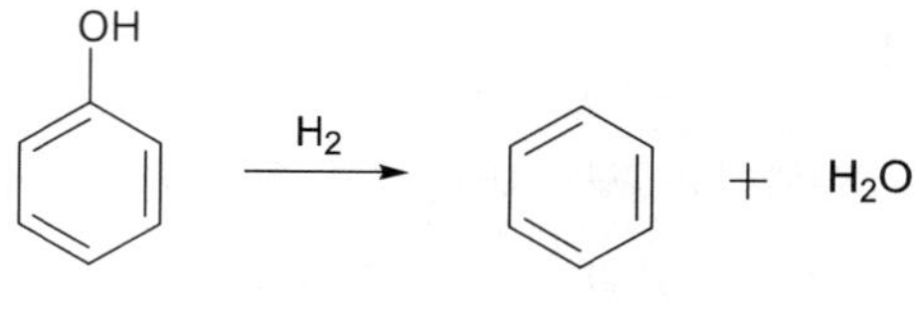

phenol

(3.27)

수소화 정제 과정에서 발생한 황화수소는 황을 제조하는 데 사용된다. 식 3.28에 나타낸 것처럼 아민계 용제를 사용하여 황화수소를 가압하에서 화학적으로 흡수하고 감압/가열 조건에서 방출시켜 회수한다. 회수된 황화수소는 식 3.29 및 3.30에 나타낸 것처럼 먼저 이산화황으로 전환시킨 다음 황을 얻게 된다. 황은 황산(7.1절 참조)을 비롯한 다양한 황 함유 제품의 제조에 사용되고, 특히 천연 고무에 황을 가하여 품질을 향상시키는 가황제로도 사용된다.

$$H_2S + 2\,R_2NH \underset{\text{감압/가열}}{\overset{\text{가압}}{\rightleftharpoons}} (R_2NH_2^{+})_2\,S^{2-} \tag{3.28}$$

$$H_2S + \frac{3}{2}O_2 \longrightarrow SO_2 + H_2O \tag{3.29}$$

$$2H_2S + SO_2 \longrightarrow 3S + 2H_2O \tag{3.30}$$

3.3.8 스위트닝

석유 유분에 포함된 황 불순물 중 가장 문제가 되는 것은 **싸이올**(thiol 또는 mercaptan)로서, 악취가 심하기 때문에 석유 유분의 제품화를 위해서는 싸이올의 제거가 필요하다. 싸이올은 수소화 정제에 의해 제거되기도 하지만, 석유 유분 중 황의 농도가 낮거나 완전한 탈황이 필요하지 않는 경우는 싸이올의 제거를 주목적으로 하는 **스위트닝**(sweetening)이 수행된다. 다음 식 3.31 및 3.32에 나타낸 것과 같이 수산화나트륨(NaOH)으로 싸이올을 추출한 다음 다이설파이드(disulfide)로 전환하여 제거한다.

$$R-SH + NaOH \longrightarrow R-SNa + H_2O \tag{3.31}$$

$$2R-SNa \xrightarrow{O_2\,/\,H_2O} \underset{\text{disulfide}}{R-S-S-R} + 2NaOH \tag{3.32}$$

3.3.9 수소의 제조

수소는 석유 정제 또는 석유 화학 공정에서 수소화, 수소화 분해, 수소화 정제 등의 반응에 사용되는 중요한 원료일 뿐 아니라 암모니아(8.1절 참조), 메탄올(4.9절 참조) 제조에도 사용되고 있다. 또한 석유 대체 에너지원의 하나로 주목을 받고 있는 연료 전지(fuel cell) (9.2절 참조)의 연료로 사용된다.

수소의 제조 방법 중 **전기 분해**(9.3.4절 참조)는 고가인 전기를 사용해야 하기 때문에 경제적으로 불리하여 많이 수행되고 있지는 않지만, 생성되는 수소의 순도가 높기 때문에 고순도 수소가 요구되는 반도체 산업 등의 특수 산업에서는 전기 분해에 의해 제조된 수소를 사용한다. **석탄**을 수증기와 반응시키는 방법은 과거에 사용되었지만 현재는 많이 사용되지 않고 있다. 그러나 장래에 석탄이 석유 대체 자원으로 활용될 때에는 이 방법 또한 부활될 가능성이 있다. 현재 주로 사용되고 있는 방법은 **석유계 탄화수소**의 수증기 개질법(steam reforming process)이다. 여기에서 석유계 탄화수소는 석유, 천연 가스, 제유소 가스, 나프타 등을 의미한다. 촉매를 충전한 개질탑에 탄화수소와 수증기를 동시에 보내 가열함으로써 수소가 생성되는데, 다음 식 3.33처럼 진행되며, 이 과정에서 부생하는 일산화탄소(CO)는 식 3.34와 같이 처리해 준다. 그런데 식 3.33 반응은 큰 흡열을 수반하기 때문에 수증기와 함께 산소를 투입하여 식 3.35의 발열 반응도 함께 일으킴으로써 고온을 유지한다.

$$C_mH_n + mH_2O \longrightarrow mCO + \left(m + \frac{n}{2}\right)H_2 \quad \text{(큰 흡열)} \quad (3.33)$$

$$CO + H_2O \longrightarrow H_2 + CO_2 \quad \text{(발열)} \quad (3.34)$$

$$C_mH_n + \frac{m}{2}O_2 \longrightarrow mCO + \frac{n}{2}H_2 \quad \text{(발열)} \quad (3.35)$$

3.3.10 윤활유와 납의 제조

기계 장치에 필수적으로 사용되는 윤활유(lubricating oil)의 대부분은 석유로부터 얻어지고 있으며, 석유 제품 중 생산량에 있어서 연료유의 다음을 차지할 정도로 비중이 높다. [그림 3.2]에 나타내었듯이 석유의 상압증류 잔유를 감압증류하면 윤활유 유분이 얻어지며, 여기에서 1) 아스팔트(asphalt) 성분을 제거하고, 2) 용제를 사용하여 방향족 탄화수소와 다환 나프텐을 제거하고, 3) 납(wax)을 제거하고, 4) 적절한 첨가제를 배합하여 윤활유를 제조한다. 납은 3)번 과정에서 제조된다.

3.4 석유 제품

석유의 증류, 전화, 정제 과정을 거쳐 제조되는 석유 제품은 크게 연료유(가솔린, 제트 연료, 등유, 경유, 중유), 석유 화학 공업용 원료(나프타), 윤활유, 납, 아스팔트, 석유 코크스 등으로 나눌 수 있다. 연료유의 생산량이 가장 많고, 다음의 위치는 윤활유가 차지한다. 각 석유 제품에 대하여 아래에 설명한다.

3.4.1 액화 석유 가스

액화 석유 가스(liquefied petroleum gas: LPG)는 석유의 증류 또는 전화 과정에서 얻어지는 탄소수 3 또는 4의 가스 성분(프로페인, 프로필렌, 뷰테인, 뷰텐 등)을 액화하여 제조한다. 천연 가스 중 습성 가스로부터 제조하기도 한다. 가정용 연료, 자동차용 연료, 화학 공업 원료 등으로 사용된다.

3.4.2 가솔린

석유의 증류로 얻은 다양한 유분을 이용하여 옥탄가 90 이상의 가솔린(휘발유라고도 함)을 제조한다(3.3절 참조). 탄소수가 4~12인 탄화수소의 혼합물이다. 자동차용 가솔린과 프로펠러 항공기용 가솔린으로 나뉜다. 이외에 공업용 용제, 기계 세정용, 드라이클리닝(dry cleaning)용으로 사용되는 공업용 가솔린도 여기에 속한다.

3.4.3 제트 연료

제트엔진(jet engine)용 연료로서, 자동차용 가솔린 수준의 고옥탄가는 필요하지 않지만, 산소 농도가 낮고 저온인 조건에서 연소에 의한 팽창 분사의 효율이 높고 증발 손실이 적어야 한다.

3.4.4 등유

등유(kerosene)는 가정용 석유난로 연료, 농업용 발동기 연료, 기계 세정용 용제, 도료 용제 등으로 사용된다. 난로용 연료로 사용되기 위해서는 1) 연소성이 우수하고, 2) 악취 물질을 포함하지 않아야 하며, 3) 인화점이 높고 안전해야 한다. 연소성이 우수하기 위해서는 파라핀계 탄화수소이어야 하며, 방향족계 탄화수소가 포함되면 불완전 연소를 일으키기 쉬우므로 포함되지 않아야 한다. 악취를 내는 황 화합물은 수소화 정제 등에 의해 제거해야 한다. 발동기 연료로 사용되기 위해서는 휘발성, 연소성이 우수하고 옥탄가가 높은 것이 좋다.

3.4.5 경유

경유(light oil 또는 gas oil)는 등유와 중유 사이의 끓는점을 가진다. 석유의 상압증류 유분 중 경질경유를 수소화 정제하여 제조한다. 원래 경유에는 석유로부터 얻어지는 가스유(gas oil)와 석탄 타르의 증류에 의해 얻어지는 가스경유(gas light oil)가 있는데, 최근에는 가스유가 경유로서 주로 사용되므로 보통 경유라고 하면 가스유를 뜻한다. 경유는 주로 디젤기관용 연료로 사용된다. 상압증류 유분 중 중질경유는 접촉 분해에 의한 가솔린 제조의 원료 또는 중유의 제조 시 배합 원료로 사용된다.

3.4.6 중유

중유(heavy oil)는 주로 상압증류 잔유에 경유를 혼합하여 제조한다. 점도가 높아지는 순서로 A 중유, B 중유, C 중유로 분류한다. A 중유는 주로 세라믹 또는 금속의 정련용, 소형 디젤엔진 연료 등으로, B 중유는 대형 디젤엔진용 연료로, C 중유는 대형 보일러용 연료, 대형 디젤엔진용 연료, 철강 제련용 연료 등으로 사용된다. 중유는 등유나 경유에 비해 잘 증발되지 않으므로 버너에서 분무하여 안개의 형태로 만든 뒤 공기와 혼합하여 연소시킨다.

3.4.7 나프타

나프타(naphtha)는 석유의 상압증류 유분 중 경질가솔린으로부터 얻는다. 전화나 정제를 거치지 않기 때문에 조제(粗製)가솔린(crude gasoline)이라고도 하며, 석유 화학 공업의 기본원료로서 사용된다. 나프타를 열분해하여 주로 에틸렌, 프로필렌 등의 올레핀을 얻고, 이들 올레핀으로부터 다양한 석유 화학 제품을 제조한다(4.2절 참조).

3.4.8 윤활유

상압증류 잔유를 감압증류하여 얻는다. 각종 기계나 엔진 등의 마찰저항을 감소시키고 마찰열을 제거하기 위하여 사용된다. 이외에 응력의 분산, 밀봉(sealing), 방식(anticorrosion), 방진 작용도 한다. 산화 방지제(antioxidant), 부식방지제(corrosion inhibitor), 소포제(defoaming agent) 등의 여러 가지 첨가제를 가하여 제품화한다.

동・식물성 윤활유나 합성 윤활유도 있지만, 석유를 원료로 한 윤활유(광유라고 함)가 대부분을 차지한다. 광유와 다른 윤활유를 배합하여 제품화하기도 한다. 탄화수소를 윤활 성능이 높은 것부터 나열하면 파라핀계 > 나프텐계 > 방향족계로서 파라핀계가 가장 우수하다. 파라핀 중에서도 특히 긴 탄화수소 사슬에 1~2개의 곁사슬이나 고리 구조가 붙어 있는 화합물의 윤활 성능이 좋다.

3.4.9 납, 아스팔트, 석유 코크스

납(wax), 아스팔트, 석유 코크스는 감압증류의 유분 또는 잔유로부터 제조된다. 납은 탄소수 20 이상의 n-파라핀이 주성분이며, 양초, 방습지, 크레용 등의 용도로 사용된다. 아스팔트는 도로 포장, 방수, 전기 절연 등의 용도로 사용된다. 석유 코크스는 감압증류 잔유를 열분해할 경우 얻어지는 잔사(residue)이며, 탄소가 주성분이다. 탄소 전극, 합성 흑연 등의 용도로 사용된다.

04 석유 화학 공업

4.1 서론

20세기에 들어서면서 자동차, 항공기 등의 급속한 보급에 의해 연료유의 수요가 급격히 증가하게 되었다. 이에 따라 가솔린 등을 생산하는 석유 정제 공업이 본격적으로 발달하게 되었고, 가솔린 생산 과정에서 부산물(byproduct)로서 얻어지는 저분자량의 탄화수소 가스가 화학 공업의 원료로 사용되기 시작하였다. 대표적인 예로서 석유 유분의 접촉 분해 과정에서 부생하는 제유소 가스(C_2-C_4)를 들 수 있다. 한편, 이 당시 석탄도 유기 화학 공업의 원료로 사용되고 있었다.

표 4.1 대표적인 석유 화학 제품

기초 원료 제품	중간체 또는 최종 제품
에틸렌	폴리에틸렌(PE) 염화바이닐, 폴리염화바이닐(PVC) 아세트알데하이드, 아세트산 에틸렌옥사이드, 에틸렌글리콜
프로필렌	폴리프로필렌(PP) 에피클로로하이드린 프로필렌옥사이드, 프로필렌글리콜 아크릴로나이트릴, 폴리아크릴로나이트릴 아세톤, 아이소프로판올, 페놀
C_4 탄화수소 (뷰타다이엔 등)	합성 고무
n-파라핀 환상 지방족 탄화수소	제2알코올, 1-올레핀 나일론
방향족 탄화수소 (벤젠, 톨루엔, 자일렌)	스타이렌, 폴리스타이렌(PS) 벤젠, 자일렌 프탈산, 무수프탈산, 폴리에스터

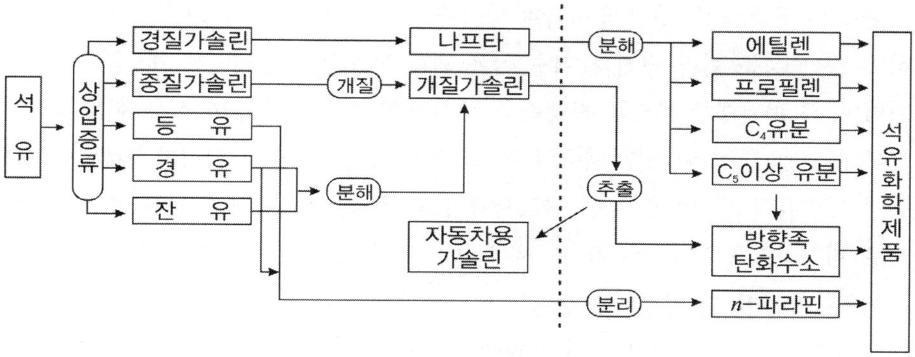

그림 4.1 석유 정제 공업과 석유 화학 공업의 관계

20세기 전반의 제유소 가스와 석탄을 위주로 한 원료 체계가 제2차 세계대전 이후에는 다음 두 가지의 큰 변화를 겪으면서 본격적으로 석유 화학 시대가 열리게 되었다. 첫째, 원료로서 중요한 위치를 차지하고 있던 석탄이 그 지위를 석유로 넘겨주게 되었다. 둘째, 제유소 가스 이외에 나프타, 천연 가스, 유전 가스 등도 원료로 사용되기 시작함으로써 원료의 다양화가 이루어졌다.

석유 화학(petroleum chemistry)은 석유계 탄화수소를 원료로 하는 유기 합성 화학을 말하며, **석유 화학 공업**(petrochemical industry)은 석유계 탄화수소를 화학적으로 처리하여 **석유 화학 제품**(petrochemicals)을 제조하는 공업을 뜻한다. 석유 화학 제품은 기초 원료, 중간체, 최종제품으로 나눌 수 있고, 이 중 최종 제품은 대부분 플라스틱(수지), 섬유, 고무 등의 고분자 제품을 말한다. [표 4.1]에 대표적인 석유 화학 제품을 정리하였다. 여기서 기초 원료 제품은 석유 화학 공업의 제품인 동시에 중간 또는 최종 제품의 원료로 사용되는 것들이다.

4장의 석유 화학 공업과 3장에서 다뤘던 석유 정제 공업과의 관계를 [그림 4.1]에 나타내었다. 석유 정제 공업에서 석유 화학 공업으로 넘어가는 경로로서 중요한 세 가지는 1) 나프타를 거치는 경로, 2) 개질가솔린을 거치는 경로, 3) 등유와 경유에서 n-파라핀을 분리하는 경로이다. [표 4.2]에는 석유 화학 제품 중의 기초 원료가 석유 정제 공업과 관련하여 어떻게 얻어지는지를 정리하였다.

표 4.2 석유 화학 기초 원료 제품의 제조

석유 화학 제품(기초 원료)	제조 방법
올레핀(에틸렌, 프로필렌 등)	나프타 → 열분해 후 분리
n-파라핀	등유, 경유 → 분리
방향족 탄화수소(BTX)	가솔린, 경유, 증류 잔유 → 개질 또는 분해 후 분리 나프타 → 열분해 후 분리

한국의 석유 화학 공업은 [표 4.3]에 정리하였듯이 1970년대와 1980년대에 정부 주도하에 울산 석유 화학 단지와 여수 석유 화학 단지가 조성되면서 개발기와 성장기를 거쳤다. 1980년대 말부터는 자생력을 갖춘 석유 화학 기업들이 석유 화학 공업을 주도하게 되었고, 석유 화학 제품의 수입국에서 수출국으로 도약하게 되었다. 기초 원료인 에틸렌의 생산량을 보면 1970년대에 연간 155,000톤에서 현재 약 7,000,000톤으로 비약적인 발전을 이루었다. 세계 석유 화학 공업은 1970년대에 선진국이 주도하였으나 1980년대 말부터는 중국이나 동남아의 석유 화학 공업이 성장하였고, 1990년대 후반 이후는 초대형 기업의 탄생과 중동의 석유 화학 공업 급성장으로 특징지어진다.

석유 화학 공업도 전형적인 **장치산업**이라는 특징이 있다. 반응로, 증류탑, 추출탑 등의 장치들이 파이프라인에 의해 연결되어 있고, 전체 공정이 중앙통제실에서 자동 조절되는 방식을 취하고 있다. [그림 4.2]에 석유 화학 공장의 모습을 나타내었다.

석유 화학 공업의 또 다른 특징으로는 **콤비나트**(Kombinat) 생산 형식을 취하는 경우가 많은 것을 들 수 있다. 콤비나트란 한 지역의 공업단지 내에 위치한 회사들이 서로 생산 및 기술면에서 밀접하게 연관되어 있는 기업 집단을 이루는 경우로서, 예를 들면 A 회사의 제품을 B 회사가 원료로 사용하고, B 회사의 제품을 C 회사가 원료로 사용하는 식의 기업 집단을 의미한다. A 회사 → B 회사 → C 회사가 파이프

표 4.3 한국의 석유 화학 공업의 발전 과정

구분	개발기	성장기	도약기	구조 조정기	재도약기
시기	1970년대	1980년대	1990년대	1990년대 말~ 2000년대 초	2000년대 중반 이후
주도 주체	정부 주도			민간 주도	
시기적 특징	정부 주도 산업 육성	석유화학 기반 구축	대규모 증설	업계 재편 (활발한 M&A)	규모경제 확보 및 해외투자진출 확대
석유화학단지 조성	울산 단지	여수 단지	대산 단지	–	–
에틸렌 생산능력 (기업 수)	115천 톤/년 (1개사) 〈'78 통계〉	505천 톤/년 (2개사) 〈'88 통계〉	4,920천 톤/년 (8개사) 〈'97 통계〉	5,720천 톤/년 (7개사) 〈'03 통계〉	8,350천 톤/년 (6개사) 〈'13 통계〉
수출입	순수입	순수입→균형	균형→순수출	순수출	순수출 확대
세계의 석유화학 공업 동향	선진국 중심 발전	고부가가치화	아시아 성장	초대형 기업 탄생 중동 급성장	

[출처: 한국석유화학협회 www.kpia.or.kr]

그림 4.2 석유 화학 공장의 모습

라인으로 연결되어 원료 수송을 효과적으로 하는 경우도 많다. 물류 비용 절감과 생산성 향상 등의 장점을 가진다.

4.2 나프타의 분해에 의한 기초 원료의 제조

4.2.1 탄화수소의 열분해 반응

탄화수소의 온도에 따른 표준생성 자유 에너지($\Delta G°$)를 살펴보면, 530 °C 이상에서는 모든 탄화수소의 $\Delta G°$ 값이 양의 값을 갖는다. 즉, 530 °C 이상에서는 탄화수소가 생성 반응의 역반응인 분해 반응을 일으키기 쉽다는 것을 의미한다. 탄화수소의 종류별로 $\Delta G°$ 값을 비교하면 750~900 °C에서 파라핀 > 올레핀 > 방향족 탄화수소의 순서를 나타내, 파라핀이 가장 분해되기 쉬운 것으로 나타난다. 따라서 나프타의 열분해는 750~900 °C의 조건에서 수행된다.

열분해 반응은 라디칼 기구로 진행된다. 우선 n-파라핀이 분해되어 일차 라디칼이 생성된 후, 주로 식 4.1과 4.2에 나타낸 것 같은 β절단이 일어나기 때문에 에틸렌의 생성량이 많게 된다. 이외에 프로필렌, C_4 올레핀 등이 생성된다. [표 4.4]에 나프타 열분해 생성물 조성의 예를 정리하였다.

$$R-CH_2-CH_2-CH_2-CH_2 \wr CH_2-\dot{C}H_2 \xrightarrow{\beta 절단} R-CH_2-CH_2-CH_2-\dot{C}H_2 + CH_2=CH_2 \tag{4.1}$$

$$R-CH_2-CH_2 \wr CH_2-\dot{C}H_2 \xrightarrow{\beta 절단} R-CH_2-\dot{C}H_2 + CH_2=CH_2 \tag{4.2}$$

표 4.4 나프타 열분해 생성물 조성의 예

열분해 생성물	조성(중량 %)
에틸렌	30
프로필렌	17
C_4 올레핀	11
기타(수소, 메테인, 에테인, C_5 이상 등)	42

4.2.2 열분해 공정 및 분리 정제 공정

열분해 장치로서는 관상의 반응로에 원료유와 수증기를 통과시키는 관상로 방식을 주로 사용한다. 온도는 800~900 °C로 조절되고, 분해 반응은 몰수가 증가하는 반응이기 때문에 감압 조건이 유리한데, 실제로는 수증기를 도입하여 탄화수소의 부분압을 낮추는 방식을 사용한다.

반응이 종료된 후, [그림 4.3]에 나타낸 것과 같이 **분리 및 정제 과정**을 거쳐서 각 성분을 얻게 된다. 각 생성물의 분리 정제는 기본적으로 냉각 또는 압축 공정으로 구성되어 있는데, 이는 냉각/압축에 의하여 비점이 높은 성분이 먼저 액화되는 현상을 이용한 것이다. 분자량이 큰 가솔린과 수분이 제거된 후 압축에 의하여 C_3 이상 혼합물이 액화되어 분리되고, 이것은 다시 프로필렌, 프로페인, 뷰타다이엔 등의 각 성분으로 분리된다. C_2 혼합물도 액화되어 분리되고, 이것은 다시 에틸렌과 에테인으로 분리된다. 프로페인과 에테인은 열분해 장치로 다시 보내진다.

4.2.3 석유 화학 기초 원료 제품의 제조

앞에서 설명한 대로 에틸렌과 프로필렌은 나프타의 열분해 생성물로부터 분리하여 얻는다. C_4 올레핀으로서는 주로 1,3-뷰타다이엔(1,3-butadiene), 아이소뷰텐(isobutene),

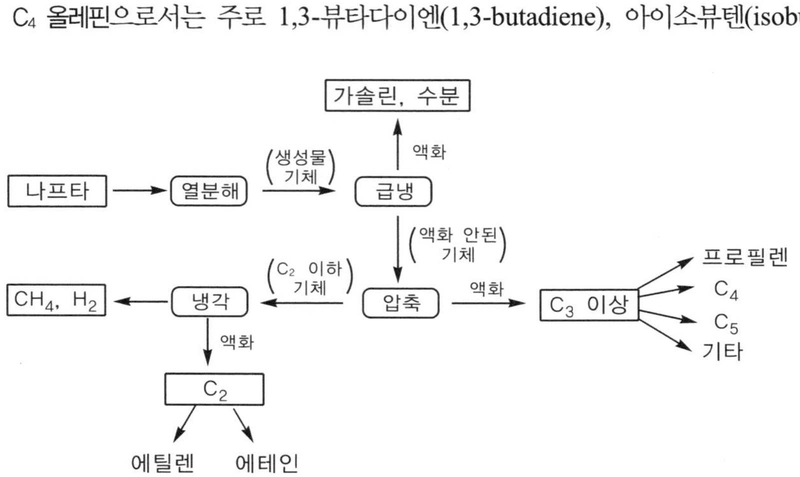

그림 4.3 나프타 분해물의 분리와 정제 공정

1-뷰텐(1-butene), 2-뷰텐(2-butene) 등이 열분해 생성물로부터 얻어진다. 이 중 1,3-뷰타다이엔은 n-뷰테인(식 4.3)이나 1-뷰텐 또는 2-뷰텐(식 4.4)의 탈수소 반응에 의해서도 제조되고 있다.

$$CH_3-CH_2-CH_2-CH_3 \xrightarrow{-2H_2} CH_2=CH-CH=CH_2 \tag{4.3}$$

$$\left.\begin{array}{l} CH_2=CH-CH_2-CH_3 \\ CH_3-CH=CH-CH_3 \end{array}\right\} \xrightarrow{-H_2} CH_2=CH-CH=CH_2 \tag{4.4}$$

2-뷰텐은 식 4.5에 나타낸 것처럼 프로필렌의 복분해(metathesis)에 의해서도 제조된다.

$$2CH_3-CH=CH_2 \rightleftharpoons CH_2=CH_2+CH_3-CH=CH-CH_3 \tag{4.5}$$

C_5 올레핀인 아이소프렌(isoprene)은 나프타의 분해 생성물로부터 분리하여 제조할 뿐만 아니라 식 4.6이나 식 4.7과 같은 탈수소 반응 등에 의해서 제조된다.

$$CH_3-\underset{}{\overset{CH_3}{\overset{|}{C}H}}-CH_2-CH_3 \xrightarrow{-2H_2} CH_2=\overset{CH_3}{\overset{|}{C}}-CH=CH_2 \tag{4.6}$$

$$CH_2=\overset{CH_3}{\overset{|}{C}}-CH_2-CH_3,\ CH_3-\overset{CH_3}{\overset{|}{C}}=CH-CH_3,\ CH_3-\overset{CH_3}{\overset{|}{C}H}-CH=CH_2.$$

$$\xrightarrow{-H_2} CH_2=\overset{CH_3}{\overset{|}{C}}-CH=CH_2 \tag{4.7}$$

가솔린 유분의 접촉 개질에 의해 생성되는 개질가솔린 중에는 방향족 탄화수소(aromatic hydrocarbon)가 50 % 이상 함유되어 있어(3.3.2절 참조), 개질가솔린에서 용제 추출법에 의하여 방향족 탄화수소를 얻는다. 나프타의 열분해로 얻어지는 C_6 이상의 생성물 중에도 방향족 탄화수소가 함유되어 있어 추출에 의하여 분리한다. 이 중에서 개질가솔린으로부터 얻어지는 양이 대부분을 차지한다. 추출된 방향족 탄화수소는 벤젠(benzene), 톨루엔(toluene), 자일렌(xylene), 에틸벤젠(ethylbenzene)으로 각각 분리된다.

공업적으로 수요가 적은 톨루엔을 수소화 탈알킬화(식 4.8), 불균화(식 4.9) 또는 트랜스알킬레이션(식 4.10)에 의해 벤젠이나 자일렌으로 변환하기도 한다.

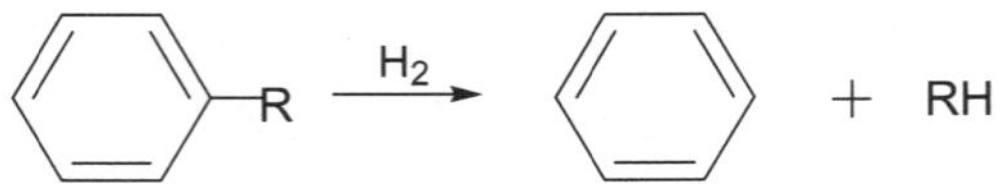

(4.8)

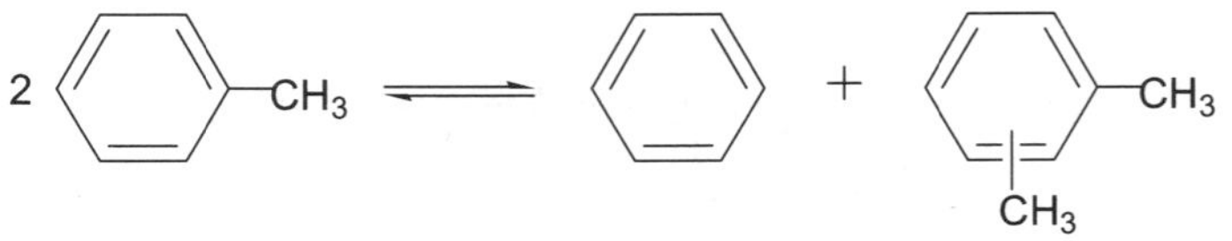

(4.9)

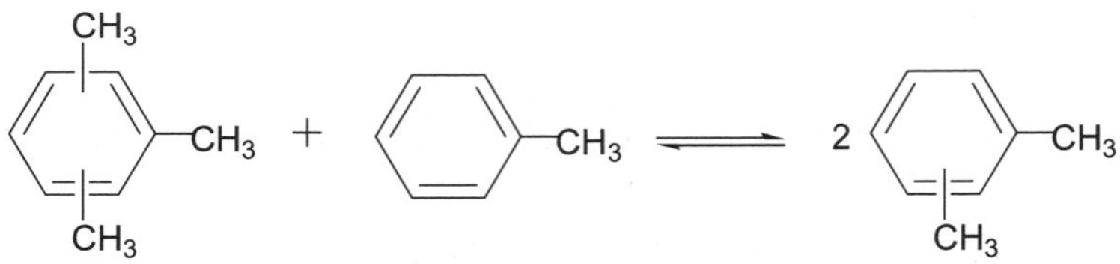

(4.10)

자일렌은 위에서 기술한 바와 같이 개질가솔린으로부터 분리하거나 톨루엔의 변환에 의해 얻어지는데, *o*-, *m*-, *p*-자일렌이 혼합되어 있어 각 이성질체를 분리할 필요가 있다.

에틸벤젠은 개질가솔린으로부터도 얻어지지만 대부분은 벤젠의 에틸화에 의해 제조된다(식 4.11). 에틸벤젠은 탈수소 반응에 의해 스타이렌을 생성한다(식 4.12). 스타이렌은 중합에 의해 중요한 플라스틱 중의 하나인 폴리스타이렌(polystyrene)을 생성한다(식 4.13).

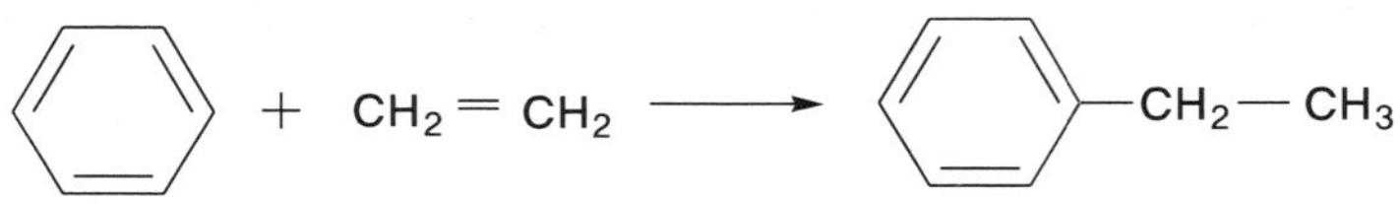

(4.11)

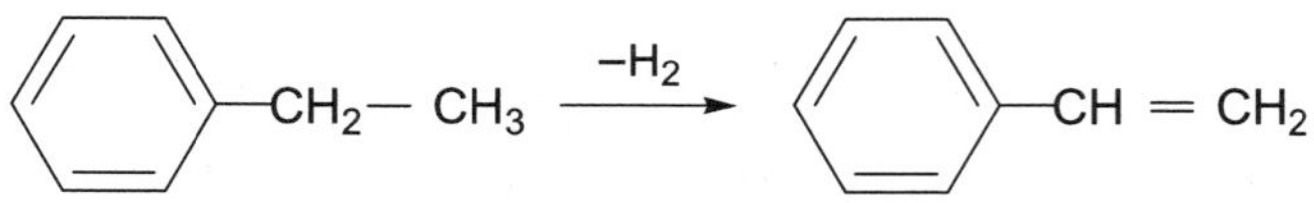

(4.12)

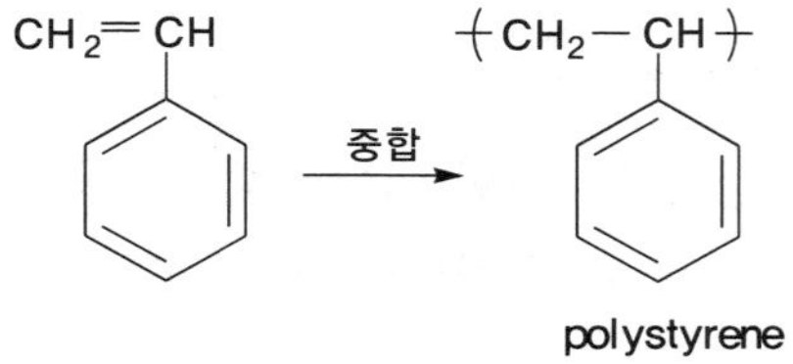

(4.13)

4.3 에틸렌을 원료로 하는 석유 화학 제품

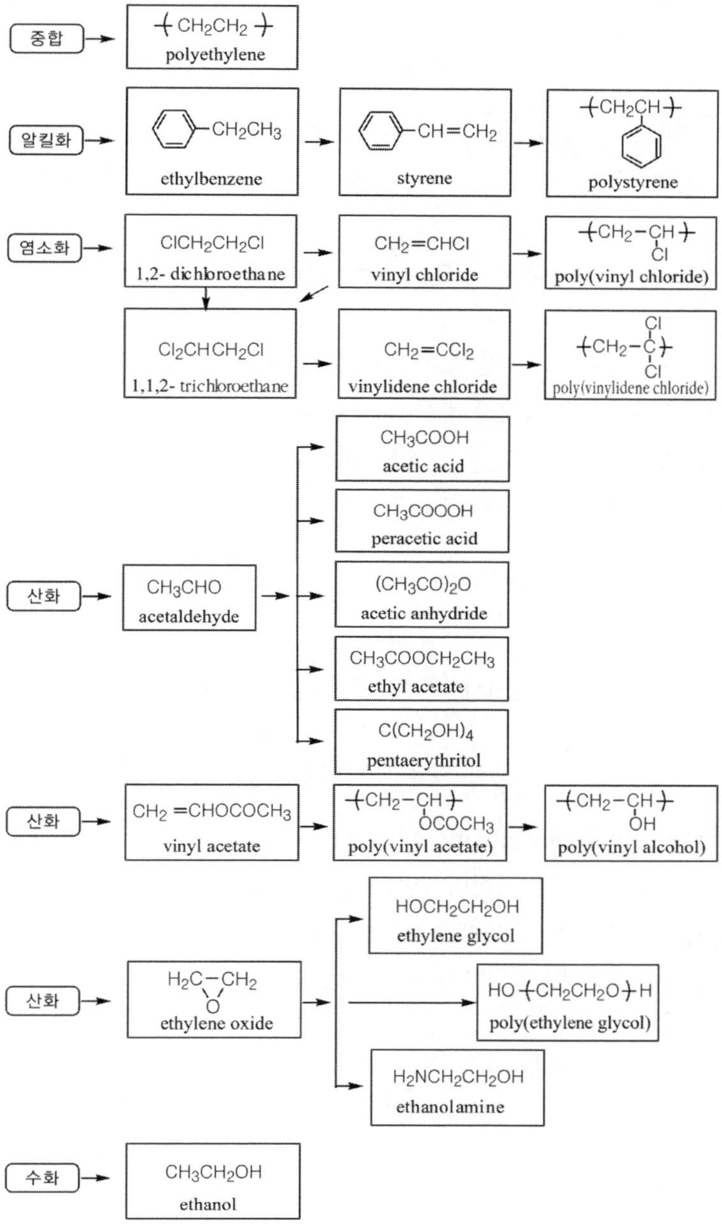

그림 4.4 에틸렌을 원료로 하는 석유 화학 공업 흐름도

에틸렌을 원료로 하는 석유 화학 제품은 대단히 많다. 주요 합성 흐름도를 [그림 4.4]에 나타내었다.

4.3.1 에틸렌의 염소화에 의한 유도체

다음의 두 가지 방법에 의하여 에틸렌으로부터 **염화바이닐**(vinyl chloride)을 제조한다(식 4.14, 4.15). 두 방법 공히 1,2-다이클로로에테인(1,2-dichloroethane)을 경유한다.

$$\underset{}{CH_2=CH_2} + Cl_2 \longrightarrow \underset{\text{1,2-dichloroethane}}{ClCH_2CH_2Cl} \xrightarrow{-HCl} \underset{\text{vinyl chloride}}{CH_2=CHCl} \qquad (4.14)$$

$$CH_2=CH_2 + 2HCl + \frac{1}{2}O_2 \xrightarrow{-H_2O} ClCH_2CH_2Cl \xrightarrow{-HCl} CH_2=CHCl \qquad (4.15)$$

염화바이닐을 합성하는 다른 방법으로서 아세틸렌에 HCl을 반응시키는 방법이 있다(식 4.16). 염화바이닐은 라디칼 중합(radical polymerization)에 의하여 폴리염화바이닐(poly(vinyl chloride): PVC)을 생성한다(식 4.17). PVC는 파이프(pipe), 바닥재(장판 등), 전선 피복재, 필름, 건축용 자재 등으로 널리 사용되는 고분자이다.

$$CH\equiv CH + HCl \longrightarrow CH_2=CHCl \qquad (4.16)$$

$$CH_2=CHCl \xrightarrow{\text{중합}} \underset{\text{poly(vinyl chloride) (PVC)}}{\left[CH_2-\underset{\underset{Cl}{|}}{CH} \right]} \qquad (4.17)$$

염화바이닐리덴(vinylidene chloride)은 난연성(nonflammability)을 가진 포장 필름 용도로 주로 사용되는 폴리염화바이닐리덴[poly(vinylidene chloride)]의 단량체로 사용된다. 염화바이닐 또는 에틸렌다이클로라이드를 염소화시켜 1,1,2-트라이클로로에테인을 합성하고, HCl을 제거하여 제조한다(식 4.18).

$$\left.\begin{array}{l} CH_2=CHCl + Cl_2 \\ ClCH_2CH_2Cl + Cl_2 \xrightarrow{-HCl} \end{array}\right\} \longrightarrow ClCH_2CHCl_2 \xrightarrow{-HCl} \underset{\text{vinylidene chloride}}{CH_2=C\,Cl_2} \qquad (4.18)$$

4.3.2 에틸렌의 산화에 의한 유도체: 아세트알데하이드와 그 유도체

아세트알데하이드(acetaldehyde)는 중요한 중간 원료로서, 무수아세트산, 아세트산에틸, 펜타에리트리톨 등의 원료로 사용된다. 아세트알데하이드는 과거에는 아세틸렌을 수은염 촉매하에서 물과 반응시키는 방식으로 합성되었으나, 공장에서 배출된 수은이 치명적인 미나마타병을 유발하는 것이 일본에서 밝혀지면서 사용하지 않게 되었다. 현재는 Hoechst-Wacker법이라 불리는 방식이 사용되고 있는데, 에틸렌을 염화팔라듐($PdCl_2$)-염화구리($CuCl_2$) 촉매하에서 산화시키는 방법이다(식 4.19 및 [그림 4.5]). 먼저 염화팔라듐과 에틸렌이 유기팔라듐 착체(organic palladium complex)를 형성한 다음, 가수분해되어 아세트알데하이드를 생성한다. 염화구리는 공기 산화에 의해 염화팔라듐을 재생시키기 위해 사용된다.

$$CH_2{=}CH_2 \xrightarrow[PdCl_2 \cdot CuCl_2\,/\,HCl]{O_2} \underset{\text{acetaldehyde}}{CH_3CHO} \tag{4.19}$$

과거에 아세트산(acetic acid)은 아세트알데하이드의 산화에 의해 제조했었지만(식 4.20), 현재는 메탄올과 일산화탄소의 반응에 의해 제조하는 Monsanto법이 주로 사용되고 있다(식 4.21). Monsanto법은 원료를 반드시 석유로부터 얻을 필요가 없으므로 석유 대체 원료체계로서 주목받고 있다.

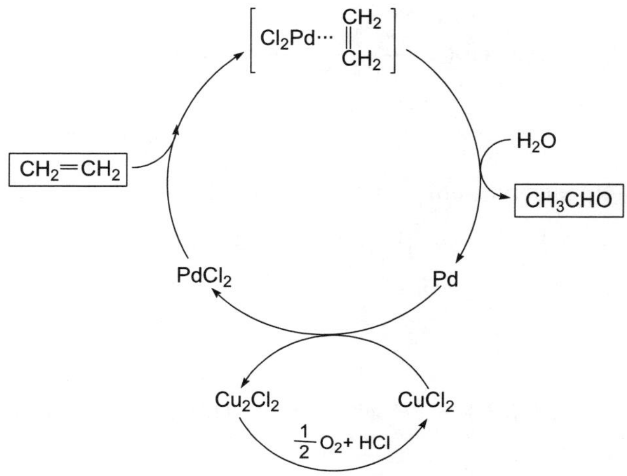

그림 4.5 Wacker법에 의한 아세트알데하이드의 합성 반응

$$CH_3CHO \xrightarrow{O_2} \underset{\text{acetic acid}}{CH_3COOH} \tag{4.20}$$

$$CH_3OH + CO \longrightarrow CH_3COOH \tag{4.21}$$

과아세트산(peracetic acid)은 아세트알데하이드의 산화에 의하여 제조된다(식 4.22). 과아세트산과 아세트알데하이드를 반응시켜 무수아세트산(acetic anhydride)을 제조한다(식 4.23).

$$CH_3CHO + O_2 \longrightarrow \underset{\text{peracetic acid}}{CH_3\underset{\underset{O}{\|}}{C}OOH} \tag{4.22}$$

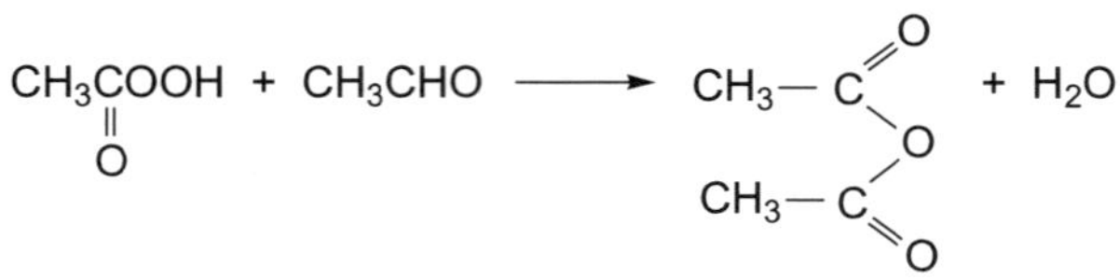

acetic anhydride (4.23)

아세트산에틸(ethyl acetate)은 아세트알데하이드의 유도체 중 가장 중요한 화합물로, 아세트알데하이드 생산량의 절반 정도가 아세트산에틸의 원료로 사용되고 있다. 아세트산에틸은 주로 도료나 접착제의 제조에 용제로서 사용되며, 아세트알데하이드의 산화적 이량화(oxidative dimerization)에 의해 제조된다(식 4.24).

$$2CH_3CHO \xrightarrow[\text{Al}(OC_2H_5)_3 \text{ 촉 매}]{} \underset{\text{ethyl acetate}}{CH_3\underset{\underset{O}{\|}}{C}OCH_2CH_3} \tag{4.24}$$

펜타에리트리톨(pentaerythritol)은 알키드 수지, 도료의 원료 등으로 사용되는 화합물로서 식 4.25, 4.26과 같이 아세트알데하이드를 폼알데하이드(formaldehyde)와 반응시켜 제조한다.

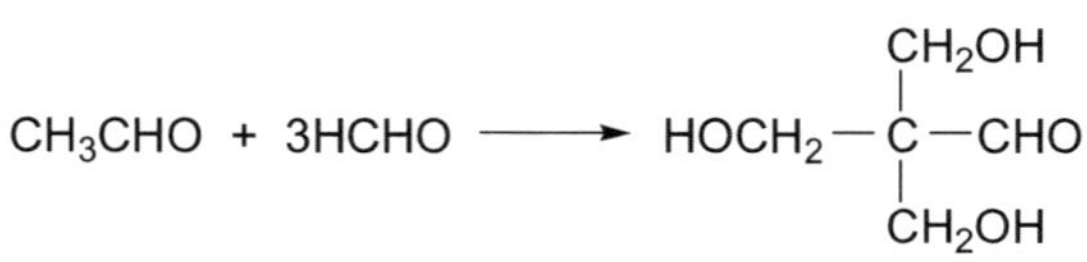

(4.25)

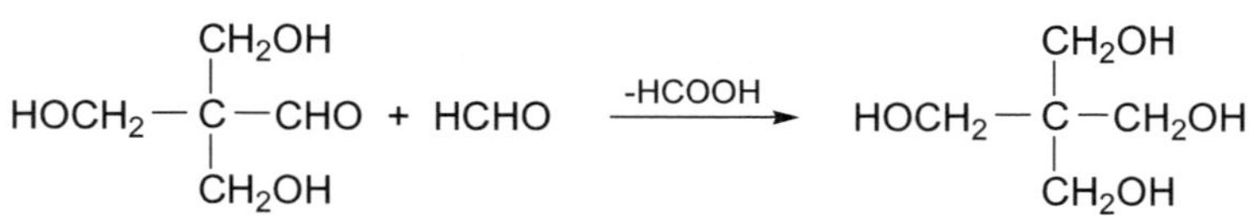

pentaerythritol (4.26)

4.3.3 에틸렌의 산화에 의한 유도체: 아세트산바이닐

아세트산바이닐(vinyl acetate)는 폴리바이닐아세테이트(poly(vinyl acetate): PVAc)와 폴리바이닐알코올(poly(vinyl alcohol): PVA)의 단량체로서 중요하다. 식 4.27의 반응에 의하여 제조된다. 아세트산바이닐은 라디칼 중합에 의하여 PVAc로 전환된 후 가수분해되어 PVA를 생성한다(식 4.28). PVA는 계면활성제, 접착제, 바인더(binder), 코팅, 화장품 등에 폭넓게 사용된다.

$$CH_2{=}CH_2 + CH_3COOH + \frac{1}{2}O_2 \longrightarrow \underset{\text{vinyl acetate}}{CH_2{=}CHOC({=}O)CH_3} + H_2O \qquad (4.27)$$

$$CH_2{=}CH{-}OC({=}O)CH_3 \xrightarrow{\text{중합}} \underset{\text{PVAc}}{\left[CH_2{-}CH(OC({=}O)CH_3)\right]} \xrightarrow{\text{가수분해}} \underset{\text{PVA}}{\left[CH_2{-}CH(OH)\right]} \qquad (4.28)$$

4.3.4 에틸렌의 산화에 의한 유도체: 산화에틸렌과 그 유도체

산화에틸렌(ethylene oxide: EO)은 에틸렌을 은촉매하에서 공기 산화시켜 제조한다(식 4.29).

$$CH_2{=}CH_2 + \frac{1}{2}O_2 \xrightarrow[Ag]{} \underset{\text{ethylene oxide}}{H_2C{-}CH_2 \ (\text{-O-})} \qquad (4.29)$$

산화에틸렌과 물을 반응시켜 **에틸렌글리콜**(ethylene glycol)을 제조한다(식 4.30). 에틸렌글리콜은 폴리에스터(polyester)의 단량체, 자동차 부동액(냉각수), 글리옥살의 원료로서 중요하게 사용된다. 식 4.30의 반응에 있어서, 에틸렌글리콜을 주 생성물로 얻기 위해서는 과량의 물을 사용해야 한다. 물의 비율을 낮게 하면 식 4.31에서 보는 것처럼, 생성된 에틸렌글리콜이 산화에틸렌과 다시 반응하여 다이에틸렌글리콜이 생성되고, 이것이 다시 산화에틸렌과 반응하면서 트라이, 테트라, … **폴리에틸렌글리콜**[poly(ethylene glycol)]이 생성된다. 폴리에틸렌글리콜은 계면활성제, 의약품 등에 이용된다.

$$H_2C{-}CH_2 \ (\text{-O-}) + H_2O \longrightarrow \underset{\text{ethylene glycol}}{HOCH_2CH_2OH} \qquad (4.30)$$

$$HOCH_2CH_2OH \xrightarrow{H_2C\overset{O}{-}CH_2} HOCH_2CH_2OCH_2CH_2OH$$
diethylene glycol

$$\xrightarrow{H_2C\overset{O}{-}CH_2} HOCH_2CH_2OCH_2CH_2OCH_2CH_2OH$$
triethylene glycol

$$\rightarrow\rightarrow\rightarrow HO\left(CH_2CH_2O\right)_n H \qquad (4.31)$$
poly(ethylene glycol)

산화에틸렌은 암모니아와의 반응에 의하여 에탄올아민(ethanolamine)을 제조하는 데에도 사용된다(식 4.32). 식 4.32의 반응에서 다이 및 트라이에탄올아민도 함께 생성된다. 에탄올아민은 세정제, 유화제, 화장품 등의 원료로서 사용된다.

$$H_2C\overset{O}{-}CH_2 + NH_3 \longrightarrow$$
$$H_2NCH_2CH_2OH + HN(CH_2CH_2OH)_2 + N(CH_2CH_2OH)_3 \qquad (4.32)$$
ethanolamine　diethanolamine　triethanolamine

4.3.5 에틸렌으로부터의 기타 유도체

에탄올(ethanol)은 식물의 발효에 의해 제조되기도 하지만, 에틸렌의 수화(hydration) 반응에 의해서도 제조된다(식 4.33). 에틸렌과 수증기의 혼합 기체를 인산 촉매하에서 반응시키는 기상 합성법이 수행되고 있다.

$$CH_2{=}CH_2 + H_2O \xrightarrow{H^+} CH_3CH_2OH \qquad (4.33)$$
ethanol

4.4 프로필렌을 원료로 하는 석유 화학 제품

프로필렌도 석유 화학 공업의 매우 중요한 기초 원료이다. 프로필렌으로부터의 주요 합성 흐름도를 [그림 4.6]에 나타내었다.

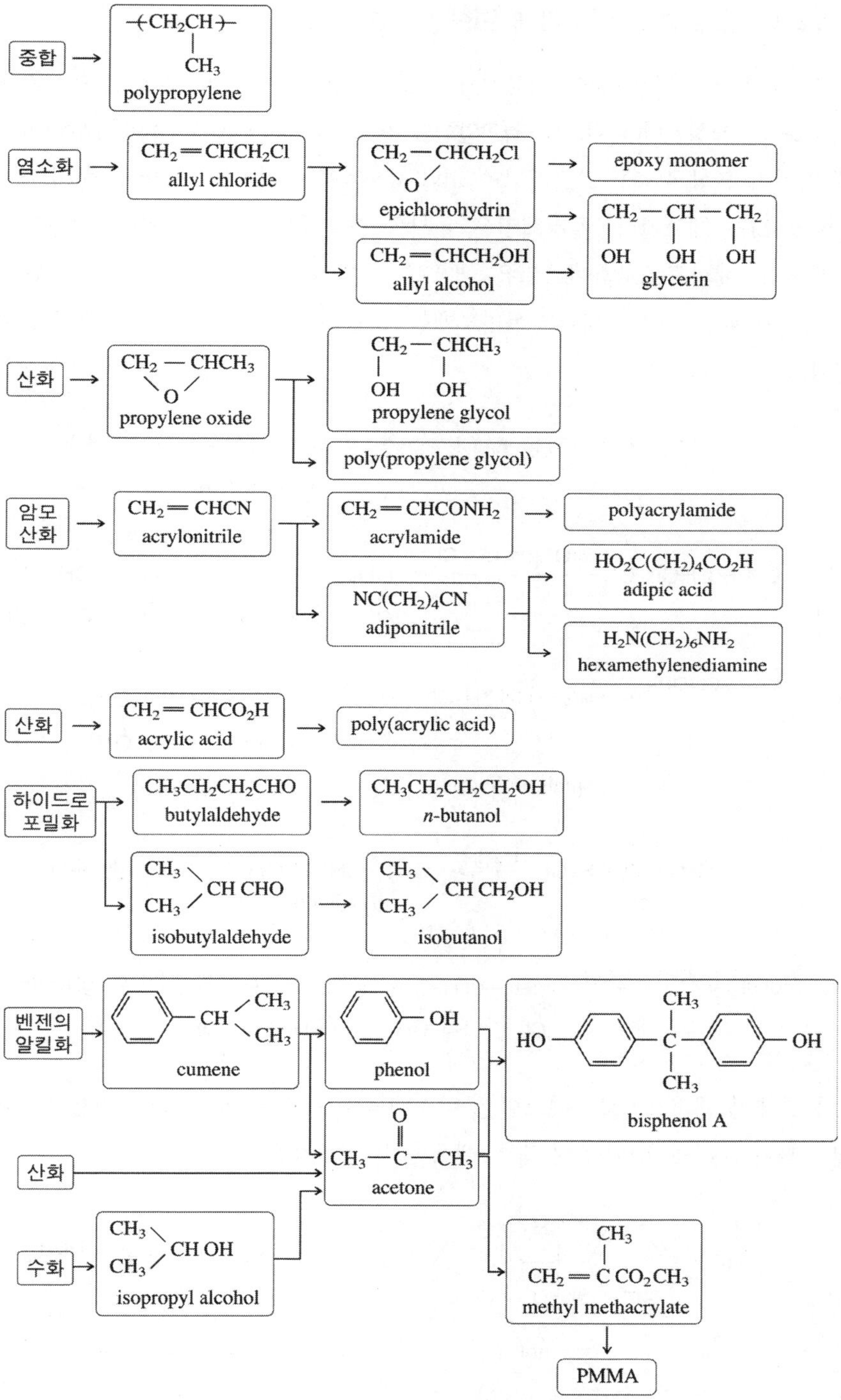

그림 4.6 프로필렌을 원료로 하는 석유 화학 공업 흐름도

4.4.1 프로필렌의 염소화에 의한 유도체

프로필렌과 염소(Cl_2)를 기상에서 반응시키면 메틸기가 염소화되어 염화알릴(allyl chloride)이 생성된다(식 4.34). 염화알릴에서 출발하여 에피클로로하이드린(epichlorohydrin)을 거치거나(식 4.35), 알릴알코올(allyl alcohol)을 거쳐(식 4.36 또는 4.37) 글리세린(glycerin)을 제조한다. 글리세린은 유지의 가수분해로도 제조된다. 알릴알코올은 방부제로서, 에피클로로하이드린은 에폭시 수지, 폴리카보네이트 등의 원료로 사용된다. 글리세린은 알키드 수지, 폴리우레탄, 화장품, 나이트로글리세린의 원료로서 사용된다.

$$CH_2{=}CH-CH_3 + Cl_2 \longrightarrow \underset{\text{allyl chloride}}{CH_2{=}CHCH_2Cl} + HCl \qquad (4.34)$$

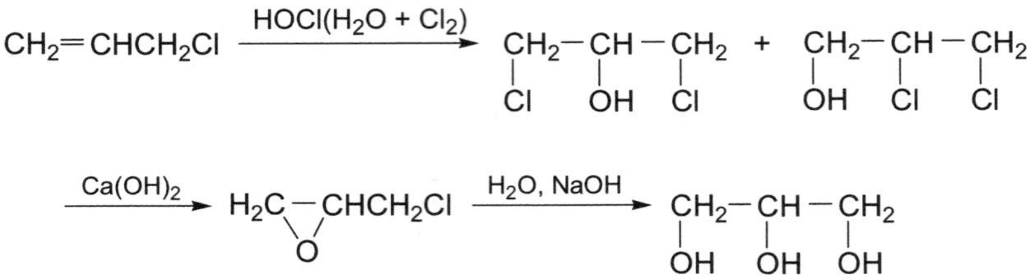

epichlorohydrin　　　glycerin　　　(4.35)

$$CH_2{=}CHCH_2Cl \xrightarrow{NaOH} \underset{\text{allyl alcohol}}{CH_2{=}CHCH_2OH} \xrightarrow{H_2O_2} \text{glycerin} \qquad (4.36)$$

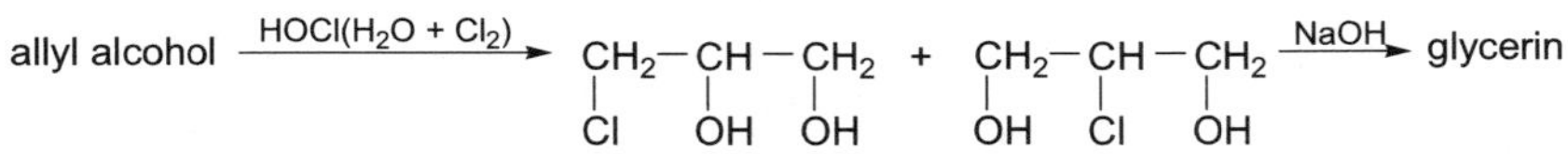

(4.37)

중간체인 에피클로로하이드린은 비스페놀 A(bisphenol A)와의 반응에 의하여 에폭시 수지(epoxy resin)의 단량체를 생성한다(식 4.38).

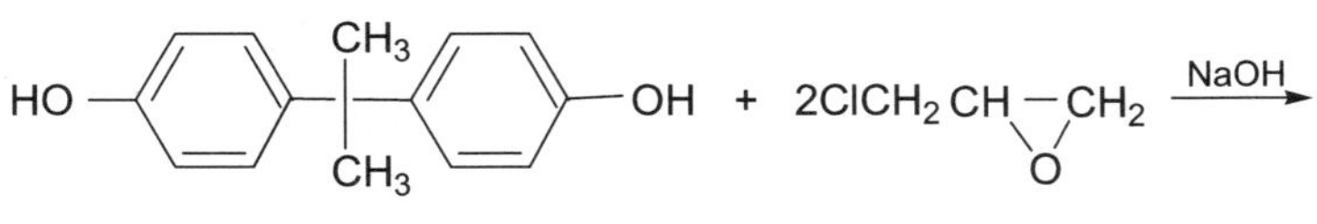

bisphenol A　　　epichlorohydrin

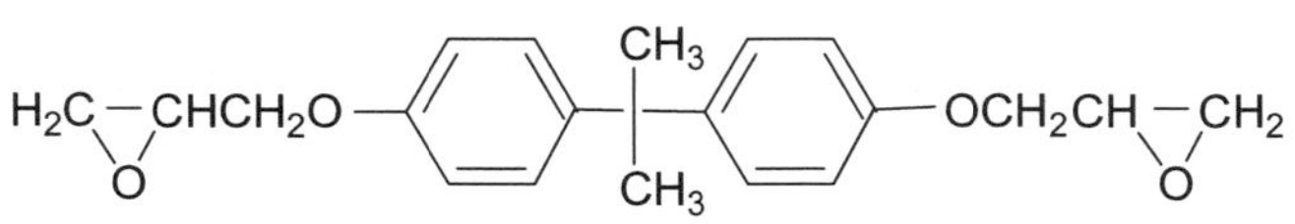

(4.38)

4.4.2 프로필렌의 산화에 의한 유도체: 산화프로필렌 및 그 유도체

앞에서 기술한 산화에틸렌과 마찬가지로 **산화프로필렌**(propylene oxide)도 중요한 중간 원료이다. 그러나 에틸렌과 다르게, 프로필렌은 공기를 사용한 직접 산화에 의해서는 산화프로필렌이 합성되지 않는다. 직접 산화에 의해서는 프로필렌의 메틸기가 먼저 산화되어 버리기 때문이다. 따라서 다음의 클로로하이드린법(식 4.39) 또는 하이드로퍼옥사이드(hydroperoxide)를 사용하는 방법(식 4.40) 같은 간접 산화법을 사용한다. 또 다른 방법으로서 과아세트산(peracetic acid)을 사용하기도 한다(식 4.41).

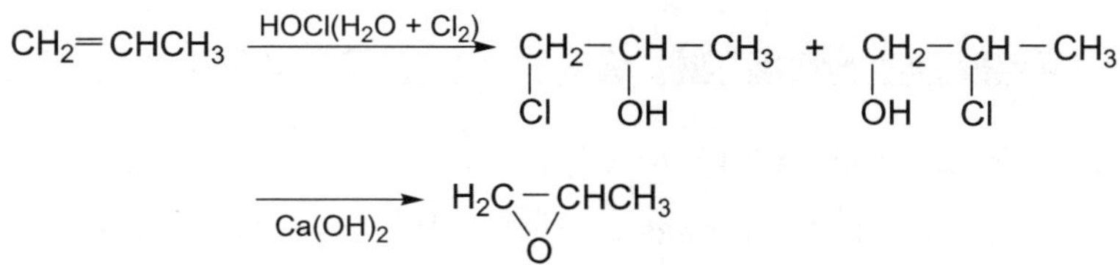

propylene oxide (4.39)

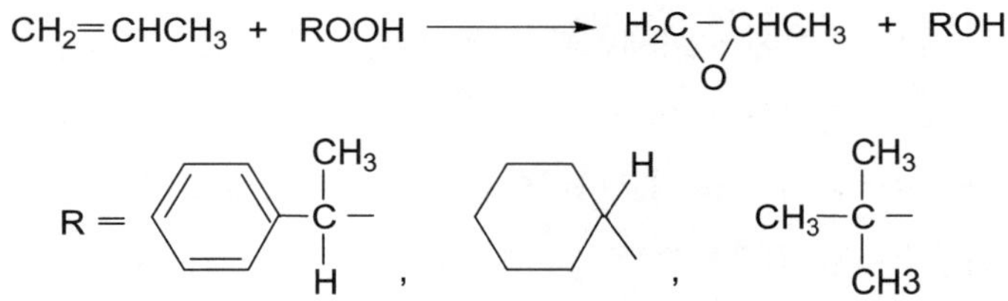

(4.40)

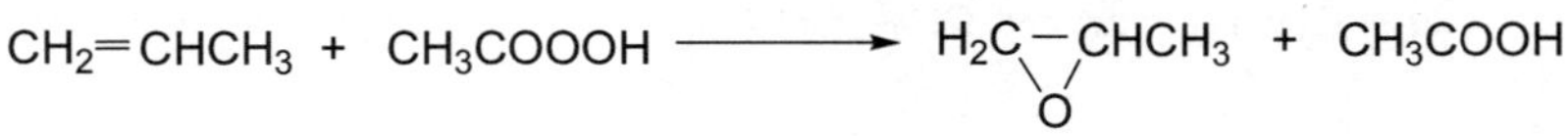

(4.41)

프로필렌글리콜(prolylene glycol)은 산화프로필렌의 산-촉매 수화 반응에 의하여 용이하게 제조된다(식 4.42). 프로필렌글리콜은 폴리에스터나 폴리우레탄의 단량체, 화장품, 치약 원료 등으로 사용된다.

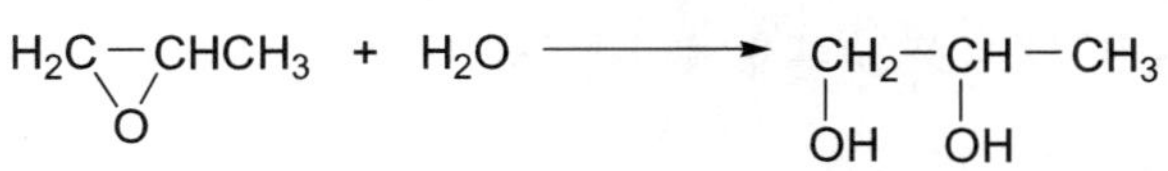

propylene glycol (4.42)

폴리프로필렌글리콜(poly(propylene glycol): PPG)은, 알칼리 촉매의 존재하에 산화프로필렌과 글리세린을 반응시켜 산화프로필렌의 개환 중합에 의하여 제조한다(식 4.43). 글리세린 대신 설탕, 인산, 에틸렌다이아민 등을 사용하기도 한다.

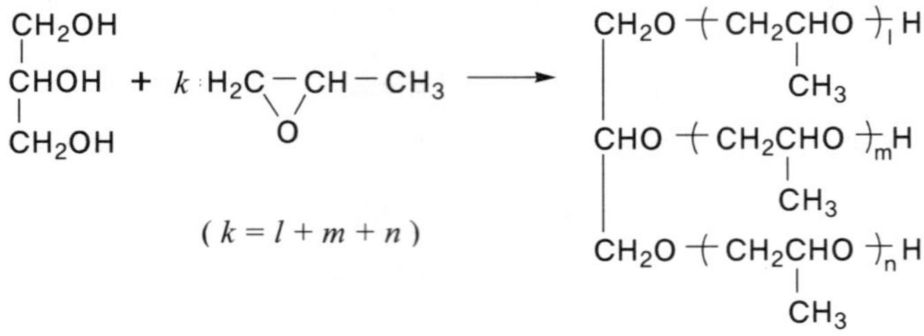

($k = l + m + n$)

poly(propylene glycol) (4.43)

4.4.3 프로필렌의 산화에 의한 유도체: 아크릴로나이트릴과 그 유도체

아크릴로나이트릴(acrylonitrile)은 아크릴로나이트릴 공중합체의 단량체로 60 % 정도가 소비되고, 아크릴아마이드(acrylamide)와 아디포나이트릴(adiponitrile)의 제조 원료로도 사용된다. AS 수지, ABS 수지 등의 단량체로도 사용된다. 아크릴로나이트릴은 프로필렌을 암모니아 존재하에서 공기 산화하는 암모산화법(ammoxidation)을 사용하여 제조한다(식 4.44). 과거에는 아세틸렌 등을 원료로 사용하는 고비용의 공정이 사용되었으나, 암모산화법에 의하여 아크릴로나이트릴이 저렴한 가격에 대량으로 공급 가능하게 되었다. 이에 따라 아크릴로나이트릴 공중합체로부터 제조되는 아크릴 섬유가 나일론, 폴리에스터와 함께 3대 합성 섬유로 부상하게 되었다.

$$CH_2{=}CHCH_3 \xrightarrow{O_2} CH_2{=}CHCHO \xrightarrow{NH_3} CH_2{=}CH{-}CH{=}NH$$

$$\xrightarrow[-H_2O]{\frac{1}{2}O_2} \underset{\text{acrylonitrile}}{CH_2{=}CHCN} \qquad (4.44)$$

아크릴로나이트릴을 구리계 촉매를 사용하여 수화시키면 아크릴아마이드(acrylamide)가 합성된다(식 4.45). 아크릴아마이드를 중합하여 얻어지는 폴리아크릴아마이드(polyacrylamide)는 수용성 고분자로서 주로 고분자 응집제로서 사용된다.

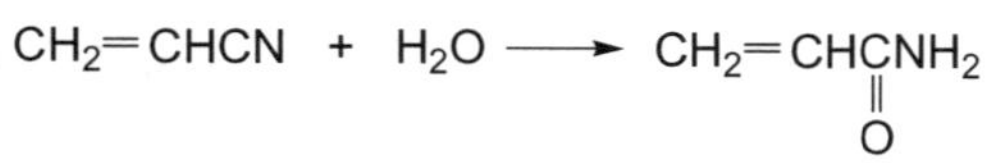

acrylamide (4.45)

나일론66의 단량체인 헥사메틸렌다이아민(hexamethylenediamine)은 아크릴로나이트릴로부터 합성된다. 아크릴로나이트릴은 식 4.46과 같이 전기 분해 환원에 의한 이량화를 통하여 아디포나이트릴(adiponitrile)로 전환된다(9.3.5절 참조). 아디포나이트릴은 수소화 환원되어 헥사메틸렌다이아민을 생성한다(식 4.47).

$$CH_2{=}CHCN \xrightarrow{\text{전기분해}} NCCH_2CH_2CH_2CH_2CN \quad \text{adiponitrile} \tag{4.46}$$

$$\text{adiponitrile} \xrightarrow{H_2} H_2N{+}CH_2{+}_6NH_2 \quad \text{hexamethylenediamine} \tag{4.47}$$

4.4.4 프로필렌의 산화에 의한 유도체: 아크릴산과 그의 에스터

아크릴산(acrylic acid)의 제조에 있어서 프로필렌을 2단계에 걸쳐 산화하는 방법이 사용되고 있다(식 4.48). 폴리아크릴산[poly(acrylic acid)]은 도료, 접착제, 플라스틱 등 다양한 용도로 쓰이고 있다. 최근에는 고흡수성 고분자로서의 활용이 주목받고 있다. 아크릴산은 많은 경우 에스터화(esterification)시켜 사용하는데, 대표적인 에스터 형태인 아크릴산메틸(methyl acrylate)은 중합되어 고분자 형태로서 사용되고 있다.

$$CH_2{=}CHCH_3 \xrightarrow{O_2} CH_2{=}CHCHO \xrightarrow{O_2} CH_2{=}CHCOOH \quad \text{acrylic acid} \tag{4.48}$$

4.4.5 프로필렌의 하이드로포밀화에 의한 유도체

하이드로포밀화(hydroformylation)는 oxo process라고도 하는데, 올레핀에 수소와 일산화탄소를 반응시켜 올레핀보다 탄소 수가 1개 더 많은 알데하이드를 합성하는 반응이다(식 4.49). 프로필렌의 하이드로포밀화에 의하여 식 4.50에 나타낸 뷰틸알데하이드(butyl aldehyde)와 아이소뷰틸알데하이드(isobutylaldehyde)가 생성되고, 이들을 수소화시키면 각각 n-뷰탄올과 아이소뷰탄올이 생성된다(식 4.51).

$$\text{olefin} + CO + H_2 \longrightarrow \text{aldehyde} \tag{4.49}$$

$$CH_2{=}CHCH_3 + CO + H_2 \longrightarrow CH_3CH_2CH_2CHO + CH_3CH(CHO)CH_3 \tag{4.50}$$

$$CH_3CH_2CH_2CHO,\ CH_3CH(CHO)CH_3 \longrightarrow \underset{n\text{-butanol}}{CH_3CH_2CH_2CH_2OH},\ \underset{\text{isobutanol}}{CH_3CH(CH_2OH)CH_3} \tag{4.51}$$

표 4.5 아세톤의 유도체 및 그의 용도

유도체	유도체의 용도
methyl methacrylate (MMA)	PMMA 제조
methyl isobutyl ketone (MIBK)	도료, 접착제의 용제
bisphenol A	에폭시 수지, 폴리카보네이트, 폴리우레탄 제조
의약 성분 중간체	의약품

4.4.6 큐멘법에 의한 페놀과 아세톤

벤젠에 프로필렌을 반응시키면 큐멘(cumene)이 얻어지고, 이것을 공기 산화시켜 합성되는 큐멘하이드로퍼옥사이드(cumene hydroperoxide)를 산분해(acidolysis)시키면 페놀(phenol)과 아세톤(acetone)이 제조된다(식 4.52).

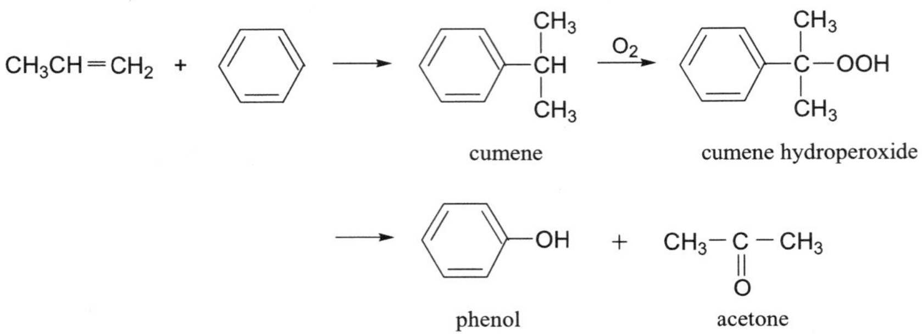

(4.52)

근래에 들어서는 톨루엔의 산화에 의해서 페놀을 제조하는 기술이 개발되었다(식 4.53).

(4.53)

페놀은 비스페놀 A(식 4.61), 페놀 수지, 아닐린(aniline) 등의 합성 원료로 사용되며, 염료, 의약, 농약, 계면활성제 등의 제조 원료로 널리 사용된다. 아세톤은 [표 4.5]에 나타내었듯이 단량체나 의약품 제조의 원료나 용매로서 중요하게 사용된다.

4.4.7 아이소프로필알코올 및 아세톤

프로필렌으로부터 아이소프로필알코올(isopropyl alcohol)을 제조하는 방법에는 황산을 이용하는 방법(식 4.54)과 텅스텐계 촉매를 이용하여 직접 수화시키는 방법(식

4.55)이 있다. 아이소프로필알코올은 용제로 사용되는 것 외에도 아세톤 제조, 가솔린 첨가제 등으로 사용되고 있다.

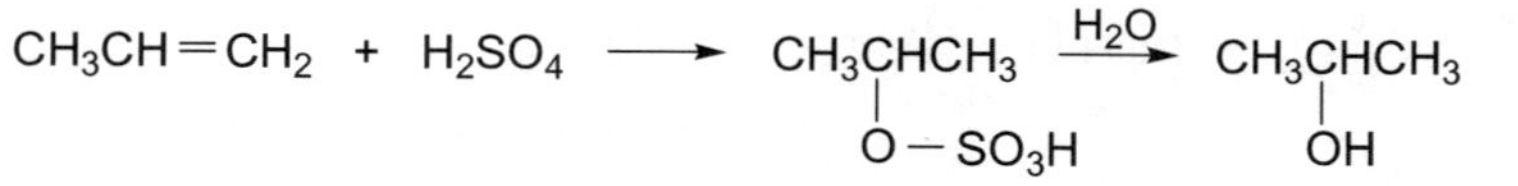

isopropyl alcohol (4.54)

$$CH_3CH{=}CH_2 + H_2O \longrightarrow \text{isopropyl alcohol} \qquad (4.55)$$

아세톤을 제조하는 방법에는 큐멘법(식 4.52), 아이소프로필알코올의 탈수소(식 4.56), 아이소프로필알코올의 산화(식 4.57), 프로필렌의 직접 산화(식 4.58)가 있다.

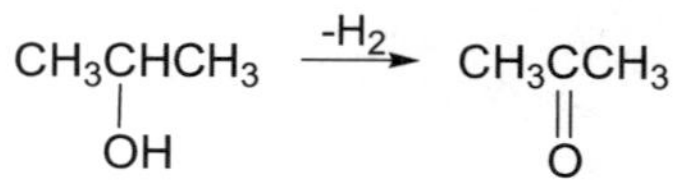

(4.56)

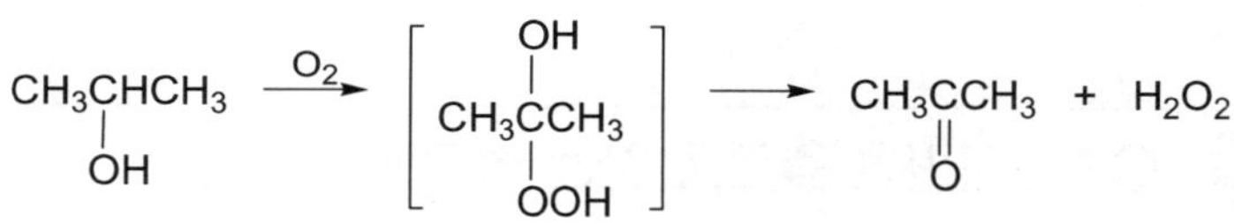

(4.57)

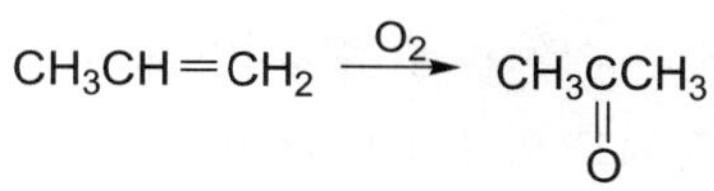

(4.58)

아세톤은 [표 4.5]에 정리하였듯이 메타크릴산메틸(methyl methacrylate: MMA)의 합성원료로서 사용된다. 아세톤과 사이안화수소(hydrocyanic acid)의 반응을 토대로 한 다음의 공정에 의하여 메타크릴산메틸을 제조한다(식 4.59). MMA는 폴리메틸메타크릴레이트(poly(methyl methacrylate): PMMA)의 단량체로 사용된다(식 4.60). PMMA는 투명성, 내광성(light-proof), 내충격성(high impact strength)이 우수하여 자동차, 전기 제품, 주택용 자재 등으로 널리 사용되고 있으며, 최근에는 콘택트 렌즈(contact lens)나 광섬유(optical fiber) 등의 첨단 제품에도 사용되고 있다.

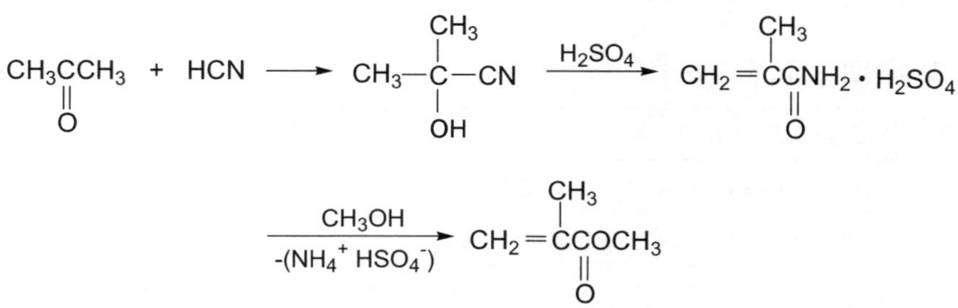

(4.59)

methyl methacrylate

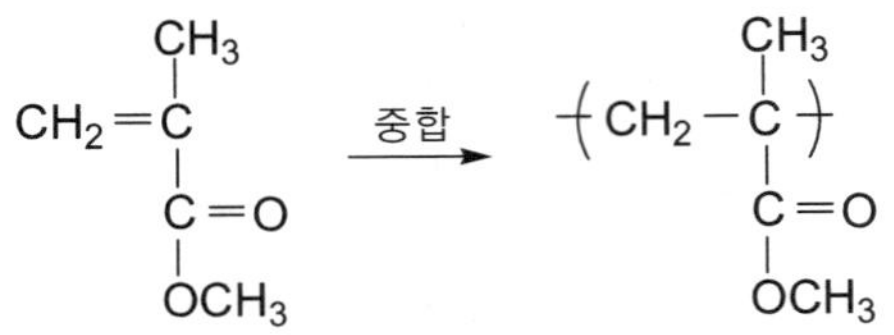

poly(methyl methacrylate) (PMMA)

(4.60)

비스페놀 A는 아세톤과 페놀을 산 존재하에서 반응시켜 제조한다(식 4.61). 비스페놀 A는 에폭시 수지, 폴리카보네이트, 폴리우레탄 등의 고분자 원료로서 다양하게 사용된다.

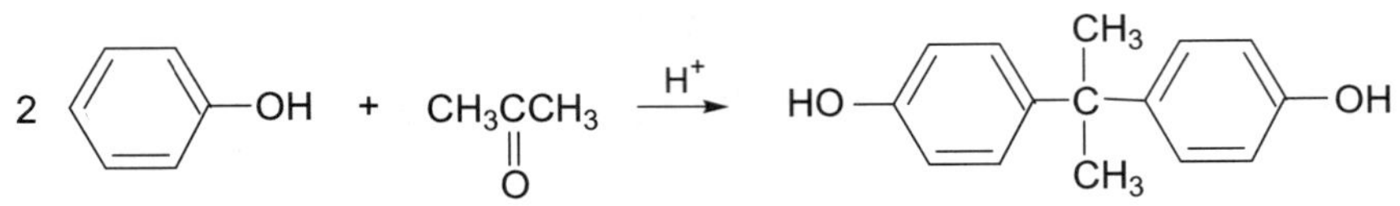

bisphenol A

(4.61)

4.5 C_4 올레핀을 원료로 하는 석유 화학 제품

나프타의 분해로 얻어진 C_4 화합물 중 뷰타다이엔, n-뷰텐, 아이소뷰텐 등이 석유 화학 공업의 원료로서 주로 사용되고 있다. [표 4.6]에 이들 세 화합물의 용도를 정리하였다.

4.5.1 합성 고무

C_4 화합물의 최대 용도는 합성 고무(synthetic rubber)의 제조이다. 합성 고무는 천연 고무(natural rubber)의 부족을 보충하기 위해 1930년대 이래 개발되었으며, 주로 뷰타다이엔, 클로로프렌, 아이소프렌 등을 원료로 한다. 특히 아이소프렌계 고무는 천연 고무와 같은 화학 구조를 가진다.

표 4.6 C_4 화합물의 유도체 또는 용도

	유도체 또는 용도
butadiene	synthetic rubber, chloroprene, 1,4-butanediol, maleic anhydride
n-butene	maleic anhydride, *sec*-butyl alcohol, butadiene, polybutene, methyl ethyl ketone
isobutene	polyisobutene, methyl *tert*-butyl ether, isooctane, butyl rubber, *tert*-butyl alcohol, 2-methylallyl chloride

4.5.2 클로로프렌

클로로프렌(chloroprene)은 내약품성(chemical resistance)이 우수한 합성 고무인 폴리클로로프렌(polychloroprene)의 단량체이다. 뷰타다이엔으로부터 기상 반응에 의해 합성된다(식 4.62 및 4.63).

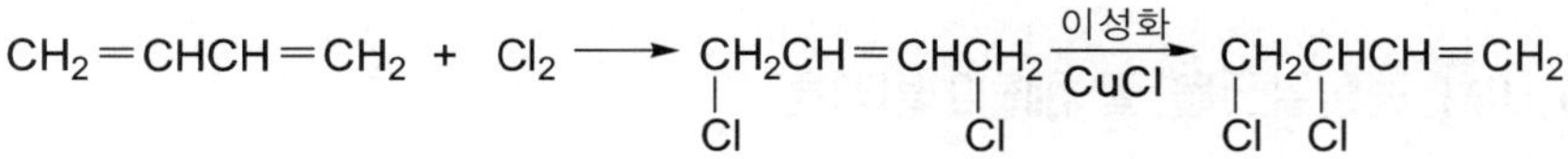

(4.62)

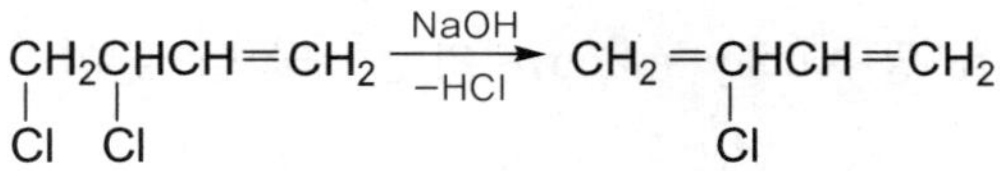

chloroprene (4.63)

4.5.3 1,4-뷰테인다이올

1,4-뷰테인다이올(1,4-butanediol)은 폴리뷰틸렌테레프탈레이트 [poly(butylene terephthalate)]와 같은 엔지니어링 플라스틱(engineering plastics)의 단량체로 사용된다. 폴리우레탄의 단량체로 사용되기도 한다. 합성은 식 4.64에 나타낸 것처럼 뷰타다이엔에 아세트산을 부가시킨 다음 수소화 및 가수 분해의 순서로 수행된다.

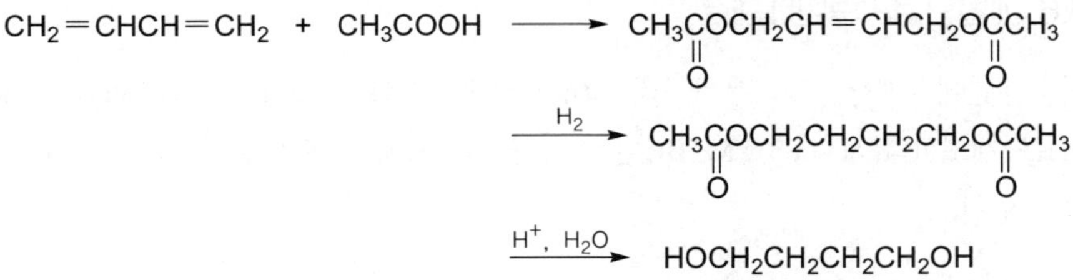

(4.64)

1,4-butanediol

4.5.4 무수말레인산

무수말레인산(maleic anhydride)는 불포화 폴리에스터(unsaturated polyester)의 단량체로 사용되는 것 외에 가소제(plasticizer), 퓨마르산(fumaric acid) 제조 등의 용도로 사용된다. 합성은 식 4.65에 나타낸 것처럼 1-뷰텐, 2-뷰텐, 뷰타다이엔을 원료로 하여 바나듐계 촉매(V_2O_5)에 의한 산화 반응으로 수행된다.

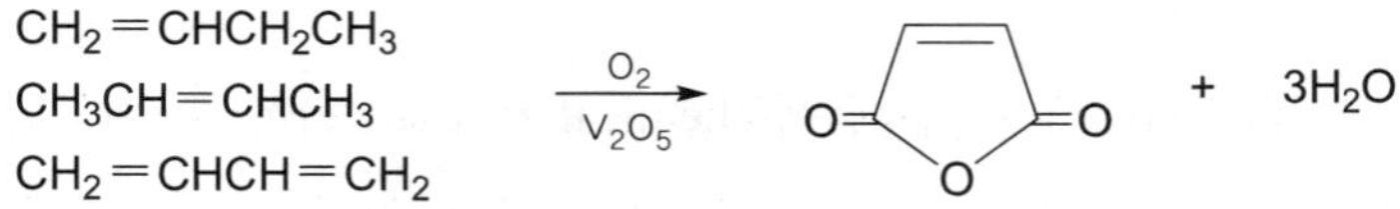

maleic anhydride (4.65)

4.5.5 이차 뷰틸알코올 및 메틸에틸케톤

1-뷰텐과 2-뷰텐 혼합물을 황산으로 처리하고 수화시키면 이차 뷰틸알코올이 얻어진다(식 4.66). 이것을 탈수(dehydration)시키면 메틸에틸케톤이 얻어진다(식 4.67).

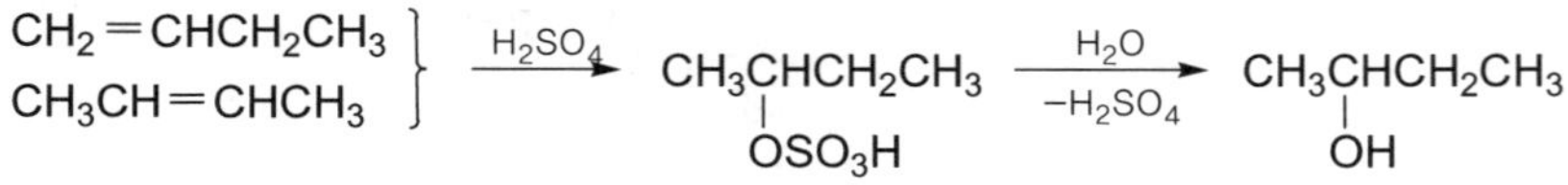

sec-butyl alcohol (4.66)

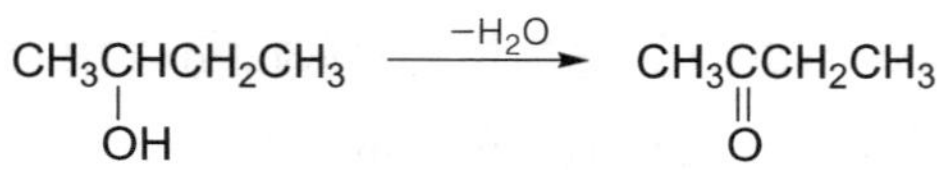

methyl ethyl ketone (4.67)

4.5.6 메틸터셔리뷰틸에테르

아이소뷰텐에 메탄올을 부가시켜 메틸터셔리뷰틸에테르(methyl *tert*-butyl ether: MTBE)를 제조한다(식 4.68). MTBE는 고옥탄가를 가져 자동차용 가솔린의 첨가제로 사용되고 있다.

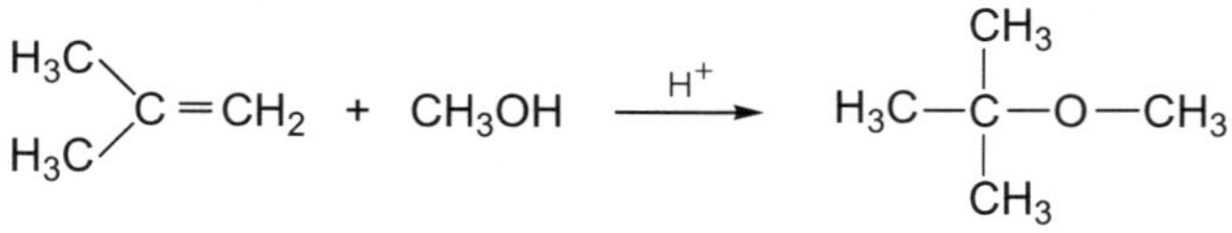

methyl *tert*-butyl ether (4.68)

4.5.7 기타

아이소뷰텐은 3.3.6절에서 언급한 것처럼 옥탄가가 높은 아이소옥테인(isooctane, 2,2,4-trimethylpentane)을 합성하는 데 원료로 사용된다.

4.6 n-파라핀을 원료로 하는 석유 화학 제품

4.6.1 n-파라핀의 분리

n-파라핀은 등유나 경유에서 요소(urea) 또는 분자체(molecular sieve)를 이용하여 분리한다. 요소법은 주로 C_{15}-C_{30}의 n-파라핀을 얻는 데 사용되는데, n-파라핀이 요소의 결정 공간에 들어가서 요소와 포접 화합물(crystalline inclusion compound)을 형성하는 현상을 이용한다. 아이소파라핀은 입체 장애 때문에 포접 화합물을 만들지 않는다. 생성된 포접 화합물을 여과하여 분리한 후 물에 녹이면 요소만이 녹기 때문에 n-파라핀을 회수할 수 있다.

분자체를 사용하는 방법은 주로 C_5-C_{24}의 n-파라핀을 얻는 데 사용된다. 매우 균일한 5 Å 크기의 세공을 가진 제올라이트(zeolite)에 덩치가 큰 아이소파라핀이나 사이클로파라핀은 들어가지 못하고 n-파라핀만 들어가 흡착되는 현상을 이용한다. n-파라핀이 흡수된 분자체를 감압 처리하거나 가열 추출하면 n-파라핀이 탈착되어 얻어진다.

4.6.2 1-올레핀의 제조

n-파라핀을 500~600 °C에서 열분해하여 1-올레핀을 제조한다. 파라핀의 열분해에 의한 1-올레핀의 생성에 대해서는 3.3.4절에서 언급한 바 있다. n-파라핀의 탄소-탄소 결합의 어느 곳도 끊어질 수 있고, 90 % 이상의 1-올레핀 혼합물을 얻는다. 가스상의 저분자량 생성물을 제거한 후 증류하여, 예를 들어 분자량별로 C_6-C_9, C_{10}-C_{13}, C_{14}-C_{18} 등으로 분리한다. 1-올레핀은 4.4.5절에서 언급하였듯이 하이드로포밀화와 환원에 의해 일차 알코올로 전환된다.

4.6.3 이차 알코올의 제조

C_{10}-C_{20}의 n-파라핀을 붕산(boric acid) 존재하에서 산화시키면 주 생성물로서 이차 알코올(secondary alcohol)이 얻어진다(식 4.69). 이 반응은 식 4.70에 나타낸 것처럼 n-파라핀이 산화에 의해 하이드로퍼옥사이드가 되고 붕산에 의해 붕산에스터가 되는 과정을 거친다. 이 붕산에스터를 가수 분해하여 얻게 되는 이차 알코올은 주로 합성 세제의 원료로 사용된다.

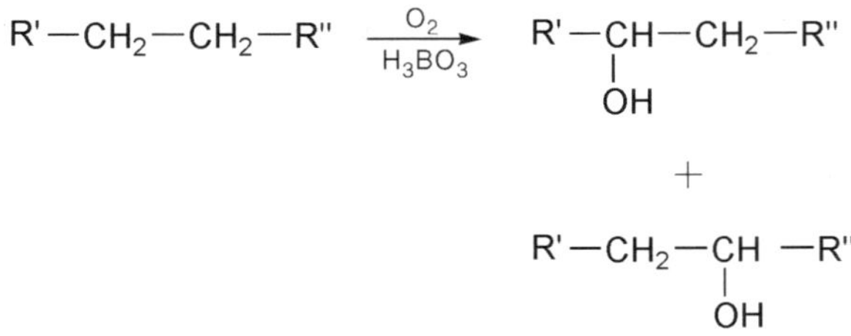

sec-alcohol (4.69)

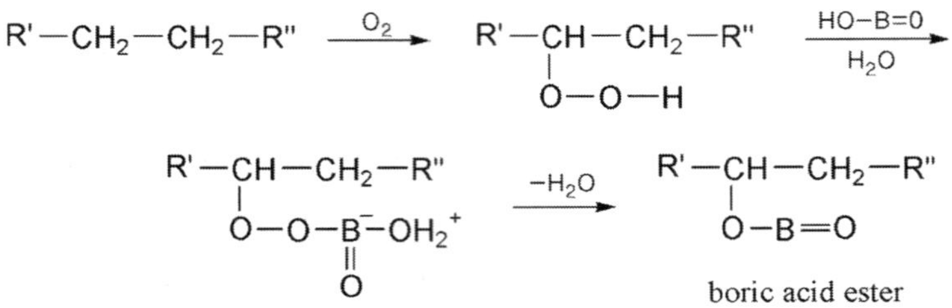

boric acid ester (4.70)

4.7 고리 구조 지방족 탄화수소를 원료로 하는 석유 화학 제품

합성 섬유와 엔지니어링 플라스틱으로 매우 중요하게 사용되고 있는 나일론(nylon)은 고리 구조 지방족 탄화수소를 원료로 하여 합성된다. [표 4.7]에 고리 구조 지방족 탄화수소의 원료와 용도를 정리하였다.

4.7.1 ε-카프롤락탐의 제조

나일론 6의 원료인 ε–카프롤락탐(ε-caprolactam)은 사이클로헥세인(cyclohexane)으

표 4.7 나일론 합성의 원료인 고리 구조 지방족 탄화수소의 주요 합성 방법과 용도

고리 구조 지방족 탄화수소	합성 방법	최종 생성물 (나일론의 합성 원료)	합성되는 나일론
cyclohexane	벤젠의 수소화	ε–caprolactam	nylon 6
		hexamethylenediamine	nylon 66
cyclododecane	뷰타다이엔의 삼량화에 이은 수소화	lauryl lactam	nylon 12

로부터 합성된다. 사이클로헥세인은 석유 유분에는 별로 함유되어 있지 않으므로 주로 벤젠의 수소화에 의해 제조된다. ε-카프롤락탐의 합성 방법은 크게 중간체인 사이클로헥산온 옥심(cyclohexanone oxime)을 거치는 방법과 그렇지 않은 방법의 두 가지로 나누어진다.

사이클로헥산온 옥심을 경유하는 방법을 먼저 소개하면, 다음의 식 4.71에 나타낸 것처럼 사이클로헥세인에서 출발하여 사이클로헥산올, 사이클로헥산온, 그리고 그 옥심 중간체를 거쳐 ε-카프롤락탐이 합성된다.

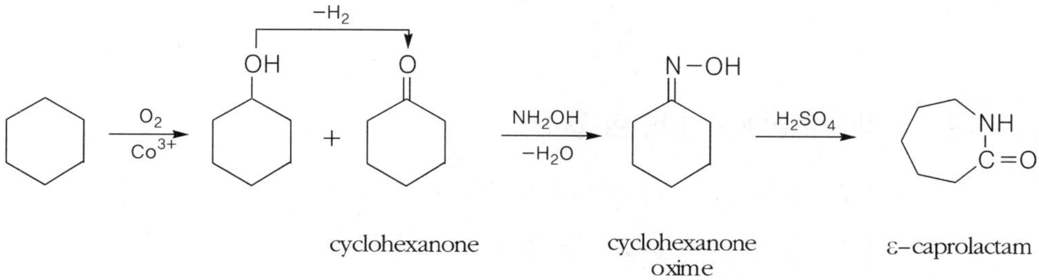

(4.71)

변형된 방법으로서, 벤젠에서 출발하여 사이클로헥세인 대신 사이클로헥센(cyclohexene)을 거쳐서 사이클로헥산온으로 전환하는 방법도 개발되었다(식 4.72).

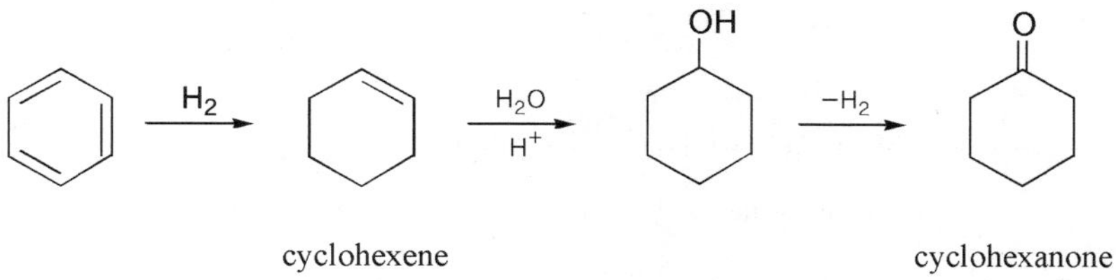

(4.72)

식 4.71의 변형된 또 다른 방법으로서, 사이클로헥세인에서 나이트로소사이클로헥세인, 사이클로헥산온 옥심을 거쳐 ε-카프롤락탐을 합성하는 방법이 개발되었다(식 4.73). 이 방법의 첫 번째 단계는 하이드로겐클로라이드(hydrogen chloride, HCl)와 나이트로실클로라이드(nitrosyl chloride, NOCl)의 존재하에서 사이클로헥세인에 광조사하는 공정으로 되어 있다. 이 방법은 전체 공정이 식 4.71보다 간단한 장점이 있다.

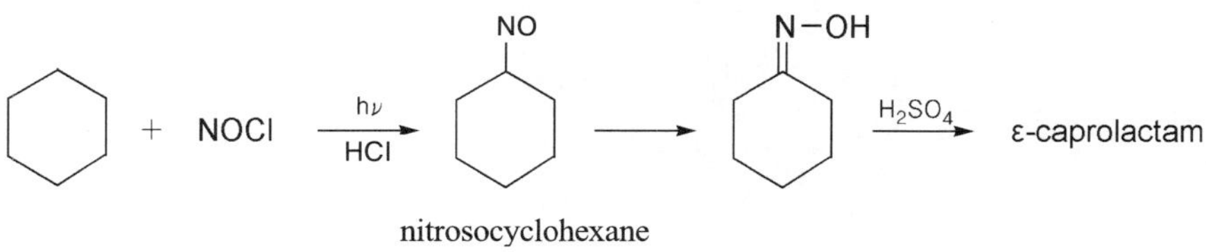

(4.73)

위에서 기술한 식 4.71~4.73의 방법과는 다르게 옥심을 경유하지 않는 방법은 식 4.74에 나타낸 것처럼 톨루엔에서 출발하여 벤조산(benzoic acid)과 사이클로헥세인카복실산(cyclohexanecarboxylic acid)을 경유하는 반응으로 구성된다.

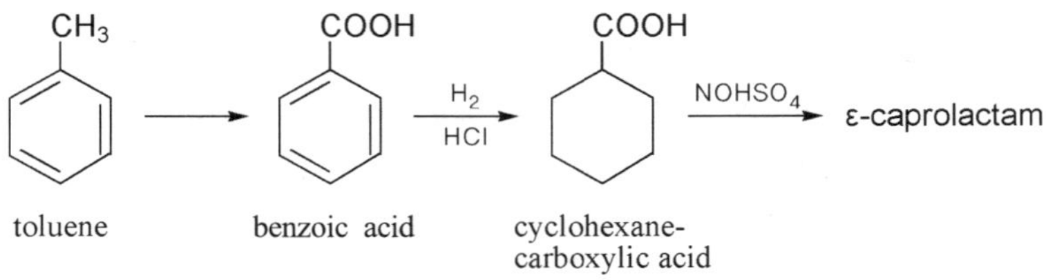

(4.74)

4.7.2 헥사메틸렌다이아민의 제조

나일론 66의 단량체인 헥사메틸렌다이아민을 제조하는 방법을 [그림 4.7]에 나타내었다. 아크릴로나이트릴에서 출발하는 경로는 4.4.3절에서 설명한 바 있다. 벤젠에서 출발하여 아디프산(adipic acid)을 경유하는 방법을 식 4.75에 나타내었다. ε-카프롤락탐을 경유하는 방법도 있다.

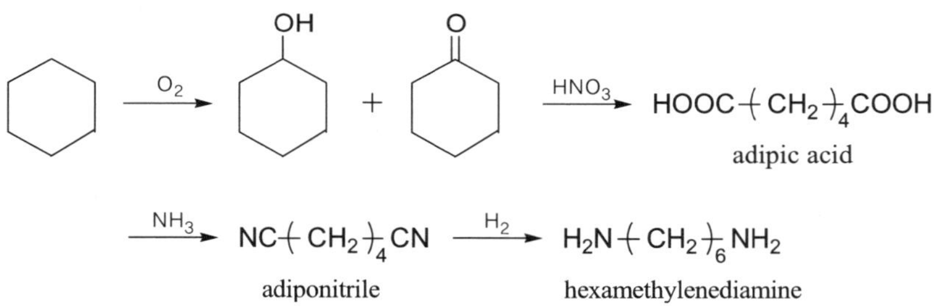

(4.75)

4.7.3 라우릴락탐의 제조

라우릴락탐(lauryl lactam)은 식 4.76에 나타낸 것처럼 뷰타다이엔으로부터 출발하여 사이클로도데칸온 옥심을 거쳐 합성된다.

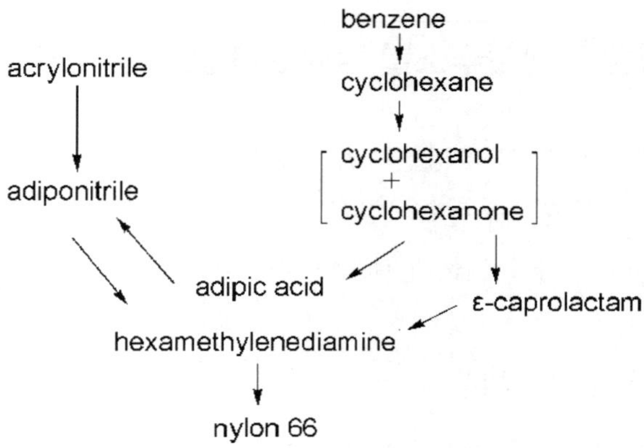

그림 4.7 헥사메틸렌다이아민의 제조 경로

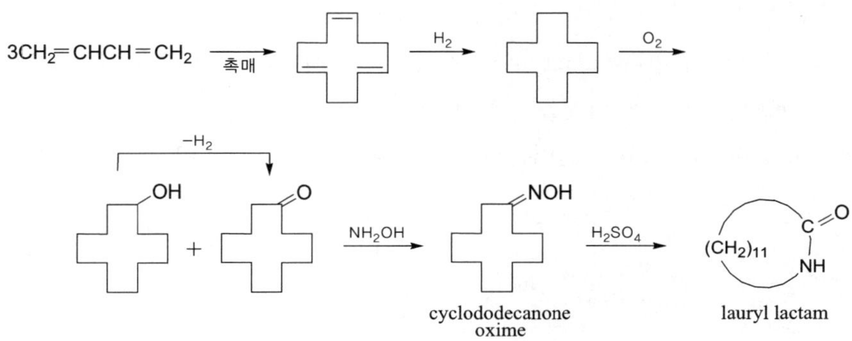

(4.76)

식 4.76의 과정 중 일부를 나이트로실클로라이드 존재하에 광조사에 의해 간략화 시킨 방법도 개발되었다(식 4.77). 이것은 ε-카프롤락탐의 제조에 사용되었던 식 4.73과 유사한 방식이다.

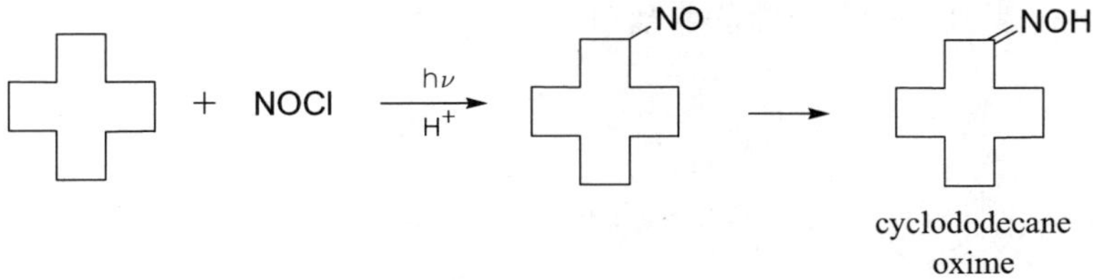

(4.77)

4.8 방향족 탄화수소를 원료로 하는 석유 화학 제품

벤젠, 톨루엔, 자일렌 등의 방향족 탄화수소는 용제로서 널리 사용되는 이외에 석유 화학 공업의 합성 원료로서도 매우 중요하다. 여기에서는 이들 방향족 탄화수소로부터 합성되는 석유 화학 제품에 대하여 기술하기로 한다.

4.8.1 벤젠의 유도체 제조

벤젠으로부터 얻어지는 대표적인 유도체를 [그림 4.8]에 나타내었다. 알킬화에 의한 스타이렌 제조(4.2.3절 참조), 알킬화에 의한 큐멘 제조(4.4.6절 참조), 수소화에 의한 사이클로헥세인 제조(4.7.1절 참조) 등은 앞에서 기술한 바 있다. 여기서는 알킬벤젠과 무수말레인산에 대해서만 설명하기로 한다.

C_{10}-C_{13}의 선형 올레핀(linear olefin)에 벤젠을 반응시키면 식 4.78과 같은 **알킬벤젠**(alkylbenzene)이 얻어진다. 이것을 **설폰화**(sulfonation)하여 얻어진 알킬벤젠 설폰산(alkylbenzenesulfonic acid)는 음이온성 계면활성제로 사용된다(12.4.1절 참조).

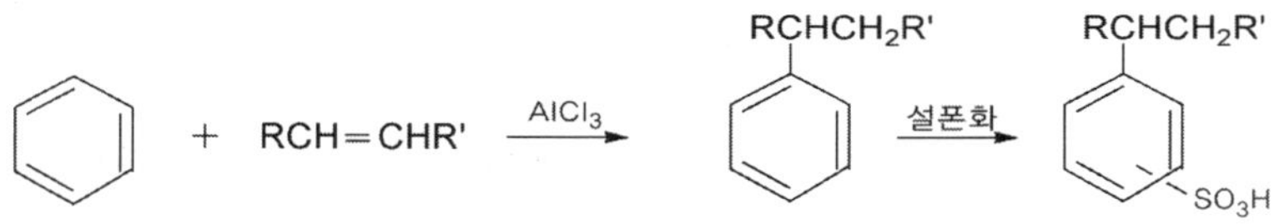

alkylbenzene-sulfonic acid (4.78)

무수말레인산(maleic anhydride)은 C_4 올레핀으로부터도 합성되지만(4.5.4절 참조) 벤젠의 산화에 의해서도 합성된다. 반응은 식 4.79와 같이 진행되는데, 이산화탄소가 대량으로 생성되는 단점 때문에 많이 사용되지는 않는다.

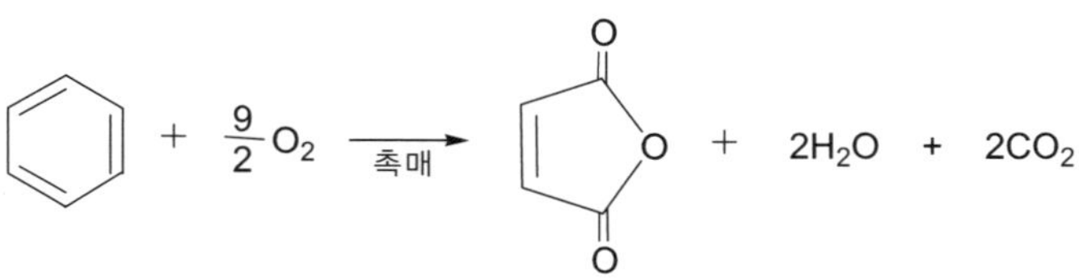

maleic anhydride (4.79)

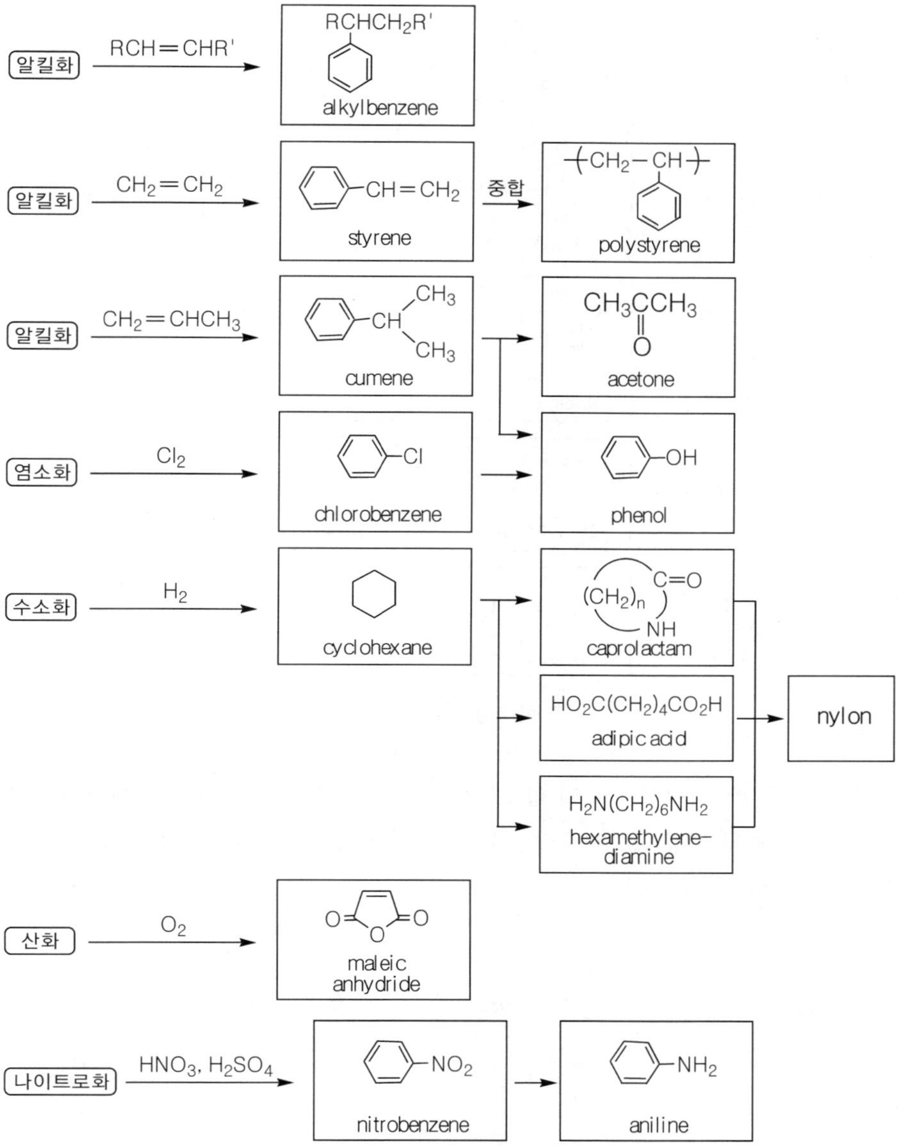

그림 4.8 벤젠 유도체 합성

4.8.2 톨루엔의 유도체 제조

톨루엔으로부터 합성되는 유도체에 대하여 [그림 4.9]에 나타내었다. 불균화 또는 트랜스알킬레이션에 의한 벤젠과 자일렌의 합성에 대해서는 4.2.3절에서 다룬 바 있다. 톨루엔을 나이트로화(nitration)하면 나이트로기가 1~3개 결합된 톨루엔이 얻어지며, 이 중 트라이나이트로톨루엔(trinitrotoluene: TNT)은 폭약의 원료로 사용된다.

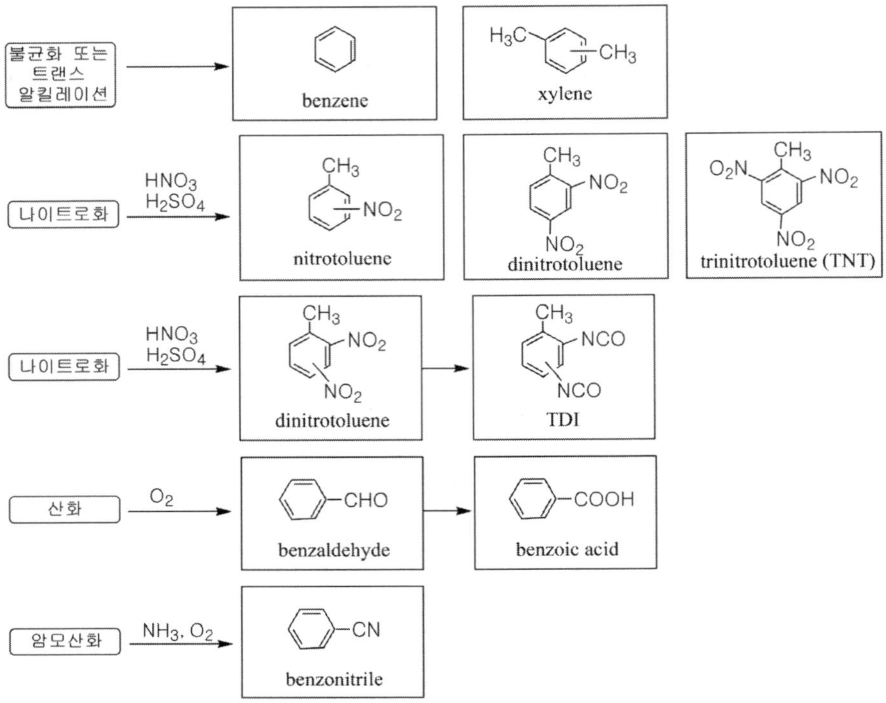

그림 4.9 톨루엔 유도체 합성

톨루엔을 나이트로화한 후 나이트로기를 환원시켜 아미노기(amino group)로 전환시키면 폴리우레탄의 단량체로 사용되는 톨릴렌다이이아이소사이아네이트(tolylenediisocyanate: TDI)가 합성된다(식 4.80).

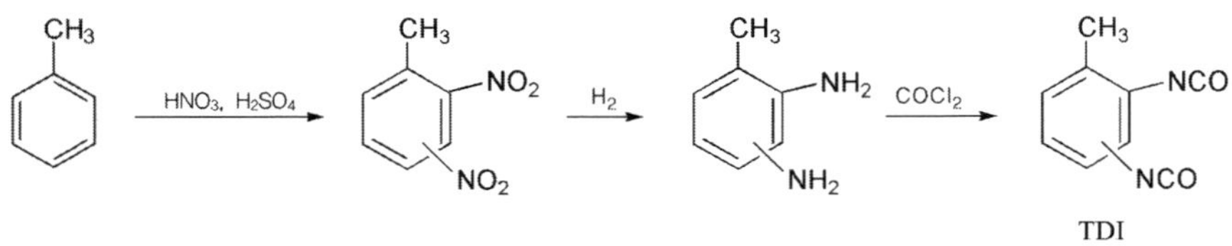

(4.80)

4.8.3 자일렌의 유도체 제조

자일렌에 존재하는 세 가지 이성질체(ortho, meta, para)를 각각 산화시켜 무수프탈산 또는 다이카복실산(dicarboxylic acid)을 합성한다. [그림 4.10]에 자일렌의 유도체를 정리하였다.

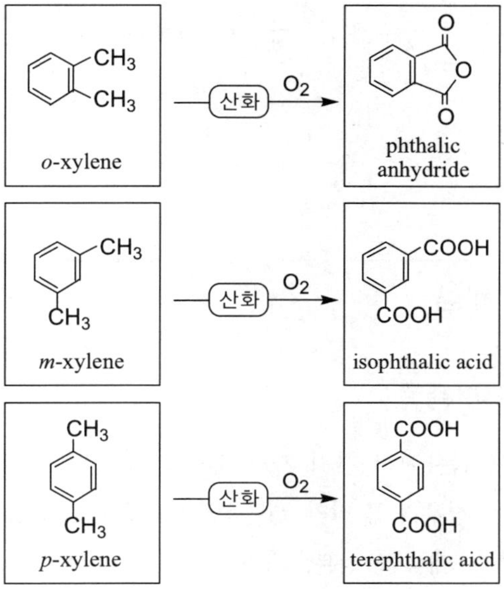

그림 4.10 자일렌 유도체 합성

다음의 식 4.81에 나타낸 것처럼 *o*-자일렌(*o*-xylene)을 산화시켜 무수프탈산(phthalic anhydride)을 합성한다. 석탄에서 얻어지는 나프탈렌(naphthalene)을 원료로 하여 제조하는 방식도 사용되고 있다(식 4.82). 무수프탈산은 알코올과의 반응에 의해 에스터화(esterification)되어 플라스틱의 가소제(plasticizer)로 사용된다. 이 밖에 불포화 폴리에스터의 단량체나 염료 등의 원료로 사용된다.

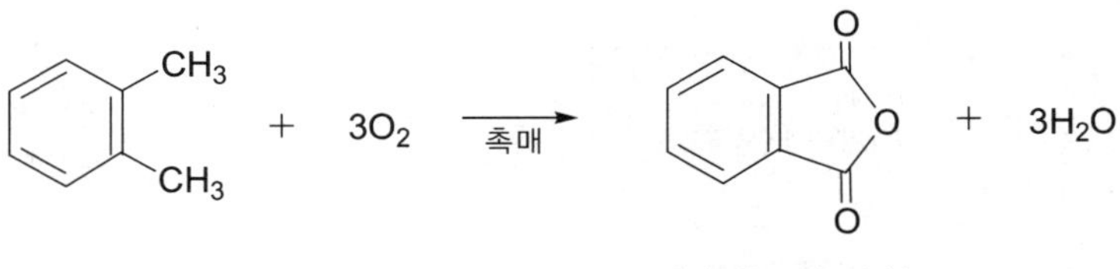

(4.81)

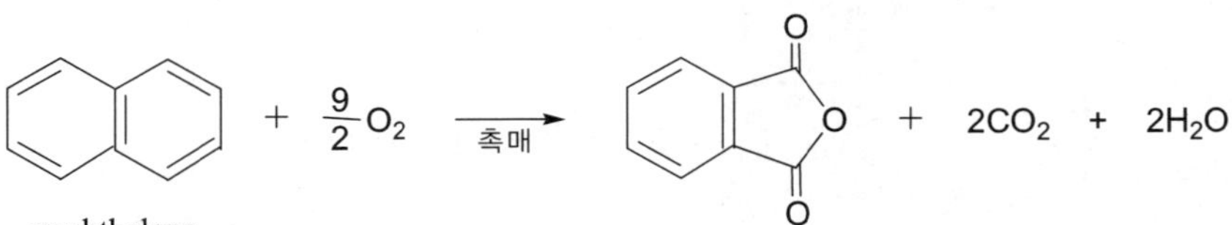

(4.82)

테레프탈산(terephthalic acid)은 폴리에스터의 주요 원료이며, *p*-자일렌으로부터 합성된다(식 4.83).

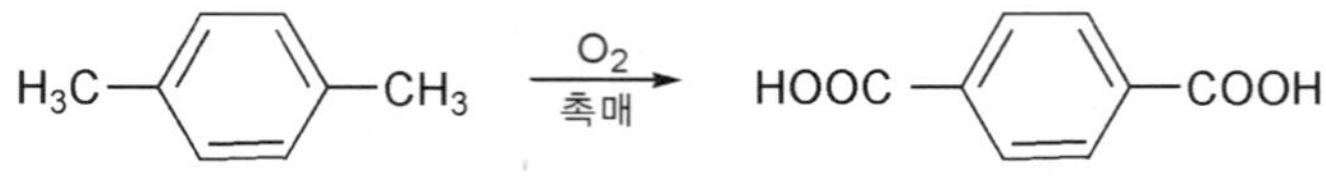

(4.83)

4.9 가스 제품

4.9.1 가스 제품의 종류

석유 화학 공업에서는 여러 가지 가스 제품도 생산된다. 천연 가스는 산지나 성분이 석유와 구별되는 경우가 많지만 관습적으로 석유 화학에 포함시켜 다루고 있다. [표 4.8]에 각종 가스 제품의 성분, 제조 방법, 용도 등을 정리하였다.

표 4.8 가스 제품의 성분, 제조 방법, 용도

종류	주성분	제조 방법	용도
천연 가스 (natural gas)	건성 가스: 메테인(CH_4) 습성 가스: C_1–C_5의 탄화수소	가스전 또는 유전에서 채굴	연료, 합성 가스 제조
액화 천연 가스 (liquefied natural gas: LNG)	메테인(CH_4)	천연 가스를 냉각·압축하여 액화	연료, 합성 가스 제조
천연 가스액 (natural gas liquid: NGL)	C_5 이상의 탄화수소	천연 가스에서 액체 상태의 성분을 분리	연료, 석유 화학 공업 원료
액화 석유 가스 (liquefied petroleum gas: LPG)	C_3–C_4의 탄화수소 (프로페인, 뷰테인)	1) 천연 가스 중의 습성가스에서 냉각·압축에 의해 액화 2) 제유소 가스를 액화	연료, 석유 화학 공업 원료
제유소 가스 (refinery gas)	C_1–C_5의 탄화수소	석유의 상압 증류에 의해 얻음. 넓은 의미로는 석유 정제 공정에서 나오는 가스도 포함시킴.	연료, 석유 화학 공업 원료
합성 가스 (synthesis gas)	CO와 H_2의 혼합물	석탄이나 천연 가스(메테인)의 수증기 개질	메탄올 제조, 수소 제조, 암모니아 제조, 하이드로포밀레이션

4.9.2 천연 가스 화학 공업

천연 가스는 메테인(methane, CH_4)을 주성분으로 하는 C_1-C_5 탄화수소의 혼합물로서, 건성 가스와 습성 가스로 나누어진다. 건성 가스는 거의 메테인만으로 되어 있고 상온에서는 액화가 어렵다. 따라서 냉각과 압축을 병행하여 액화시키며, 이렇게 제조된 것을 액화 천연 가스(LNG)라고 한다. 습성 가스는 메테인을 비롯하여 C_2-C_5 탄화수소를 함유한 천연 가스이다. 습성 가스에서 C_5 이상의 탄화수소는 상온에서 액체로 존재하므로 이것을 분리한 것을 천연 가스액(NGL)이라고 하고, 냉각과 압축에 의해 C_3-C_4 성분을 액화시킨 것을 액화 석유 가스(LPG)라고 한다.

천연 가스는 연료뿐만 아니라 석유 화학 공업의 중요한 원료로도 사용되고 있는데, 합성 가스를 경유하는 것이 가장 중요한 경로이다. 합성 가스는 일산화탄소(CO)와 수소(H_2)의 혼합물로서, 식 4.84와 같이 메테인의 수증기 개질 반응에 의해 제조된다.

$$CH_4 + H_2O \longrightarrow CO + 3H_2 \tag{4.84}$$

참고로, 합성 가스는 석탄으로부터도 제조된다. 식 4.85에 나타낸 것처럼 석탄의 수증기 개질에 의해서도 제조된다.

$$C(coal) + H_2O \longrightarrow CO + H_2 \tag{4.85}$$

합성 가스를 메탄올 합성에 이용할 때는 H_2/CO 몰비를 2, 하이드로포밀레이션에는 H_2/CO 몰비=1로 조절하는 전처리를 수행한다.
합성 가스로부터 메탄올의 제조는 현재 널리 수행되고 있으며, 미래에 석유 대체 원료로서 더욱 중요해질 것으로 예측된다. 합성 가스를 촉매 존재하에 고온 · 고압으로 반응시키면 메탄올이 합성된다(식 4.86). 메테인으로부터 제조되는 합성 가스는 H_2/CO 몰비가 3이기 때문에 과잉의 수소가 미반응으로 남을 수 있다. 이 여분의 수소를 추가적으로 메탄올로 전환하기 위하여 이산화탄소(CO_2)를 첨가하여 식 4.87의 반응을 병행시킨다.

$$CO + 2H_2 \longrightarrow CH_3OH \tag{4.86}$$

$$CO_2 + 3H_2 \longrightarrow CH_3OH + H_2O \tag{4.87}$$

암모니아 제조도 합성 가스의 중요한 용도 중의 하나이다. 메테인을 사용한 합성 가스의 제조에 있어서 공기를 함께 사용하면 식 4.88에 나타낸 것처럼 질소(N_2)가 포함된 합성 가스가 얻어진다. H_2/N_2의 몰비를 3으로 조절한 후 식 4.89의 반응에 의해 암모니아를 제조한다. 암모니아 제조 공정의 자세한 내용은 8.1절에서 다루기로 하겠다.

$$2CH_4 + O_2 + 2N_2 \longrightarrow 2CO + 4H_2 + 2N_2 \quad (4.88)$$

$$3H_2 + N_2 \rightleftharpoons 2NH_3 \quad (4.89)$$

4.10 석유 화학의 새로운 원료 체계

훌륭한 원료인 석유는 동시에 에너지원으로도 중요하게 사용되고 있다. 석유를 원료로서 먼 장래까지 사용하기 위해서는 에너지원으로서의 사용을 줄여갈 필요가 있다. 이에 따라 석유 대체 에너지가 개발되고 있으며, 1.5.2절에서 언급한 바 있다. 그러나 결국 석유의 매장량에는 한계가 있기 때문에 **석유 대체 원료**도 개발하여 석유의 고갈에 대비해 나갈 필요가 있다. 즉, 화학 공업 원료로서 석유 이외의 자원을 사용하는 새로운 화학 원료 체계를 마련해야 한다.

1.5.1절에서도 언급하였듯이 석유 화학을 대체하는 새로운 화학 공업 체계의 주요 원료로서는 매장량이 대단히 큰 석탄이 될 것으로 예상된다. 또한 천연 가스, 바이오매스, 오일셸, 오일샌드 등도 중요한 원료로서 이용될 것으로 예상된다. 원료가 석유에서 이들 원료로 전환됨에 따라, 석유로부터 출발하는 기존의 화학 공업 원료 체계도 변화하게 될 것이다. [그림 4.11]에 석유를 대체할 것으로 예상되는 새로운 원료의 체

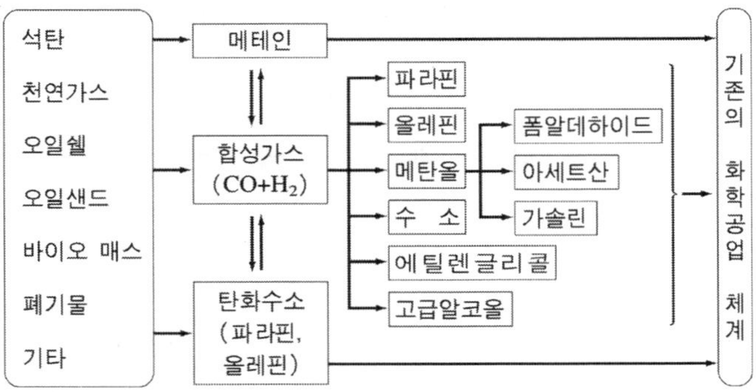

그림 4.11 석유를 대체할 것으로 예상되는 새로운 원료 체계

표 4.9 합성 가스로부터 제조되는 화합물의 종류와 제조 반응

화합물 종류	제조 반응
파라핀	$n\mathrm{CO} + (2n+1)\,\mathrm{H_2} \rightarrow \mathrm{C_nH_{2n+2}} + n\mathrm{H_2O}$
올레핀	$n\mathrm{CO} + 2n\,\mathrm{H_2} \rightarrow \mathrm{C_nH_{2n}} + n\mathrm{H_2O}$
메탄올	$\mathrm{CO} + 2\mathrm{H_2} \rightarrow \mathrm{CH_3OH}$ (4.86)
수소	합성 가스에서 분리
에틸렌글리콜	$2\,\mathrm{CO} + 3\,\mathrm{H_2} \rightarrow \mathrm{HOCH_2CH_2OH}$
고급 알코올	$n\mathrm{CO} + 2n\,\mathrm{H_2} \rightarrow \mathrm{C_nH_{2n+1}OH} + (n-1)\,\mathrm{H_2O}$
암모니아	$3\mathrm{H_2} + \mathrm{N_2} \rightleftharpoons 2\mathrm{NH_3}$

계를 나타내었다.

[그림 4.11]에서도 알 수 있듯이 새로운 원료 체계의 가장 중요한 경로는 합성 가스를 경유하는 것이다. 합성 가스는 석탄, 천연 가스, 오일셸, 오일샌드, 바이오매스, 나프타 등 거의 모든 원료로부터 제조될 수 있다. 석탄이나 천연 가스로부터 합성 가스를 제조하는 방법에 대해서는 앞에서 언급한 바 있다. [표 4.9]에 합성 가스로부터 제조되는 화합물의 종류와 그 제조 반응식을 정리하였다. n값에 따라 다양한 분자량의 화합물이 제조될 수 있다. 예를 들어, 파라핀의 경우 n값이 1이면 메테인(CH_4), 2이면 에테인(C_2H_6)을 제조하는 반응이 된다. 제조된 다양한 화합물들은 그 자체가 최종 제품이 되거나 또는 화학 공업의 기초 원료로서 사용될 수 있다.

합성 가스로부터 **연료를 제조**하는 방법도 활발히 연구되고 있는데, 대표적으로 Fischer-Tropsch 반응을 들 수 있다. 이 반응은 본래 합성 가스에서 탄화수소 혼합물인 경질 연료유를 합성하는 반응을 지칭한다. 그러나 사용하는 촉매에 따라 연료유 이외에 메테인, 올레핀, 고급 파라핀, 알코올 등도 합성되는데 이들 반응을 모두 Fischer-Tropsch 반응이라고 부르기도 한다.

합성 가스로부터 출발하여 탄소수 1의 화합물의 상호 전환, 또는 탄소수 2 이상의 화합물로 전환시키는 화학 체계를 **C_1 화학**(C_1 chemistry)이라고 하며, 이것이 새로운 원료 체계의 중심이 될 것으로 예상되고 있다. [표 4.9]에 나타낸 여러 가지 반응들은 합성 가스 중의 탄소수 1인 일산화탄소로부터 출발하는 것이므로 모두 C_1 화학에 해당한다고 할 수 있다. 이해를 돕기 위하여 [표 4.10]에 C_1 화학의 대표적인 반응을 나타내었다. 이 중 메탄올, 폼알데하이드, 아세트산 등의 제조는 이미 대량으로 수행되고 있으며, 다른 반응들도 앞으로 화학 공업에서 중요성을 더해 갈 것으로 예상된다. 특히 **메탄올**은 [표 4.10]에서도 알 수 있듯이 기초 원료로서 중요할 뿐만 아니라, 가솔린을 제조하는 원료로서도 연구되고 있다. 메탄올로부터 가솔린을 제조하는 공

정을 MTG (methanol to gasoline) 공정이라고 부르며, 아직 경제성이 확보되지는 못하였으나 석유 대체 연료로서 관심이 모아지고 있다. 메탄올은 또한 발효에 의하여 미래의 중요한 단백질원이 될 것으로 예상되는 SCP(single cell protein)의 제조를 위한 탄소원으로서의 사용이 기대되고 있다.

표 4.10 C_1 화학의 대표적인 반응들

분 류	합성되는 화합물	반 응
탄소수 1 화합물의 상호 전환	메테인	$CO + 3H_2 \rightarrow CH_4 + H_2O$
	메탄올	$CO + 2H_2 \rightarrow CH_3OH$ (4.86)
	폼알데하이드	$CH_3OH + 1/2\ O_2 \rightarrow HCHO$
탄소수 2 이상의 화합물로 전환	에틸렌글리콜	$2CO + 3H_2 \rightarrow HOCH_2CH_2OH$
	가솔린	$CH_3OH \rightarrow$ 가솔린
	아세트산	$CH_3OH + CO \rightarrow CH_3COOH$ (4.21)

05 석탄 화학 공업

5.1 서론

석탄은 1945년경까지는 주된 에너지원 및 화학 공업 원료(전체 유기 화학 제품의 약 75 %가 석탄으로부터 얻어졌음)로서 사용되었다. 그러나 제2차 세계대전 이후 석유가 시장에 본격적으로 등장하면서 석탄의 사용량이 감소하기 시작했고, 1960년경에는 그 지위를 석유에 넘겨주게 되었다. 석유가 석탄에 비하여 유리한 점은 3.1절에서 언급한 바 있다. 현재 전 세계적으로 석탄이 에너지원에서 차지하는 비율은 20~25 %, 화학 공업 원료로서는 약 5 %만을 차지하고 있다.

석탄을 본격적으로 이용하는 데 가장 큰 장애요인은 석탄의 조성이 산지에 따라 현저하게 다르며, 동일 탄전에서 생산된 것이라도 채굴 장소에 따라 조성이 다른 경우가 대부분이라는 것이다. 따라서 석탄 조성의 다양성을 고려한 기술 개발이 필수적으로 이루어져야 한다. [그림 5.1]에 세계의 석탄 매장량 비율을 나타내었다.

석유는 고갈 위기와 가격 파동 가능성이 상존하기 때문에, 미래에는 석유 대체 에너지원 및 화학 공업 원료로서 석탄의 사용량이 크게 증가할 것으로 예상되고 있다. 실제로

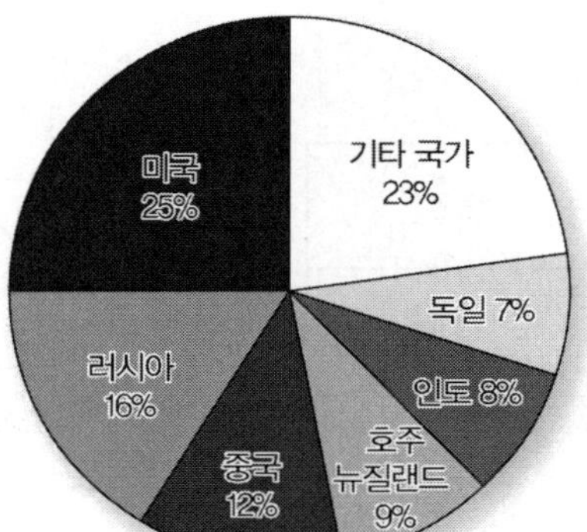

그림 5.1 세계의 석탄 매장량 비율

최근 석탄의 수요가 늘면서 국제 석탄 가격은 꾸준히 상승하고 있다. 주된 이유는, 중국, 인도와 같은 아시아 신흥국의 경제가 급성장하면서 전력 수요가 급증하고 있는데, 석유 가격이 매우 높은 데다가 일본 후쿠시마 원자력발전소 사고(2011년) 여파로 원전 건설도 잠정 중단되어 있는 상황이기 때문에 전력난 해소를 위해 석탄을 연료로 하는 화력 발전에 더욱 의존하게 된 것이다. 최근 전기 생산 효율이 향상되고 환경오염 물질이 감소한 석유가스화 복합발전(IGCC) 기술과, 석탄을 석유화학제품 원료 또는 석유계 연료로 전환하는 기술 등이 속속 개발되면서 석탄이 바야흐로 '검은 황금(black gold)'으로 부활하고 있다.

5.2 석탄의 분류와 화학 구조

5.2.1 석탄의 분류

석탄은 태고의 식물체가 지중에 매몰되어 지열, 압력 등에 의해 화학 변화를 일으켜 생성된 것으로 추정되고 있다. 석탄의 분류 방법 중 대표적인 것은 **석탄화도**(석탄에 함유된 탄소의 중량 %)를 기준으로 분류하는 것이다. 석탄화도가 증가하는 순으로 아탄-갈탄-청탄-무연탄으로 분류할 수 있으며, 무연탄쪽으로 갈수록 탄화가 많이 진행된 것이다.

5.2.2 석탄의 조성 및 화학 구조

석탄의 구성 성분은 크게 수분, 유기질, 광물질(무기질)로 나눌 수 있다. [그림 5.2]에 나타낸 바와 같이, 석탄을 가열하면 수분은 휘발하고, 유기질은 일부는 휘발하여

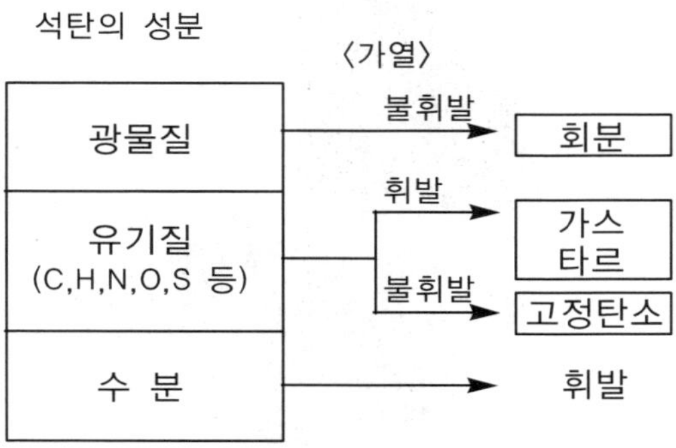

그림 5.2 석탄의 구성 성분

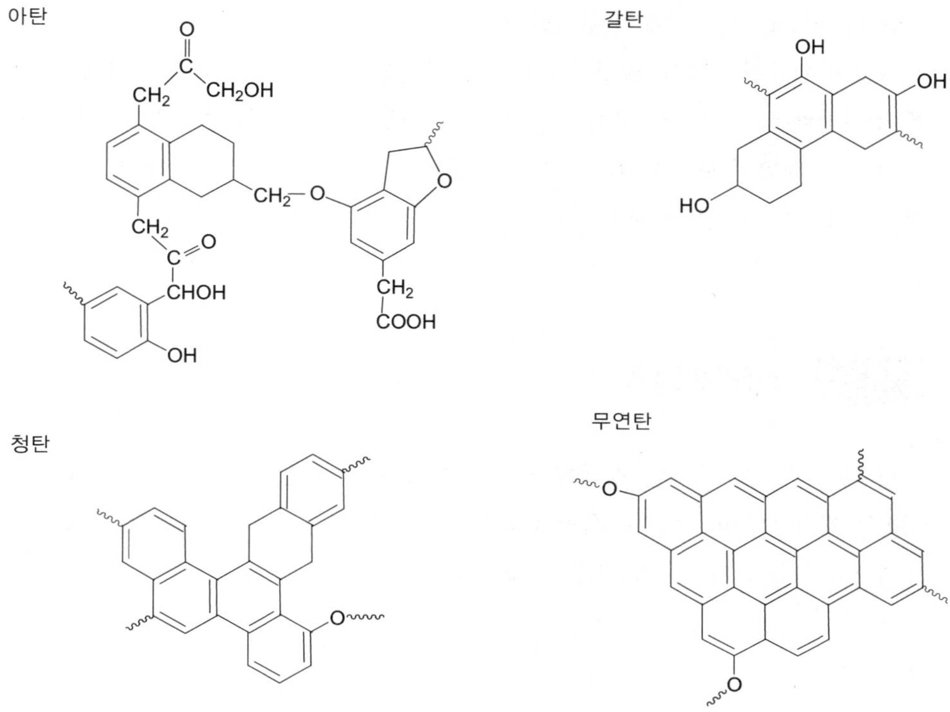

그림 5.3 석탄 유기질의 화학 구조(추정)

가스 및 타르(tar)로 얻어지고 나머지는 고정 탄소로 남게 된다. 광물질은 가열해도 대부분 휘발하지 않으며, 회분(ash)으로 남게 된다.

석탄 성분 중 유기질의 화학 구조를 [그림 5.3]에 나타내었다. 유기질은 분자량 약 3,000의 천연고분자로서, 그림에서 보는 바와 같이 석탄화도에 따라 화학 구조가 다르다. 석탄화도가 낮은 아탄의 경우는 벤젠환에 지환 또는 헤테로환이 붙어 있는 구조가 곁사슬에 의해 서로 연결되어 있는 형태이고, 석탄화도가 높은 무연탄으로 갈수록 축합 방향

표 5.1 석탄(유기질 부분) 및 석유의 원소 함량

	C	H	N	O	S	H/C 원자수비
아탄	65.1	4.9	0.9	28.4	0.6	0.91
갈탄	72.6	4.9	1.1	20.2	1.2	0.81
청탄	84.2	5.6	1.6	6.9	1.7	0.80
무연탄	91.2	4.0	1.8	2.6	0.5	0.52
(석유)	(82–87)	(11–15)	(0–1)	(0–2)	(0–4)	(1.76)

환(polyaromatic rings) 구조가 증가한다.

석탄에 함유된 원소의 중량 %(수분 및 무기질 제외)를 석유와 비교하여 [표 5.1]에 정리하였다. 함유 원소의 종류는 석유와 마찬가지로 C, H, N, O, S이며, 석탄화도에 따라 함량이 다르다. H/C 원자수비는 아탄에서 무연탄으로 갈수록 낮아지는데 이것은 방향환의 축합도가 증가하기 때문이다.

5.3 석탄의 건류

건류는 공기가 차단된 상태에서 물질을 열분해시키는 공정으로서, 저온건류(약 600 °C에서 수행)와 고온건류(약 1000 °C에서 수행)가 있다. 공업적으로 석탄의 건류에 의해 가스, 타르, 코크스를 제조한다.

5.3.1 가스

생성된 가스의 주성분은 메테인, 일산화탄소, 수소이고, 그 외에 에테인, 에틸렌, 방향족 탄화수소(BTX) 등이 포함된다. 가스는 과거에 등화용, 화학 공업 원료, 도시가스 등으로 널리 사용되었지만 현재는 천연 가스가 이것을 대체하고 있다. 현재 석탄 건류가스는 주로 제철용 연료로 사용되고 있고, 수소를 분리하여 실리콘 등의 반도체 제조에 사용되기도 한다. 방향족 탄화수소는 분리되어 벤젠, 톨루엔, 자일렌을 얻는다.

5.3.2 콜타르

콜타르(coal tar)는 석탄의 건류에 의해 얻어지는 흑색의 점성 액체를 말한다. 원료인 석탄에 대하여 4~5 %의 비율로 얻어지며 방향족계가 주성분인 400종 이상의 유기 화합물이 함유되어 있다. 이 중 30~40종의 화합물이 분리되어 화학 공업의 원료로서 공급되고 있다. 콜타르로부터 분리되어 사용되는 화합물은 대부분이 방향족계로서, [그림 5.4]에 그 대표적인 예를 들었다.

현재 전 세계의 방향족 화합물 생산량의 10 % 정도가 석탄으로부터 생산되며, 약 90 %가 석유에서 얻어진다. 특히 석탄은 축합 **방향족 화합물**(polyaromatic compounds)의 유일한 원료로서 사용되고 있다.

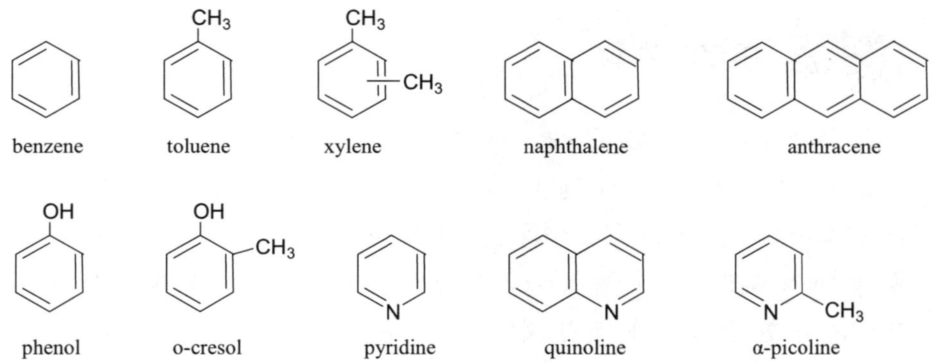

그림 5.4 석탄으로부터 얻어지는 방향족 화합물

5.4 석탄의 가스화

석탄 또는 코크스에 수증기, 산소(또는 공기), 수소 등을 반응시켜 수소, 일산화탄소, 메테인 등이 주성분인 가스를 생산하는 것을 말한다. 아래에 주요 반응식을 나타내었다.

$$\text{(수증기와의 반응)} \quad C + H_2O \longrightarrow CO + H_2 \tag{5.1}$$

$$\text{(산소와의 반응)} \quad C + \frac{1}{2}O_2 \longrightarrow CO \tag{5.2}$$

$$\text{(수소와의 반응)} \quad C + 2H_2 \longrightarrow CH_4 \tag{5.3}$$

얻어진 가스는 화학 공업 원료 및 연료로서 사용된다. 석탄의 가스화는 석유의 대량 소비에 밀려 많이 수행되고 있지는 않지만, 석유의 위기 가능성이 상존하기 때문에 미래에는 중요한 비중을 차지할 것으로 예상되고 있다. 특히 식 5.1의 **합성 가스** 제조 반응은 석유를 대체하는 새로운 원료 체계의 중심이 될 가능성이 있다(4.10절 참조).

5.5 석탄의 액화

석탄으로부터 석유와 유사한 기름을 얻어내는 공정을 석탄 액화라고 한다. 석탄 액화 기술은 1913년에 독일에서 개발되어 발전하였고 제2차 세계대전 중에는 독일에서 석유 소요량의 약 1/3이 석탄 액화에 의해 제조되었다. 이후 석유의 전성시대를 맞아 석탄액화에 대한 수요가 줄어들었으나, 앞으로 석탄이 석유의 대체 에너지로서 중요한 역할을 할 것으로 예상되기 때문에 석탄액화 기술에 대한 연구 개발이 계속되고 있다.

석탄 액화의 기본 개념은 석탄에서 수소의 비율을 높임과 동시에 분자량을 감소시켜 석유와 유사한 성분을 얻는다는 것이다. 액화 반응에서는 수소첨가 반응과 저분자화 반응으로 구성된 수소화 분해가 가장 중요하다. 석탄의 수소/탄소 원자수비가 0.5~0.9인데 비해 석유는 1.5~1.9이므로 수소첨가 반응을 통하여 수소의 비율을 석유와 근사한 정도로 높인다. 수소첨가 반응에 의하여 수소의 비율이 높아질 뿐만 아니라 곁사슬의 절단이 동시에 일어날 수 있고(식 5.4), 축합 방향족 고리가 부분적으로 포화되면서 결합 에너지가 낮아져 분해가 용이하게 된다. 고온에서 결합이 분해되면서 저분자화가 진행된다.

$$R-O-R' + 2H_2 \longrightarrow RH + R'H + H_2O \quad (5.4)$$

06 고분자

6.1 서론

고분자는 '고분자량(high molecular weight)의 분자'를 뜻한다. 명확한 기준은 아니지만 일반적으로 분자량 10,000 이상의 분자를 고분자라고 부른다. 분자량이 수만에서 수십만의 고분자가 실제 상업적으로 이용되고 있고, 분자량이 수백만에 이르는 것도 합성할 수 있다. 분자량이 매우 크면 저분자량(low molecular weight) 분자와 다른 특성을 나타내는데, 대표적인 특성 차이로는 고체로 존재하면서 기계적 성질을 나타내는 것이다. 이러한 특성 때문에 고분자는 재료로서 활용 가치가 있고, 따라서 3대 재료(금속, 세라믹, 고분자)의 한 축으로서 인류 문명의 발달에 중요한 역할을 하고 있다. 금속과 세라믹에 비하여 고분자가 가진 대표적인 장점은 가볍고, 내부식성과 내충격성이 우수하고, 가격이 저렴하고 성형이 용이하다는 것으로, 앞으로도 재료로서 금속 및 세라믹과 경쟁할 것으로 예상되고 있다.

우리 주변에 존재하는 컴퓨터, 휴대전화, 필기구, 옷, 신발, 가구, 실내 인테리어 등의 대부분의 제품들은 부분적으로, 또는 전체가 고분자로 구성되어 있다. 고분자는 우리의 일상생활을 윤택하게 해 주는 이러한 제품뿐만 아니라 공장 건축물이나 기계 등의 산업적 용도에도 폭넓게 사용되고 있다. 또한, 자동차, 비행기, 선박 등에도 고분자는 중요한 역할을 한다. 세계 최대 항공기 제조회사인 보잉사에서 향후 플라스틱 비행기를 개발하겠다고 발표한 데서도 알 수 있듯이 첨단 산업에서도 고분자의 사용은 필수적이다.

기본적으로 고분자의 크기는 나노미터 수준이기 때문에 나노 기술에 적용하기가 매우 유리하다(2.3절 참조). 21세기의 과학 기술은 나노 기술이 선도할 것으로 예상되고 있으며, 따라서 향후 인류 문명의 발전에 있어서도 고분자가 중요한 재료로서의 역할을 할 것으로 기대된다.

6.2 고분자의 분류

6.2.1 원료의 출처 및 구성 원소에 따른 분류

고분자는 그 원료의 출처에 따라 목화, 목재, 양털, 고무나무 진 등의 동식물에서 원료를 얻는 **천연 고분자**(natural polymer)와, 주로 석유 화학 공업에서 원료를 얻는 **합성 고분자**(synthetic polymer)로 나눌 수 있다. 또한, 고분자의 구성 원소에 따라 탄소를 주축으로 하는 **유기 고분자**(organic polymer)와, 그 외의 고분자에 해당하는 **무기 고분자**(inorganic polymer)로 나눌 수 있다. [표 6.1]에 이러한 분류에 해당하는 대표적인 고분자의 예를 정리하였다.

이 중에서 **합성 고분자**의 원료인 **단량체**(monomer)는 석유 화학 공업의 기초 원료 제품에 해당하며, 합성 고분자는 석유 화학 공업의 최종 제품에 해당한다. 합성 고분자 제품이 석유 화학 제품 전체에서 차지하는 비중은 80 % 이상으로, 합성 고분자는 석유 화학에 있어서 매우 중요한 위치를 차지하고 있다.

6.2.2 용도 또는 기계적 물성에 따른 분류

고분자 제품은 용도 또는 기계적 물성에 따라 플라스틱, 섬유, 고무, 도료, 접착제 등으로 나눌 수 있다([표 6.2]). 소비량면에서 보면 플라스틱이 전체의 50 % 이상을 차지하고, 섬유와 고무가 그 뒤를 잇고 있다.

플라스틱(plastics)은 다른 말로 수지(resin)라고도 하며, 경제적인 면과 용도에 따라 범용 플라스틱(commodity plastics)과 엔지니어링 플라스틱(engineering plastics)으로 나뉜다. 범용 플라스틱은 값이 싸고 대량 생산되며, 주로 일상생활에 사용된다. 엔

표 6.1 원료의 출처 및 구성 원소에 따른 고분자의 분류 및 대표적 예

	유기 고분자	무기 고분자
천연 고분자	단백질(누에고치, 양털) 탄화수소(고무나무 진) 셀룰로오스(목화, 목재)	석면, 운모, 다이아몬드 (세라믹으로 분류되는 경향이 있음)
합성 고분자	폴리에틸렌 폴리에스터 나일론 SBR	폴리포스포나이트릴클로라이드
반합성 고분자	초산셀룰로오스	유리

표 6.2 용도 또는 기계적 물성에 따른 고분자의 분류

	대표적인 예
플라스틱	– commodity (PE, PP, PVC, PS) – engineering (polyamide, acetal, polyester, polycarbonate, poly(phenylene oxide)
섬유	[천연] cotton, wool, silk [합성] – cellulosic (acetate rayon, viscous rayon) – noncellulosic (polyester, nylon, olefin, acrylic)
고무	[천연] polyisoprene 유사체 [합성] – diene (styrene–butadiene, polybutadiene, ethylene–propylene, polychloroprene, polyisoprene) – nondiene (nitrile, butyl, silicone, urethane)
접착제	– phenol–formaldehyde, urea–formaldehyde – epoxy – cyanoacrylate
도료	– styrene–butadiene – poly(vinyl acetate), poly(acrylate ester) – alkyd

지니어링 플라스틱은 값이 비싸고 소량 생산되며, 우수한 기계적, 열적 특성 때문에 특수한 용도에 사용된다. 주요 예로서는 교통 수단(자동차, 비행기, 트럭 등), 건설(건축자재 및 장비), 전기 전자 제품, 산업 기계 등을 들 수 있다. 한편, 플라스틱은 열에 의한 반응 여부를 기준으로 열가소성(thermoplastic)과 열경화성(thermosetting) 수지로 나눌 수 있다. 열가소성 수지는 가열에 의해 유연해지는 성질을 가지며, 위에서 언급한 범용 수지가 여기에 포함된다. 열경화성 수지는 가열에 의해 경화반응을 일으켜 삼차원 가교구조를 형성하는 수지로서, 한번 가열 후 다시 가열해도 유연해지지 않는다. 에폭시 수지, 페놀 수지 등이 여기에 속한다.

천연 섬유 중 목화(cotton)는 폴리새커라이드셀룰로오스(polysaccharide cellulose)이며, 양털(wool)과 비단(silk)은 단백질 종류이다. 석유로부터 원료를 얻는 **합성 섬유**는 셀룰로오스계(cellulosic), 비셀룰로오스계(noncellulosic)로 나뉜다.

천연 고무는 고무나무의 수액으로부터 얻어지며, 화학 구조는 *cis*-1,4-polyisoprene과 거의 일치한다. **합성 고무**의 생산량은 천연 고무보다 많은데, 그 중에서도 styrene- butadiene 공중합체, polybutadiene, ethylene-propylene 공중합체의 생산량은 전체 합성 고무의 70 % 이상을 차지한다.

6.2.3 화학 구조에 따른 분류

고분자 사슬의 형태에 따라 크게 선형(linear), 가지가 달린 분기형(branched), 삼차원 그물구조를 가진 가교형(crosslinked 또는 network)으로 나눌 수 있다([그림 6.1]).

이 중에서 선형 고분자의 경우는 [그림 6.2]에 나타낸 대로 주사슬(main chain), 곁사슬(side chain), 말단기(end group)로 구성되어 있다. 반복되는 구조는 괄호 안에 반복단위(repeating unit)로서 나타낸다.

고분자 형태의 특별한 경우로서, [그림 6.3]에 나타낸 다양한 형태가 개발되어 있다.

중합에 사용된 단량체의 종류 또는 중합체 반복 단위의 종류에 따라 **단독 중합체**(homopolymer)와 **공중합체**(copolymer)로 나누어진다. 바이닐 단량체(vinyl monomer)의 중합의 경우, 한 종류의 단량체를 중합시켜 얻어진 중합체는 단독 중합체, 두 종류 이상의 단량체를 사용한 중합체는 공중합체가 된다. Nonvinyl monomer의 경우는 반복단위가 한 종류이면 단독 중합체, 두 종류 이상이면 공중합체가 된다. [그림 6.4]에 단독 중합체와 공중합체의 개념도를 나타내었다. A와 B를 서로 다른 단량체 또는 반복단위라고 할 때, 공중합체에서 A와 B가 특별한 규칙성 없이 나열된 것을 random copolymer, 교대로 배열된 것을 교대 공중합체(alternating copolymer), A와 B의 각 block으로 구성된 것을 block copolymer, 한쪽이 주사슬, 다른 한쪽이 가지로 구성된 분기 고분자를 graft copolymer라고 한다.

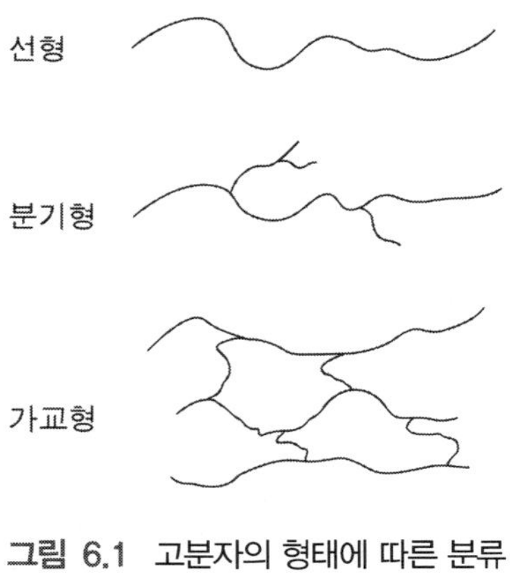

그림 6.1 고분자의 형태에 따른 분류

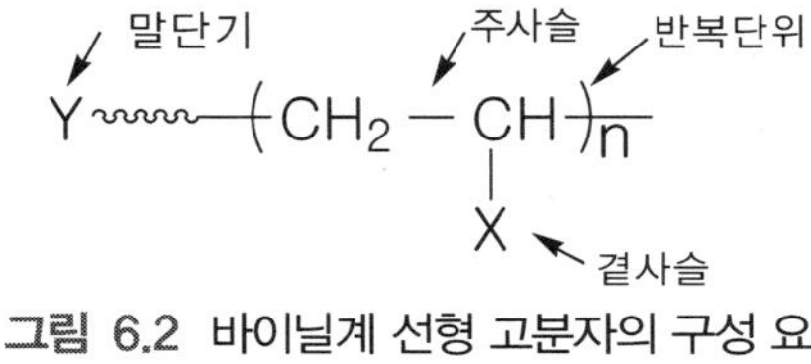

그림 6.2 바이닐계 선형 고분자의 구성 요소

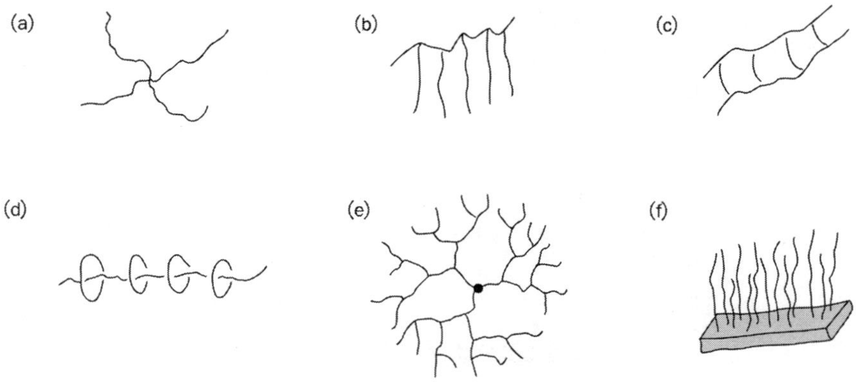

그림 6.3 고분자의 특별한 형태: (a) star polymer; (b) comb polymer; (c) ladder polymer; (d) polyrotaxane; (e) dendrimer; (f) polymer brush

Homopolymer	−A−A−A−A−A−A−A−A−
Random copolymer	−A−B−A−A−B−A−B−B−B−A−
Alternating copolymer	−A−B−A−B−A−B−A−B−A−
Block copolymer	−A−A−A−A−B−B−B−B−B−
Graft copolymer	−A−A−A−A−A−A−A−A−A │ B−B−B−B−

그림 6.4 단독 중합체와 공중합체의 개념도

6.3 고분자의 합성 : 중합

단량체를 반응시켜 고분자를 합성하는 과정을 **중합**(polymerization)이라고 한다. 중합은 그 진행방식에 따라서 크게 **연쇄 중합**(chain polymerization)과 **단계 중합**(step polymerization)으로 나눌 수 있다. 이 두 종류의 중합의 개념을 [그림 6.5]에 나타내었다. 연쇄 중합은 개시제로부터 생성된 활성종(라디칼 또는 이온)이 단량체를 공격하여 새로운 활성종이 생성되고, 여기에 단량체가 연쇄적으로 반응하여 분자량이 증가하는 방식이다. 이에 반하여 단계 중합은 개시제의 작용 없이 단량체끼리 반응하여 이량체(dimer)를, 이량체끼리 반응하여 사량체(tetramer)를, 사량체끼리 반응하여 팔량체(octamer)를 생성하는 방식으로, 단계적으로 분자량이 증가한다.

연쇄 중합을 하는 단량체에는 탄소-탄소 이중 결합을 가진 바이닐 단량체와 탄소-

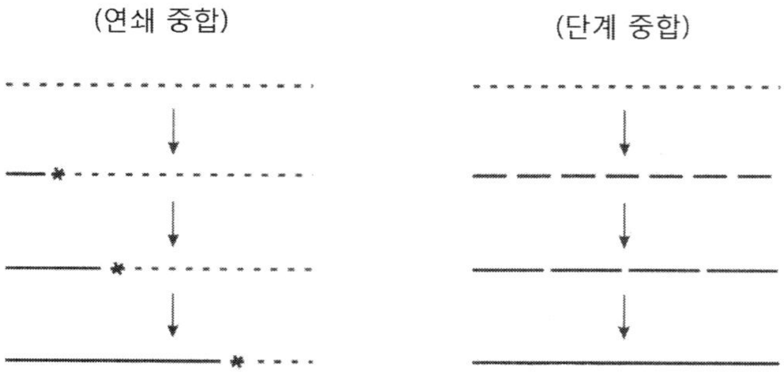

그림 6.5 연쇄 중합과 단계 중합의 진행

산소 이중 결합을 가진 카보닐(carbonyl) 단량체가 있다. 연쇄 중합은 이와 같은 단량체의 부가 반응(addition reaction) 형태로 주로 진행된다(식 6.1). 반면 단계 중합은 주로 반응 과정에서 작은 분자가 탈리되면서 진행되는 축합 반응(condensation reaction)의 형태로 진행된다(식 6.2). 예외적으로 연쇄 중합이 축합 반응에 의해 진행되는 경우와 단계 중합이 부가반응에 의해 진행되는 경우도 있다.

$$CH_2{=}CH_2 \longrightarrow -\!\!\left(CH_2-CH_2\right)\!\!- \tag{6.1}$$

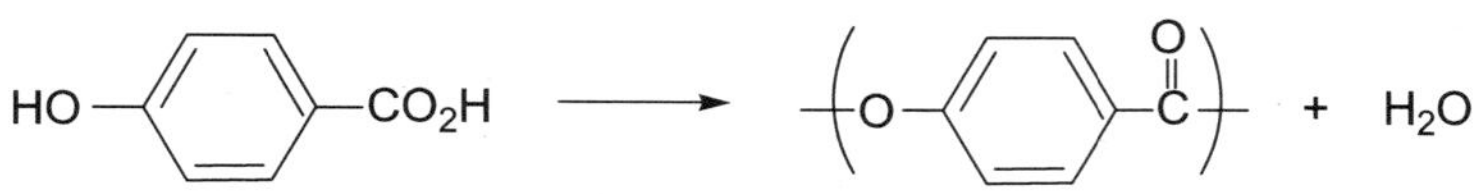

(6.2)

연쇄 중합은 활성종의 화학 구조에 따라 라디칼, 양이온, 음이온 중합으로 분류된다. 이하, 연쇄 중합의 각 종류에 대하여 설명하고, 이어서 단계 중합을 논하기로 한다.

6.3.1 바이닐 단량체의 라디칼 중합

라디칼 중합은 연쇄 중합 중에서 공업적으로 가장 중요하다. 그 이유로는 첫째, 라디칼 중합이 가능한 단량체의 종류가 다른 중합에 비해서 많고, 둘째, 중합 공정의 선택의 폭이 다른 중합에 비해 넓기 때문이다. 저밀도 폴리에틸렌(LDPE), 폴리바이닐클로라이드(PVC), 폴리스타이렌(PS) 등이 대표적인 라디칼 중합 고분자이다.

벤조일퍼옥사이드(benzoyl peroxide)를 개시제로 사용한 메틸메타크릴레이트의 중합을 예로 들어 아래에 라디칼 중합의 반응을 설명한다. 라디칼 중합은, 1) 개시제로부터 라디칼 화학종의 생성(식 6.3)과 이 화학종이 단량체에 부가되는 반응(식 6.4)으로 구성된 개시 반응(initiation), 2) 개시 반응에서 생성된 라디칼 화학종이 단량체와 계속 반응하면서 분자량이 증가하는 생장 반응(propagation)(식 6.5 및 6.6), 3) 라디칼 화학종끼리 반응하여 중합이 정지되는 정지 반응(termination)(식 6.7 및 6.8)으로 구성된다. 생장 사슬의 라디칼 구조가 용매 분자나 다른 사슬로 이동하면서 정지 및 새로운 개시가 일어나기도 하는데(식 6.9). 이것을 연쇄 이동 반응(chain transfer)이라고 한다. 연쇄 이동 반응이 활발하면 고분자량이 얻어지기 어렵다.

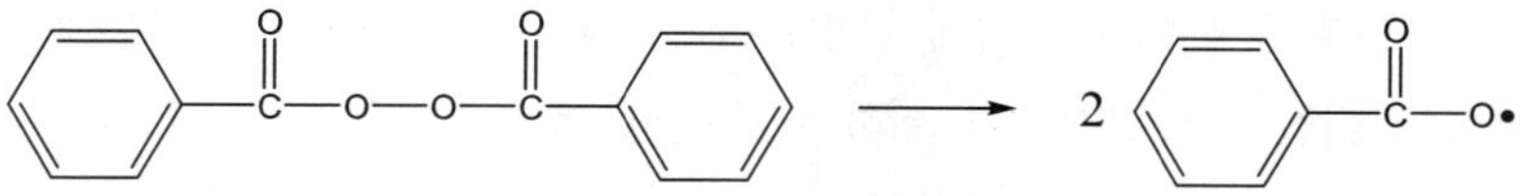

(6.3)

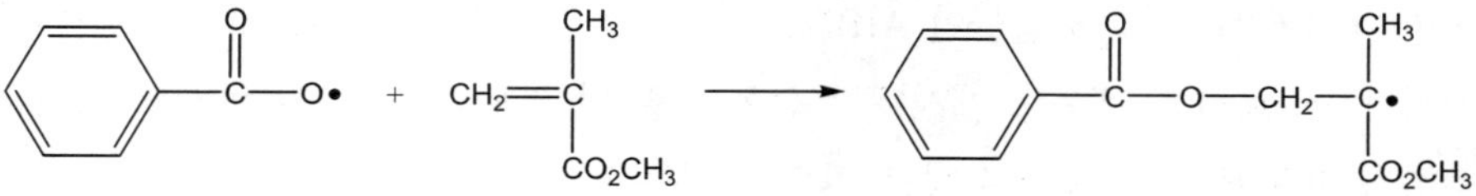

(6.4)

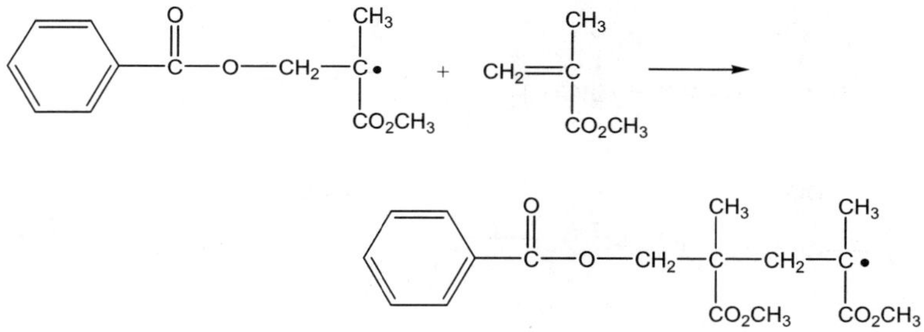

(6.5)

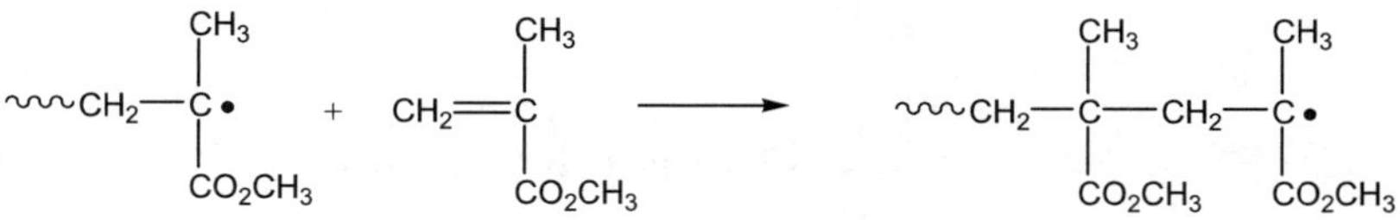

(6.6)

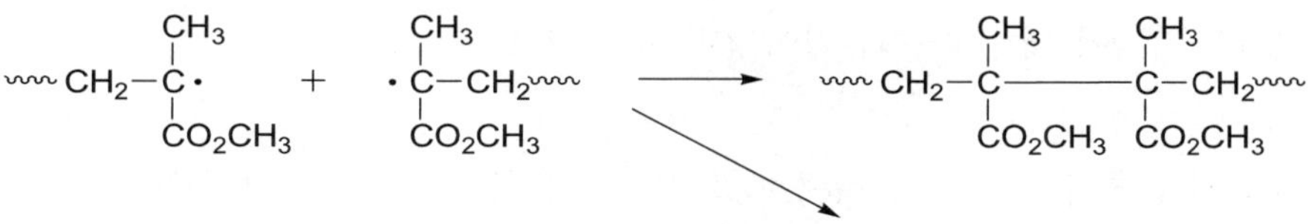

(6.7)

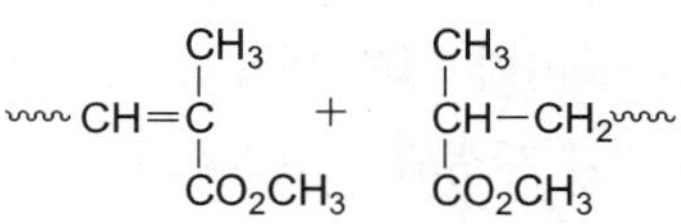

(6.8)

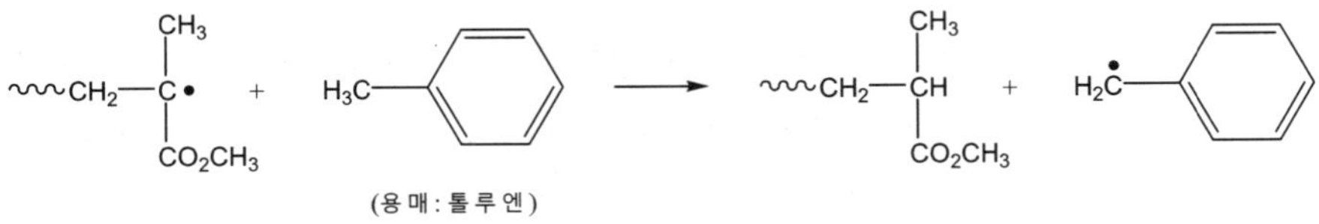

(6.9)

라디칼 중합성 단량체가 개시제 없이 열, 빛, 방사선 등에 의하여 개시되는 경우도 있지만, 대부분의 경우는 개시제가 필요하다. 개시제를 사용하는 경우에도 개시제를 분해하여 라디칼을 발생시키기 위하여 일반적으로 열이나 빛을 가한다. 개시제로는 퍼옥사이드(peroxides), 아조 화합물(azo compounds), 레독스 개시제(redox initiators) 등이 많이 사용된다. 벤조일퍼옥사이드는 빛이나 열에 의하여 벤조일옥시 라디칼을 생성한다(식 6.3). 아조 화합물인 AIBN은 식 6.10에 나타낸 사이아노프로필 라디칼을 생성한다. 식 6.11의 레독스 개시제는 산화-환원 반응에 의하여 저온에서도 라디칼을 생성하기 때문에, 저온에서 수행될 필요가 있는 라디칼 중합의 개시에 사용된다.

(6.10)

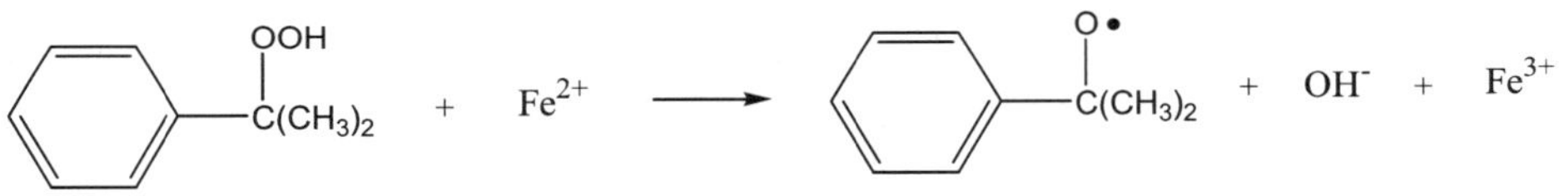

(6.11)

라디칼 중합의 공정으로는 괴상 중합(bulk polymerization), 용액 중합(solution polymerization), 현탁 중합(suspension polymerization), 유화 중합(emulsion polymerization)이 있다. 각각에 대해 다음과 같이 간략히 설명한다.

(i) 괴상 중합: 용매 또는 분산매를 사용하지 않고 단량체와 개시제만을 혼합하여 중합시키는 방법이다. 조성과 장치가 간단하고 제품에 불순물이 적다는 장점이 있다. 반면, 내부의 중합열이 잘 제거되지 않아 부분적으로 과열되거나, 자동 촉진 효과(autoacceleration)에 의해 반응이 폭주하여 반응의 선택성이 떨어지고 불용물 가교물 덩어리가 생성되어 고분자의 물성에 악영향을 주는 경우가 있다.

(ii) 용액 중합: 단량체와 개시제를 용매에 용해시킨 상태에서 중합시키는 방법이다. 중합열의 제거는 용이하지만, 중합 속도와 분자량이 작고 중합 후 용매의

완전 제거가 어려울 수 있다. 용매 사용으로 인한 고비용 문제와 용매에 의한 연쇄 이동 반응의 우려도 있다.

(iii) 현탁 중합: 단량체를, 단량체를 녹이지 않는 액체(일반적으로 물)에 격렬한 교반으로 분산시켜서 중합을 수행한다. 강제로 분산된 단량체의 작은 방울에서 중합이 일어나므로, 속도론 및 반응기구 관점에서 보면 괴상 중합과 유사하다. 개시제는 단량체에 녹는 것을 사용하며, 단량체 방울이 뭉쳐지지 않고 유지되도록 안정제(stabilizer)를 사용한다. 중합열의 분산이 용이하고, 중합체가 작은 입자 모양으로 얻어지므로 분리 및 처리가 용이한 장점이 있다. 단점으로는 세정 및 건조 공정이 필요하고, 안정제에 의한 오염을 들 수 있다.

(iv) 유화 중합: 비누 또는 세제 성분의 일종인 유화제(emulsifying agent)를 사용하여 단량체를 분산매 중에 분산시키고 수용성 개시제(주로 레독스형)를 사용하여 중합시키는 방법이다. 중합열의 분산이 용이하고 대량 생산에 적합하다. 단점으로는 세정과 건조가 필요하고 유화제에 의한 오염을 들 수 있다.

단독 중합체나 단독 중합체의 혼합물(homopolymer blend)로 얻지 못하는 물성을 얻기 위한 방법의 하나로 공중합을 수행한다. 또한, 단독으로는 중합 반응을 못하는 단량체를 중합시키기 위하여 다른 단량체와의 공중합을 이용하기도 한다. 예를 들어, 무수말레인산(maleic anhydride)은 단독 중합하지 않지만 스타이렌을 혼합하여 공중합시키면 교대 공중합체를 생성한다(식 6.12).

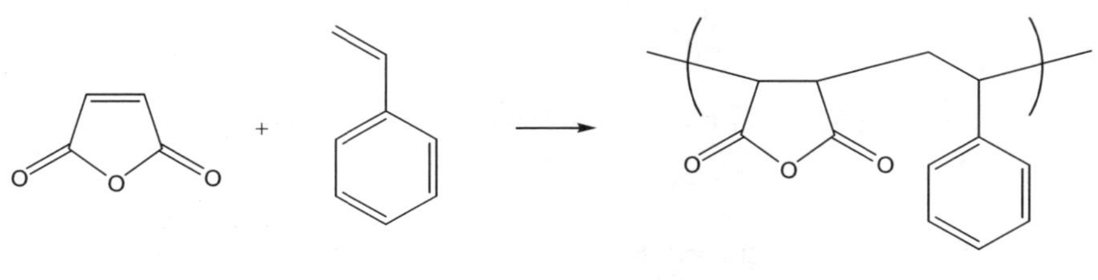

(6.12)

poly[(maleic anhydride)-*co*-styrene]

6.3.2 바이닐 단량체의 양이온 중합

양이온 중합에 의하여 공업적으로 생산되는 대표적인 고분자는 폴리아이소뷰틸렌(polyisobutylene), 아이소뷰틸렌-아이소프렌 공중합체(isobutylene-isoprene copolymer), 폴리바이닐에테르 [poly(vinyl ether)] 등이다. 이러한 고분자들은 주로 접착제나 고무 용도로 사용된다.

양이온 반응은 식 6.13과 같이 진행되기 때문에, 치환기 X로는 공명(resonance) 또는 유기(induction) 효과에 의해 탄소 양이온을 안정화시킬 수 있는 페닐(phenyl), 바이닐, 알콕시(alkoxy), 1,1-다이알킬(dialkyl) 등이 유리하다. 이러한 치환기를 가진 단량체는 위 치환기 순서대로 스타이렌, 뷰타다이엔, 바이닐에테르(vinyl ether), 아이소뷰틸렌이 있다.

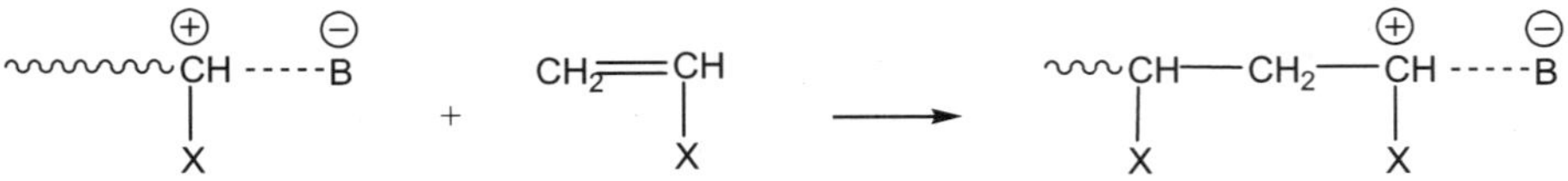

(6.13)

양이온 반응의 개시제로는 일반적으로 양성자(proton)를 제공할 수 있는 양성자산(protonic acid)과 전자쌍을 받을 수 있는 루이스산(Lewis acid)이 사용된다. 양성자산으로서 황산을 사용하는 경우의 개시 반응은 식 6.14와 같다. 루이스산의 경우, 루이스산이 먼저 물 등과 반응하여 생성되는 양이온을 단량체에 제공함으로써 중합을 개시한다(식 6.15 및 6.16).

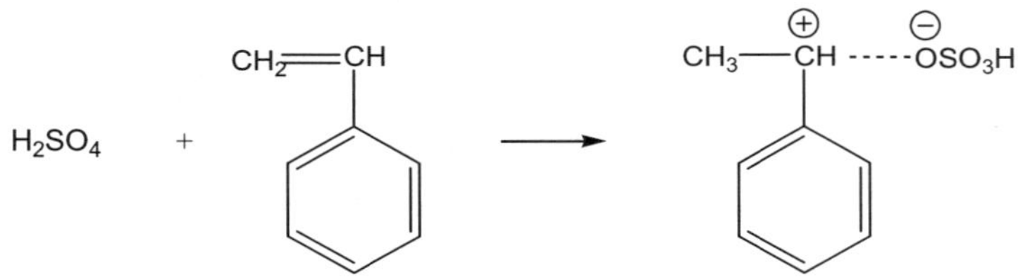

(6.14)

$$BF_3 + H_2O \rightleftharpoons \overset{\oplus}{H} \cdots \overset{\ominus}{B}F_3OH \tag{6.15}$$

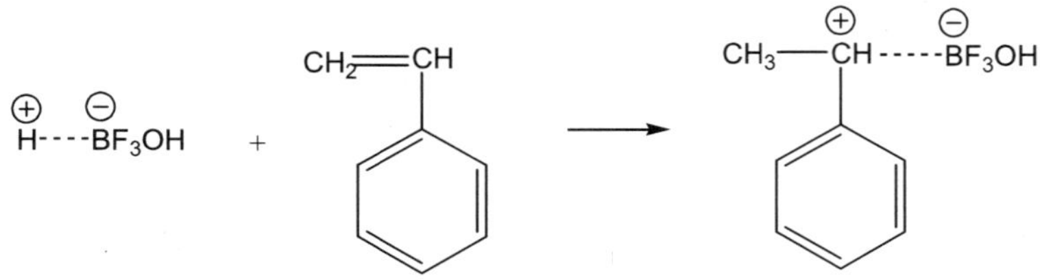

(6.16)

생장 반응은 개시 반응에 의하여 생성된 탄소 양이온이 단량체와 연쇄적으로 반응하면서 진행된다(식 6.17 및 6.18).

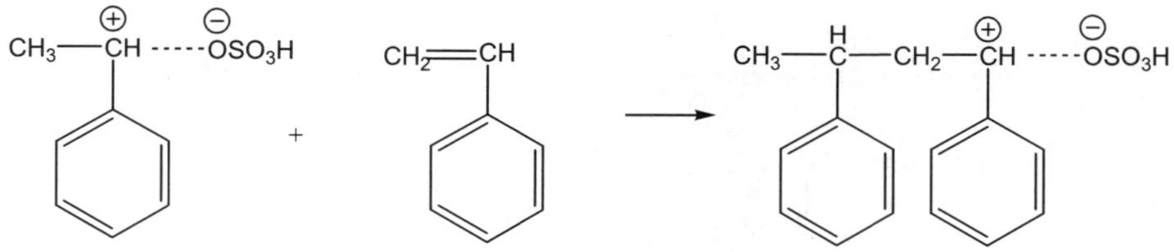

(6.17)

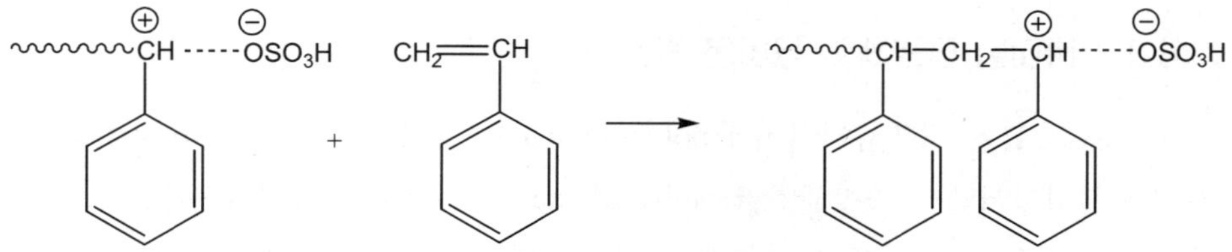

(6.18)

라디칼 중합과 다르게, 생장 사슬의 말단에는 반대 이온(counter ion)이 존재하는데, 반대 이온과 말단 탄소 양이온과의 상호작용 정도가 생장 반응 속도와 단량체의 결합방식에 큰 영향을 준다. 이 상호작용은 중합 용매의 영향을 받는데, 용매의 유전율(dielectric constant)에 따라 상호작용 정도를 다음과 같이 분류할 수 있다. 일반적으로, 용매의 유전율이 클수록 용매 분리 이온쌍(solvent-separated ion pair) 또는 자유 이온(free ion)의 비율이 증가하게 되고, 따라서 중합 속도와 분자량이 증가한다. 이러한 경향은 뒤에서 소개할 음이온 중합에서도 유사하게 나타난다.

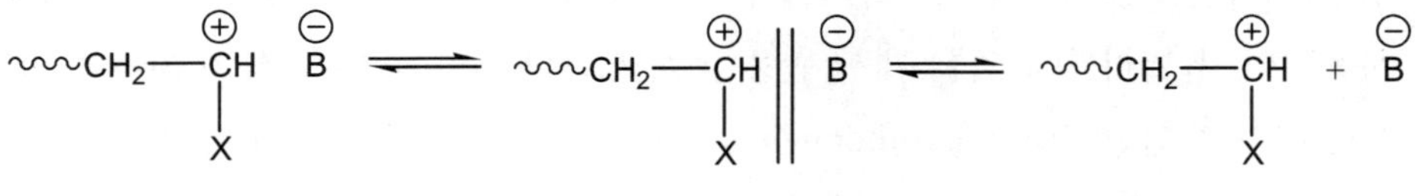

intimate ion pair — solvent-separated ion pair — free ions

양이온 중합에서의 정지 반응은 라디칼 중합과 다르게, 생장 이온 간의 이분자 반응에 의해 일어나지 않는다. 이것은 말단이 같은 부호의 전하를 띠고 있어서 서로 반발하기 때문이다. 식 6.19에 나타낸 것처럼, 말단 양이온과 반대 이온 간의 1분자 반응에 의한 정지가 알려져 있다. 연쇄 이동 반응은 단량체나 용매와의 반응에 의해 일어나기도 하고 생장 사슬 간에 일어나기도 한다.

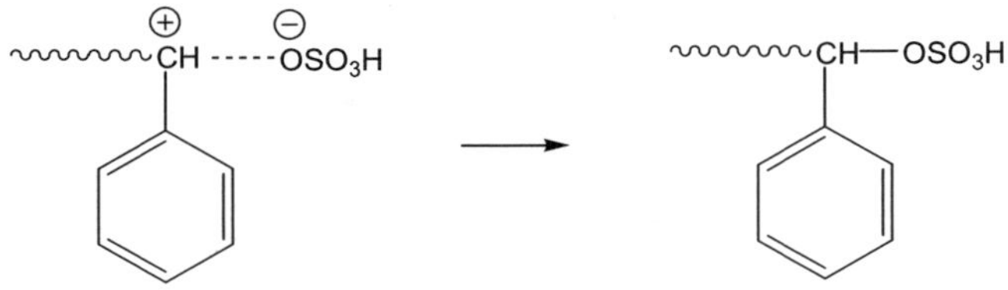

(6.19)

6.3.3 바이닐 단량체의 음이온 중합

음이온 중합은 폴리뷰타다이엔(polybutadiene), 폴리아이소프렌(polyisoprene), 스타이렌-뷰타다이엔 공중합체(styrene-butadiene copolymer), 폴리사이아노아크릴레이트(polycyanoacrylate) 등의 공업적 합성에 이용된다. 이러한 고분자들은 주로 고무나 접착제 용도로 사용된다.

음이온 중합은 아래의 식 6.20과 같이 진행되기 때문에, 치환기 X로는 공명 및 유기 효과에 의해 탄소 음이온을 안정화시킬 수 있는 페닐, 에스터, 사이아노, 바이닐, 나이트로기 등이 있다. 따라서 음이온 중합이 가능한 단량체는 위 치환기 순서대로 스타이렌, 아크릴레이트, 아크릴로나이트릴, 뷰타다이엔, 나이트로에틸렌 등이 있다.

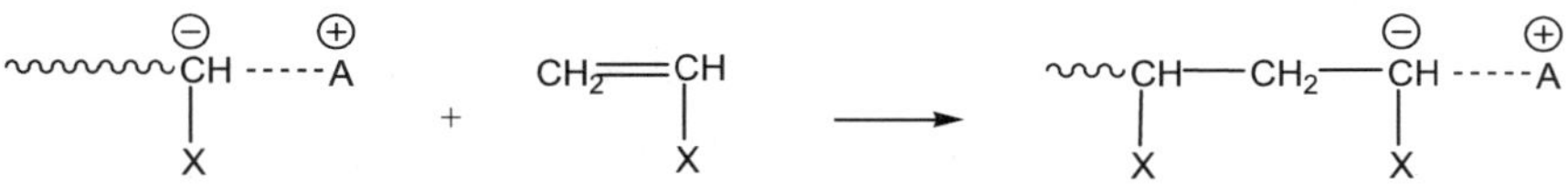

(6.20)

음이온 중합의 개시제는 크게 부가형과 전자 이동형의 두 가지로 나눌 수 있다. 부가형 개시제로는 일반적으로 유기금속 화합물[대표적으로 뷰틸리튬(butyl lithium)]이 사용된다. 뷰틸리튬에 의한 개시 반응을 식 6.21에 나타내었다. 식 6.20에서 치환기 X의 전자 흡인성(electron-withdrawing property)이 매우 강한 경우는 염기성이 약한 물 분자에 의해서도 중합이 개시될 수 있다. 예를 들어, 사이아노아크릴레이트(cyanoacrylate)는 순간접착제에 사용되는 음이온 중합성 단량체로서, 피착재에 묻어 있거나 대기 중에 존재하는 소량의 수분에 의해서 중합이 빠르게 개시되어 진행된다(식 6.22). 이것은 전자 흡인성이 강한 사이아노기와 에스터기가 함께 치환기로 존재하기 때문이다. 전자 이동형으로는 칼륨, 나트륨, 리튬 등의 알칼리 금속이 직접 개시제로서 사용되거나, 또는 이들 알칼리 금속과 나프탈렌의 착체(complex) 형태로 사용되기도 한다.

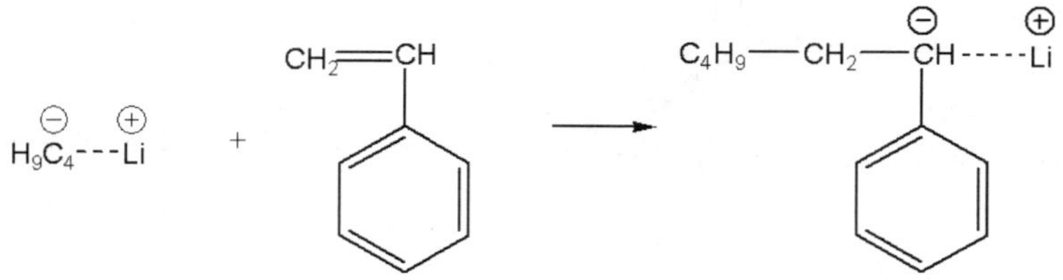

(6.21)

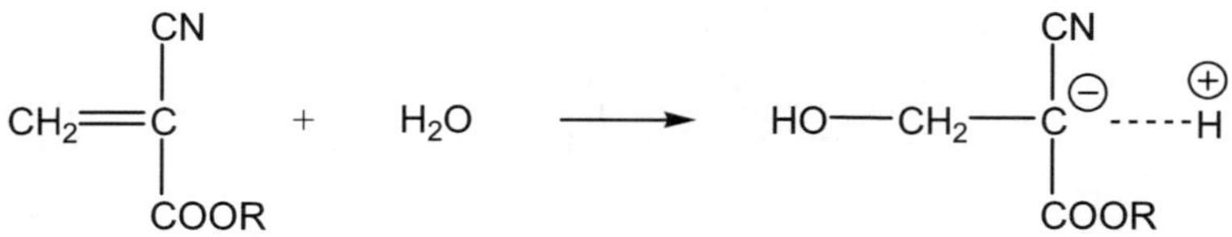

(6.22)

음이온 중합의 생장 반응은 양이온 중합과 마찬가지로 생장 음이온과 반대 이온의 상호작용 정도에 따라 영향을 받는다. 일반적으로 용매의 유전율이 증가할수록 말단 음이온이 자유롭게 되고, 따라서 생장 속도가 증가한다.

음이온 중합의 정지 반응은 양이온 중합과 마찬가지로 1분자적으로 일어나지만, 일반적으로는 정지 반응 자체가 잘 일어나지 않는다. 특히 말단 음이온과 반대 이온 간의 반응에 의한 정지 반응은 일어나지 않는 것으로 알려져 있다. 이것은 반대 이온이 일반적으로 알칼리 금속이기 때문이다. 연쇄 이동 반응도 잘 일어나지 않는다. 이렇게 정지 반응이나 연쇄 이동 반응이 잘 일어나지 않으면 중합이 100 % 진행된 후에도 생장 음이온이 활성을 유지한 채 살아있게 되는데, 이것을 **리빙 중합**(living polymerization)이라고 한다. 단량체가 완전히 소모되어 중합이 일단 완료된 리빙 고분자(living polymer)에 단량체를 추가로 가하면 중합이 더 진행되고, 특히 다른 종류의 단량체를 가하면 블록 공중합체가 생성된다. 따라서 리빙 중합은 블록 공중합체를 합성하는 방법의 하나로 이용될 수 있다.

6.3.4 카보닐 화합물의 이온 중합

알데하이드 및 케톤과 같은 카보닐 화합물은 이온 중합에 의하여 폴리에테르(polyether)를 생성한다. 대표적인 예로서 폼알데하이드의 음이온 중합을 들 수 있는데, 식 6.23과 같은 개시 반응을 거쳐 식 6.24 및 식 6.25의 생장 반응에 의해 폴리에테르의 일종인 폴리아세탈(polyacetal)을 생성한다.

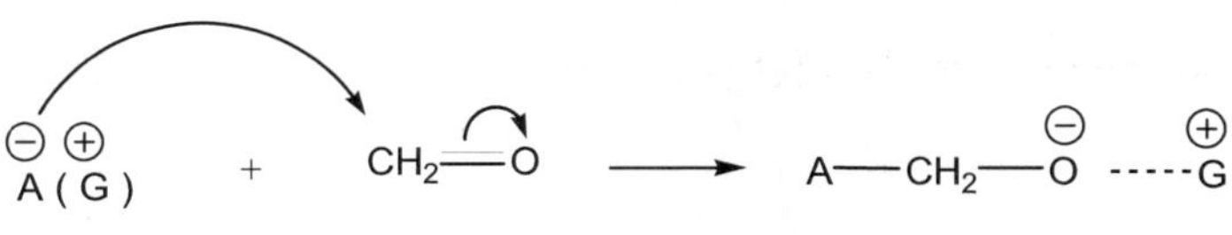

(6.23)

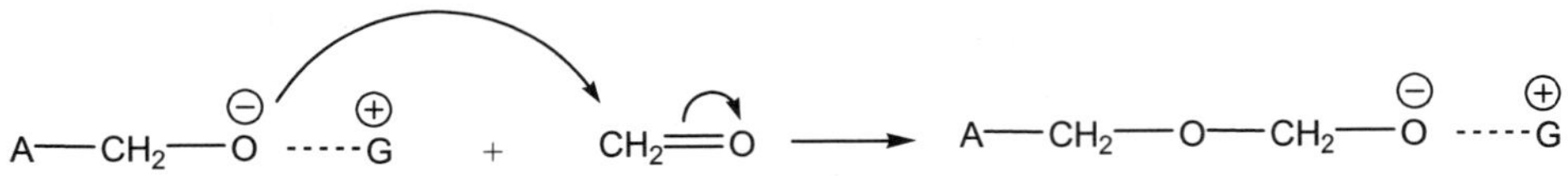

(6.24)

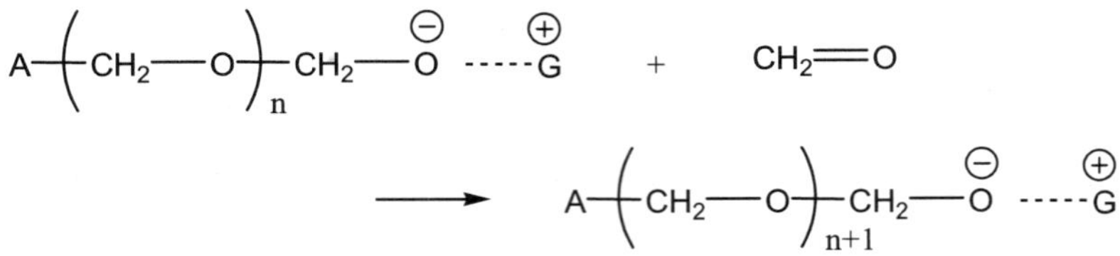

(6.25)

폼알데하이드는 위의 식과 같이 직접 중합 반응을 일으키기도 하지만 어떤 특정 조건에서는 중합 반응 대신 트라이옥세인(trioxane) 고리 구조를 생성한다(식 6.26). 트라이옥세인을 개환 중합시켜 폴리아세탈을 제조하기도 한다(식 6.27).

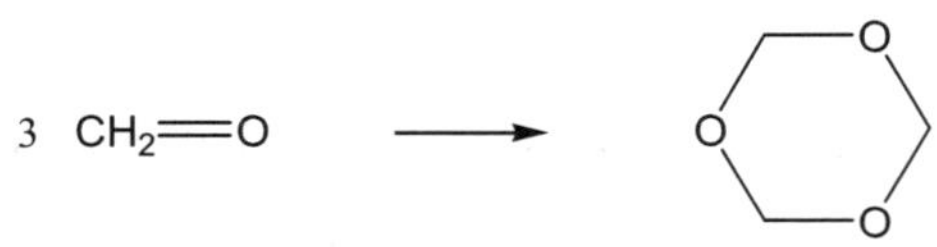

(6.26)

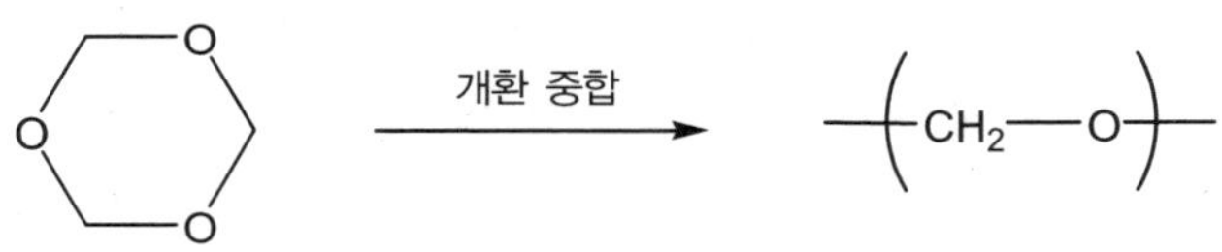

(6.27)

케톤 화합물도 중합 반응에 의해 폴리에테르를 생성하는데, 예를 들어 아세톤은 식 6.28에 나타낸 것처럼 폴리아세톤(polyacetone)을 생성한다.

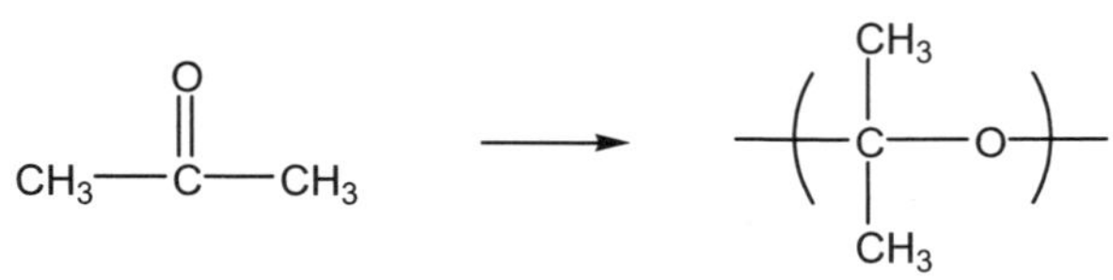

polyacetone

(6.28)

6.3.5 단계 중합

단계 중합에 의하여 합성되는 고분자 중 폴리에테르, 폴리에스터(polyester), 폴리아마이드(polyamide), 폴리우레탄(polyurethane) 등을 차례로 설명한다.

폴리에테르

에틸렌옥사이드는 양이온 또는 음이온 개환 중합에 의해 폴리에틸렌옥사이드 [poly (ethylene oxide)]를 생성한다. 양이온 중합에 있어서, 식 6.29의 개시 반응에서는 개시제인 양성자산에 의해 단량체가 양성자화(protonation)되고, 생성된 화학종이 에틸렌옥사이드와 반응하면서 식 6.30과 6.31에 나타낸 것처럼 생장하게 된다.

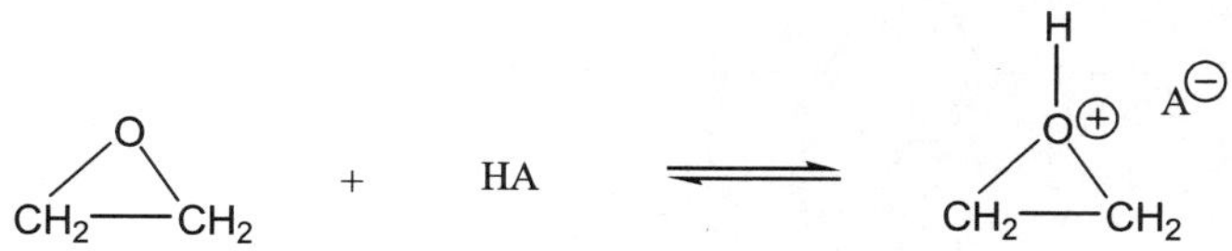

(6.29)

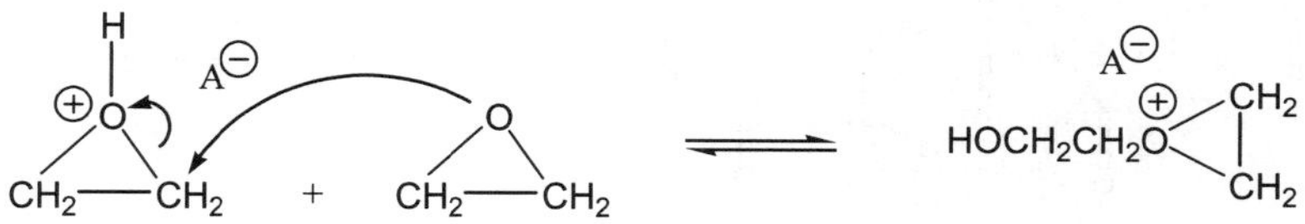

(6.30)

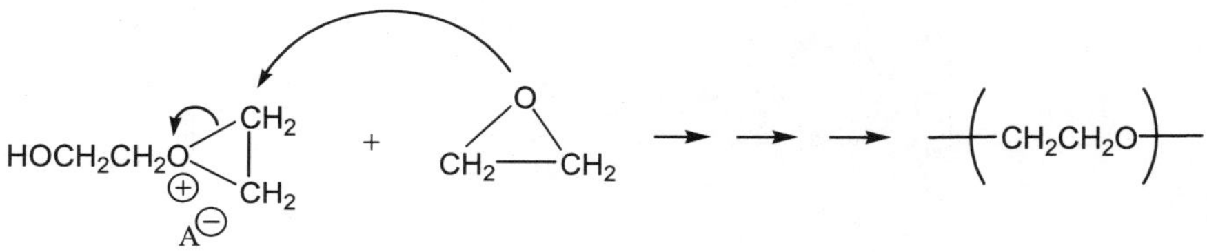

(6.31)

음이온 중합에서는 식 6.32와 6.33에 나타낸 것처럼, 알콕사이드(alkoxide) 등의 음이온 개시제가 에틸렌옥사이드의 탄소를 공격하면서 중합이 개시되고, 이와 같은 반응이 반복되면서 폴리에틸렌옥사이드가 생성된다.

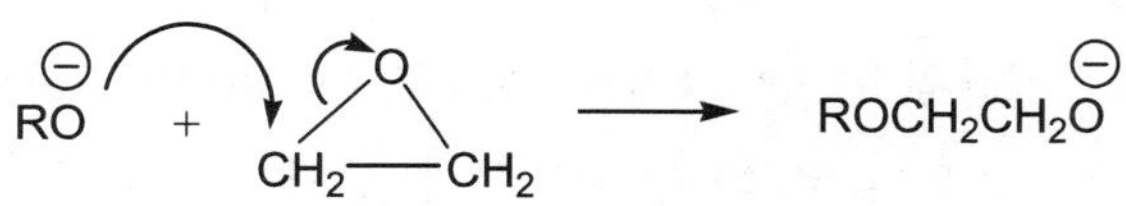

(6.32)

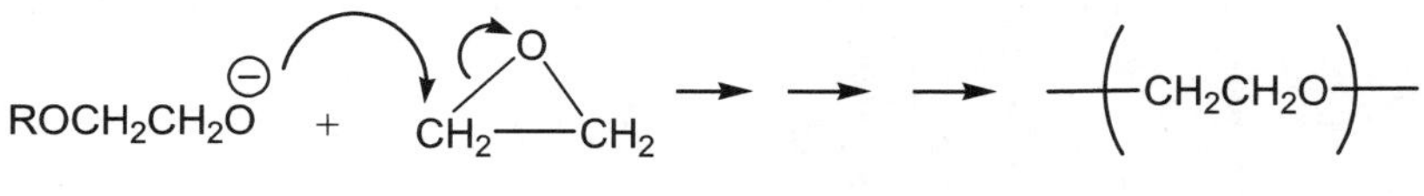

(6.33)

폴리프로필렌옥사이드 [poly(propylene oxide)]도 에틸렌옥사이드 단량체와 유사하게 프로필렌옥사이드의 양이온 또는 음이온 중합에 의해 제조된다(식 6.34).

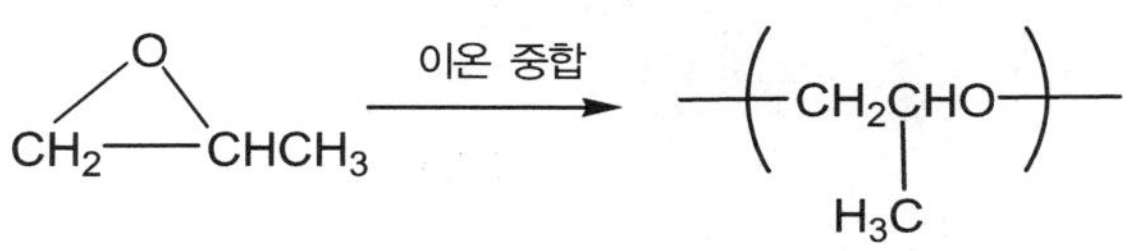

(6.34)

폴리에테르는 단계 중합에 의해서도 제조된다. 예를 들어, 엔지니어링 플라스틱으로서 중요하게 이용되는 폴리에테르이미드(polyetherimide, PEI)는 식 6.35에 나타낸 바와 같이 비스페놀 A의 나트륨염과 1,3-bis(nitrophthalimido)benzene의 축합 중합에 의해 합성된다. PEI는 열안정성, 내용제성, 내화학성이 우수하기 때문에 자동차나 전자 전기 제품의 부품 등으로 널리 사용되고 있다.

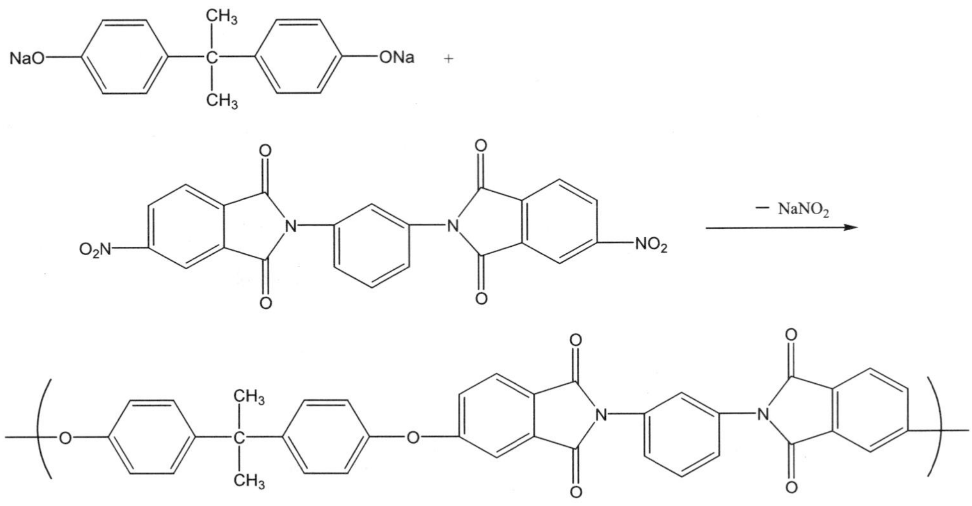

PEI

(6.35)

단계 중합에 의한 폴리에테르의 또 다른 예로는 폴리에테르에테르케톤(polyether-etherketone, PEEK)을 들 수 있는데, 이 고분자도 엔지니어링 플라스틱으로 중요하게 이용되고 있다. 이 고분자는 식 6.36에 나타낸 바와 같이 하이드로퀴논(hydroquinone)의 칼륨염과 4,4'-다이플루오로벤조페논(difluorobenzophenone)의 중축합 반응에 의해 제조된다. PEEK는 내마모성, 난연성, 내화학성, 열안정성 등이 우수하기 때문에 케이블 등의 절연재나 기계 부품 등으로 널리 사용되고 있다.

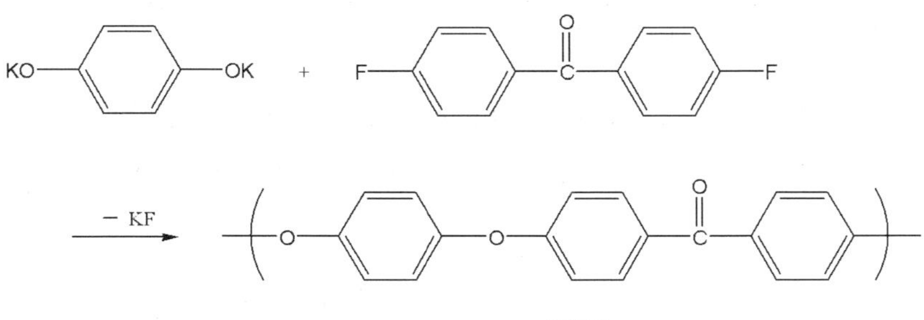

(6.36)

PEEK

에폭시 수지(epoxy resin)는 폴리에테르의 특별한 형태로서, 에폭시기(epoxy group)를 두 개 이상 가진 예비 중합체(prepolymer)를 가교 반응(crosslinking)시켜 삼차원 그물구조(network)를 형성한 것을 말한다. 대표적인 예를 들면, 우선 비스페놀 A와 에피클로로하이드린을 다음 식 6.37과 같이 반응시켜 n이 2-25인 에폭시 예비 중합체를 합성한다. 예비 중합체는 점성이 높은 액체로서, 여기에 적절한 가교제(crosslinking agent)를 혼합하여 가열하면 가교 반응이 일어나 단단한 에폭시 수지가 얻어진다. 가교제로는 다작용성 아민 또는 안하이드라이드(anhydride)를 사용한다. 식 6.38과 6.39에 아민을 사용한 가교 반응의 예를 보였다. 에폭시 수지는 내화학성, 접착성 등이 우수하고 가교 반응시 수축이 작기 때문에 보호 코팅, 접착제, 복합 수지의 매트릭스 등의 용도로 이용된다.

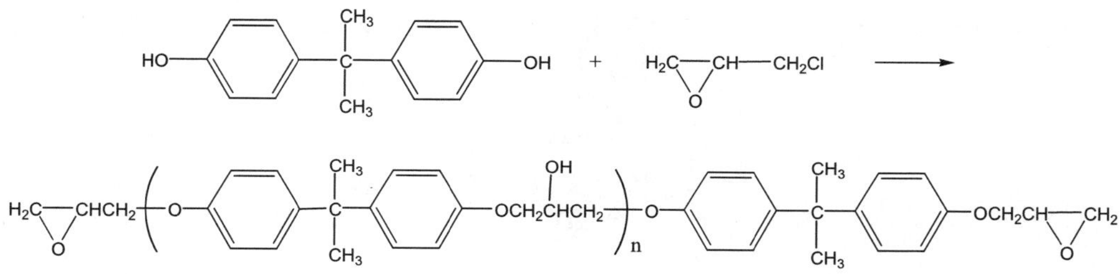

(6.37)

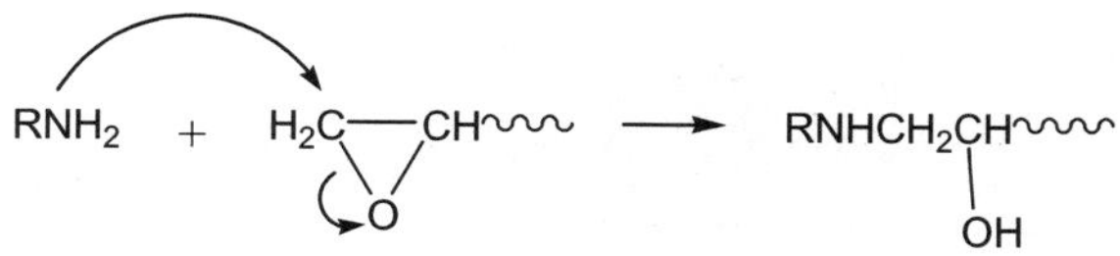

(6.38)

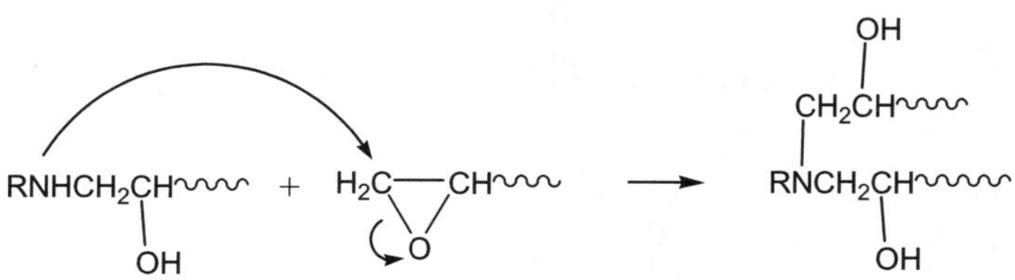

(6.39)

폴리에스터

고분자 주사슬에 다음의 에스터기를 가진 고분자를 폴리에스터라고 한다. 고분자 형태에 따라서 크게 선형(linear)과 가교형으로 나눌 수 있다.

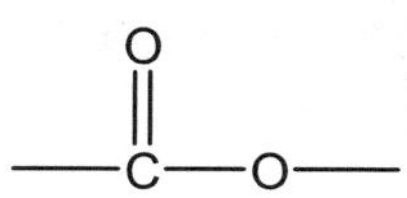

Ester group

선형 폴리에스터의 대표적인 예로는 폴리에틸렌테레프탈레이트 [poly(ethylene terephthalate), PET]를 들 수 있다. PET는 현재 합성 섬유 분야에서 가장 생산량이 많은 고분자이며, PET 섬유의 60 % 이상은 의복용으로 사용되고 있다. PET는 섬유뿐만 아니라 병(bottle)과 필름 형태로도 많이 사용되고 있다(흔히 페트병이라고 불리는 음료수 병은 PET로 제조된 것이다). 합성은 식 6.40에 나타낸 것과 같이 다이메틸테레프탈레이트(dimethyl terephthalate)와 에틸렌글리콜을 에스터 교환 반응(transesterification)시켜 수행된다. 최근에는 테레프탈산(terephthalic acid)과 에틸렌옥사이드를 반응시켜 식 6.41과 같은 다이에스터 화합물을 합성한 다음, 식 6.42의 반응에 의해 PET를 합성하는 새로운 방법이 개발되었다.

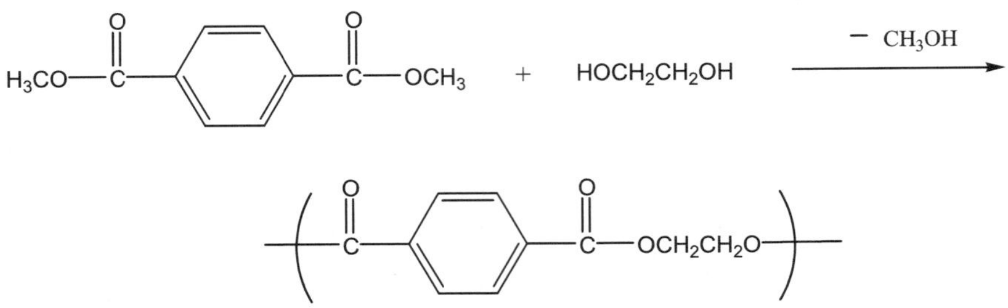

PET

(6.40)

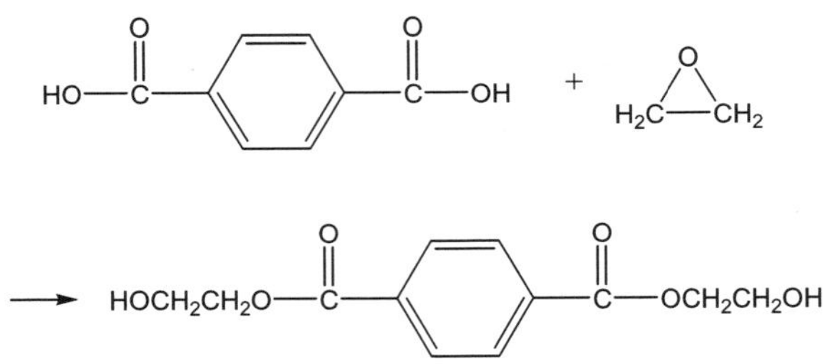

(6.41)

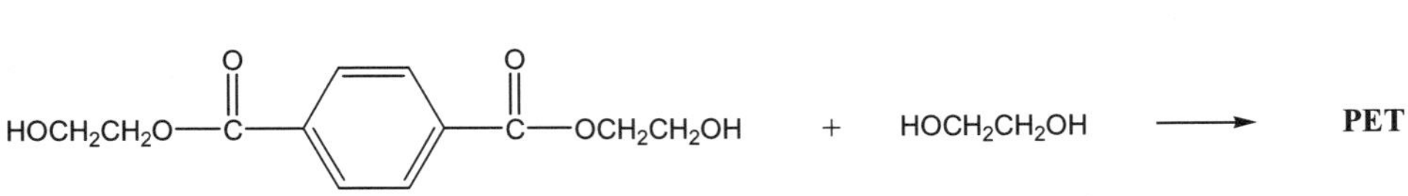

(6.42)

PET와 유사한 구조의 선형 폴리에스터로서 다음의 폴리뷰틸렌테레프탈레이트 [poly (butylene terephthalate), PBT]가 엔지니어링 플라스틱으로서 사용되고 있다. PBT는 사출 성형(injection molding)이 어려운 PET를 대체하기 위하여 개발되었다.

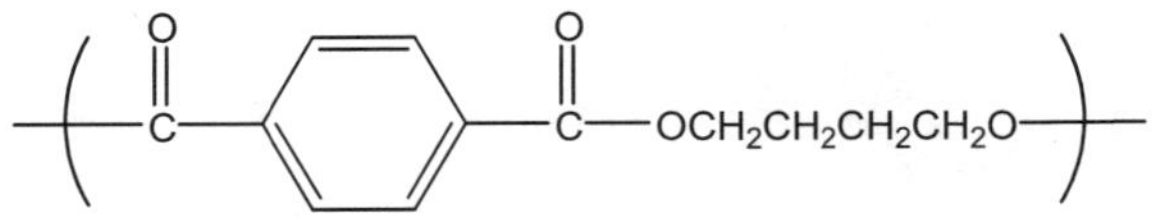

PBT

가교형 폴리에스터(crosslinked polyester)는 다작용성(polyfunctional) 카복실산과 다작용성 알콜을 반응시켜 얻어진다. 대표적인 예로, 식 6.43에 나타낸 것처럼 2작용성의 무수프탈산(phthalic anhydride)과 3작용성의 글리세롤(glycerol)을 반응시켜 가교 폴리에스터인 글리프탈(glyptal)을 제조한다. 글리프탈의 제조는 2단계로 구성되는데, 첫 번째 단계에서는 점성 액체 올리고머가 얻어지는 시점까지 중합시키고, 두 번째 단계에서 올리고머 액체를 코팅하거나 몰드(mold)에 넣고 완전히 경화시켜 단단한 중합체를 얻는다. 글리프탈은 주로 접착제나 코팅 용도로 사용되고 있다.

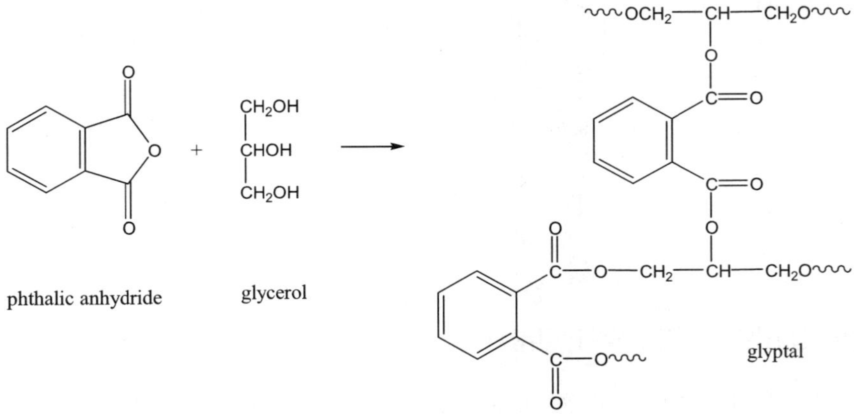

(6.43)

위에서 기술한 글리프탈은 **포화 폴리에스터**로서, 에스터화 반응에 의해서 가교, 즉 경화가 일어난다. 만약 고분자 사슬에 불포화 결합(탄소-탄소 다중 결합)을 도입하면 이 불포화 결합의 반응에 의해 가교를 일으킬 수 있다. 이러한 고분자를 **불포화 폴리에스터**(unsaturated polyester)라고 하며, 식 6.44에 대표적인 합성방법을 나타내었다. 무수프탈산, 무수 말레인산(maleic anhydride), 다이에틸렌글리콜(diethylene glycol)을 몰비 1:1:2로 혼합하여 중축합 반응을 시키면 주사슬에 탄소-탄소 이중 결합을 가진 선형의 불포화 폴리에스터가 얻어진다. 이 단계에서는 분자량이 비교적 낮으며, 스타이렌 등의 바이닐 단량체 및 라디칼 개시제와 함께 용해시켜 점성 있는 액체를 제조한 다음, 가열에 의해 라디칼 가교시킨다. 불포화 폴리에스터는 유리 섬유(glass fiber)로 강화된 복합 재료의 소지(matrix) 성분으로 널리 사용되고 있다.

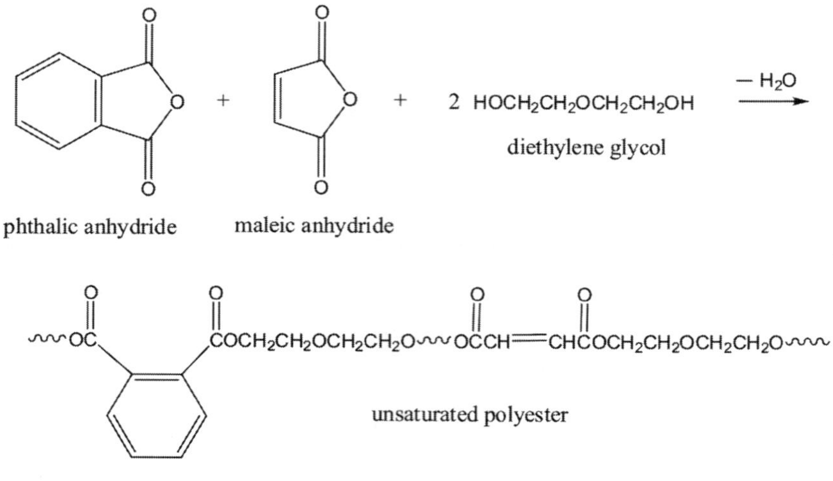

(6.44)

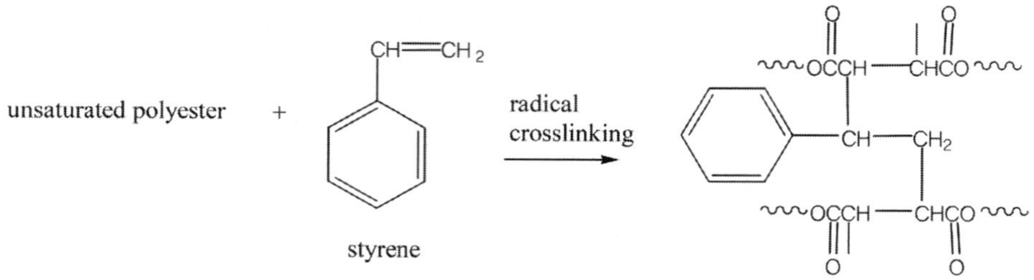

(6.45)

폴리아마이드와 그의 유사 고분자

역사적으로, 또 상업적으로 **폴리아마이드**(polyamide)는 고분자 시장에서 매우 중요한 위치를 차지한다. 듀폰(du Pont)사에서 개발된 **나일론**(nylon)은 최초의 합성 섬유로 기록되었고, 당시의 상품명이었던 나일론이라는 명칭이 현재는 폴리아마이드계의 고분자 물질을 총칭하는 것으로도 사용된다. 현재 나일론은 전체 섬유 생산량의 약 25 %, 전체 엔지니어링 플라스틱 생산량의 약 40 %를 차지한다. 폴리아마이드와 유사한 화학 구조를 가지는 고분자로서는 폴리우레탄(polyurethane), 폴리이미드(polyimide) 등이 있다. [그림 6.6]에 아마이드, 우레탄, 이미드의 구조를 나타내었다.

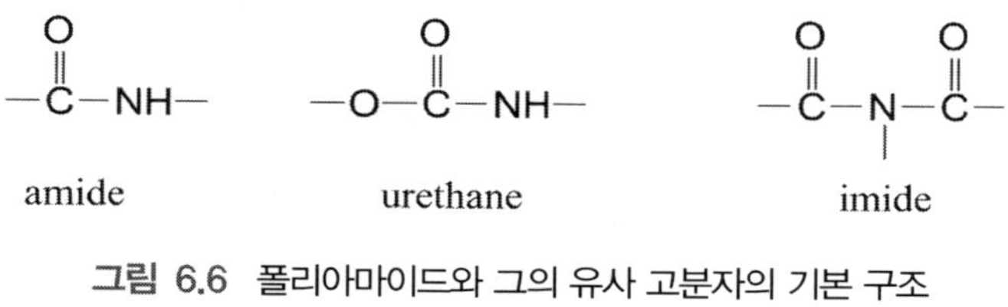

그림 6.6 폴리아마이드와 그의 유사 고분자의 기본 구조

폴리아마이드의 대표적인 예로는 (부분) 지방족 구조를 가진 나일론 6, 66, 11, 12, 610 등과 방향족 구조를 가진 아라미드(aramid)를 들 수 있으며, 주로 섬유와 플라스틱으로 사용된다. 그 중에서 폴리아마이드 생산량의 약 80 %를 차지하는 나일론 6과 나일론 66의 제조 방법에 대하여 설명하기로 한다. 나일론 6은 식 6.46에 나타낸 것처럼 ε-카프롤락탐의 개환 중합에 의하여 합성된다.

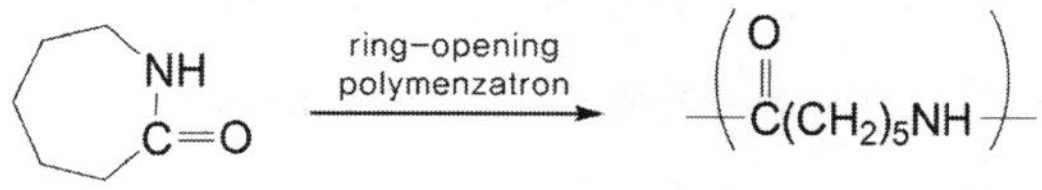

ε-caprolactam　　　　nylon 6　　　　(6.46)

양성자산(protonic acid)을 개시제로 사용하는 양이온 개환 중합 또는 수산화나트륨(sodium hydroxide) 등의 강염기를 사용하는 음이온 개환 중합법을 사용한다. 나일론 66은 식 6.47에 나타낸 것처럼 아디프산과 헥사메틸렌다이아민의 반응에 의하여 합성된다.

$$\underset{\text{adipic acid}}{HO_2C(CH_2)_4CO_2H} + \underset{\text{hexamethylenediamine}}{H_2N(CH_2)_6NH_2}$$

$$\longrightarrow [^{-}O_2C(CH_2)_4CO_2^{-}][H_3\overset{+}{N}(CH_2)_6\overset{+}{N}H_3]$$

$$\xrightarrow{\text{heat}} \underset{\text{nylon 66}}{\left(\overset{O}{\overset{\|}{C}}(CH_2)_4\overset{O}{\overset{\|}{C}}NH(CH_2)_6NH\right)} + 2H_2O \qquad (6.47)$$

아디프산과 헥사메틸렌다이아민을 혼합하면 암모늄염 중간체가 얻어지며, 이것을 260~280 °C로 가열하면 축합 반응에 의하여 나일론 66이 얻어진다.

폴리아마이드는 일반적으로 인장 강도(tensile strength), 굴곡 강도(flexural strength), 충격 강도(impact strength) 등이 우수하여 자동차, 전기・전자 제품, 정밀 기계, 스포츠 용품 등에 널리 사용된다.

폴리우레탄의 제조에서 사용되는 주요 반응으로서는 비스클로로포메이트(bischloroformate) 화합물과 다이아민의 반응(식 6.48)과 다이아이소사이아네이트(diisocyanate) 화합물과 다이하이드록시(dihydroxy) 화합물의 반응(식 6.49)을 들 수 있다.

$$\underset{\text{bischloroformate}}{Cl\overset{O}{\overset{\|}{C}}O-R-O\overset{O}{\overset{\|}{C}}Cl} + \underset{\text{diamine}}{H_2N-R'-NH_2} \longrightarrow \left(\overset{O}{\overset{\|}{C}}O-R-O\overset{O}{\overset{\|}{C}}NH-R'-NH\right) + 2HCl \qquad (6.48)$$

$$\underset{\text{diisocyanate}}{OCN-R-NCO} + \underset{\text{dihydroxy compound}}{HO-R'-OH} \longrightarrow \left(\overset{O}{\overset{\|}{C}}NH-R-NH\overset{O}{\overset{\|}{C}}O-R'-O \right) \tag{6.49}$$

공업적으로는 부생성물이 없는 식 6.49의 반응이 더 유리하다. 폴리우레탄은 주로 섬유, 접착제, 고무, 발포제의 네 가지 형태로 생산된다. **섬유용** 폴리우레탄의 대표적인 예로서 헥사메틸렌다이아이소사이아네이트(hexamethylene diisocyanate)와 테트라메틸렌글리콜(tetramethylene glycol)의 반응에 의한 고분자(상품명 Perlon U)를 들 수 있다(식 6.50). Perlon U는 섬유, 브러시(brush)용 강모(bristle), 전선 피복 등으로 사용된다.

$$\underset{\text{hexamethylene diisocyanate}}{OCN(CH_2)_6NCO} + \underset{\text{tetramethylene glycol}}{HO(CH_2)_4OH} \longrightarrow \underset{\text{Perlon U}}{\left(\overset{O}{\overset{\|}{C}}NH(CH_2)_6NH\overset{O}{\overset{\|}{C}}O(CH_2)_4O \right)} \tag{6.50}$$

접착제용 폴리우레탄에는 [그림 6.7]에 나타낸 방향족계 다이아이소사이아네이트가 주로 사용된다. 이 화합물들의 아이소사이아네이트기는 수분, 피접착제 표면의 수산기 등과 반응하여 화학적 일차 결합을 형성하고, 접착제 성분 중의 하나로 포함된 폴리올(polyol) 등과 이차적인 결합을 하여 접착성을 발휘한다.

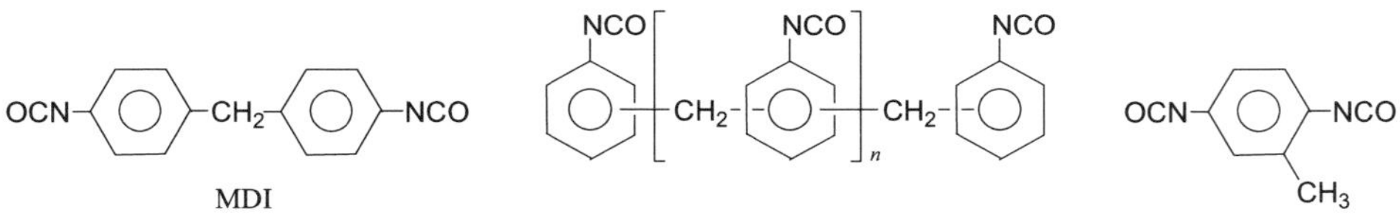

그림 6.7 폴리우레탄 접착제에 사용되는 다이아이소사이아네이트의 대표적인 예

폴리우레탄이 **고무로** 사용되는 예로, 양 끝에 말단기로서 하이드록시기가 결합된 분자량 2,000~3,000의 폴리에스터 또는 폴리에테르에 나프탈렌 1,5-다이아이소사이아네이트(naphthalene 1,5-diisocyanate)를 반응시킨 것이 있다(식 6.51). 말단의 아이소사이아네이트기는 다이아민 존재하에서 요소(urea) 구조를 생성하면서 분자량이 높아지고(식 6.52), 이것을 고압하에서 가열하면 잔류 아이소사이아네이트기가 우레탄기(-NHCOO-) 또는 요소기(-NHCONH-)의 수소와 반응하여 삼차원 그물 구조를 형성하면서 고무 특성을 가지게 된다.

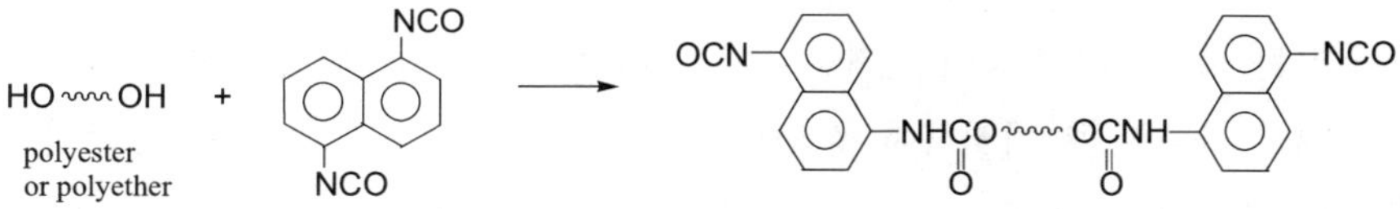

(6.51)

$$\sim\!NCO + H_2NCH_2CH_2NH_2 + OCN\!\sim \longrightarrow \sim\!NH\overset{O}{\overset{\|}{C}}NHCH_2CH_2NH\overset{O}{\overset{\|}{C}}NH\!\sim \qquad (6.52)$$

폴리우레탄의 최대 용도는 **발포재**(foams)이다. 아이소사이아네이트기를 양 말단에 가진 분자량 약 3,000의 예비 중합체(prepolymer)에 물을 가하면 식 6.53에 나타낸 것과 같이 말단기가 요소기를 생성하면서 결합하여 분자량이 높아진다. 이때 발생하는 이산화탄소가 폴리우레탄 매트릭스 내에 기포를 형성하게 된다.

$$OCN\!\sim\!NCO + H_2O \longrightarrow OCN\!\sim\!NH\overset{O}{\overset{\|}{C}}OH \xrightarrow{CO_2} OCN\!\sim\!NH_2 \longrightarrow \left(\sim NH\overset{O}{\overset{\|}{C}}NH \sim\right) \qquad (6.53)$$

예비 중합체의 종류에 따라 경질 발포재(rigid foams) 또는 연질 발포재(flexible foams)가 제조되는데, 경질 발포재는 단열재, 방음재 등으로, 연질 발포재는 쿠션, 베개, 화장용 도구, 완구 등의 용도로 사용된다.

환상 이미드(cyclic imide) 구조를 가지는 **폴리이미드**는 특별히 높은 열안정성(high thermal stability)을 가지기 때문에 내열성 고분자로서 주목받고 있다. 폴리이미드의 전형적인 합성 반응을 식 6.54에 나타내었다. 방향족 다이안하이드라이드(dianhydride)와 다이아민을 반응시켜 폴리아마이드 중간체를 합성하고, 이를 가열하여 고리 닫힘(ring closure) 반응에 의하여 폴리이미드를 얻는다.

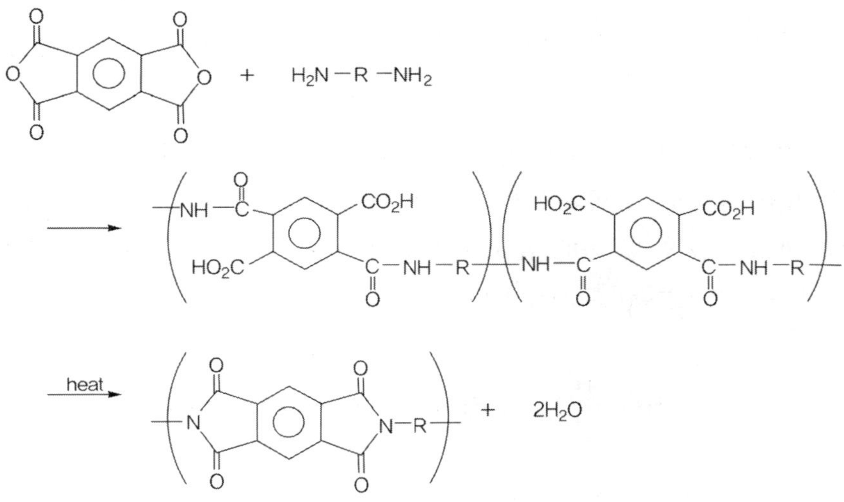

(6.54)

여기에서 R이 방향족인 경우에는 최종 폴리이미드가 불용(insoluble), 불융(infusible)이므로 원하는 형태로의 가공이 불가능하다. 따라서 폴리아마이드 중간체를 사용하여 원하는 형태로 가공한 후 가열하여 폴리이미드를 제조한다. 폴리이미드는 일반적으로 400 °C 이상의 유리 전이 온도(glass transition temperature)와 500 °C 이상의 열분해 온도를 가져 높은 내열성이 요구되는 용도에 사용되며, 아울러 전기 절연성이 우수하여 반도체 등의 분야에서 전기 절연재료(insulating material)로도 사용된다.

페놀, 요소 및 멜라민 수지

페놀, 요소 및 멜라민(melamine)은 폼알데하이드(formaldehyde)와 반응하여 경화되며, 이렇게 얻어지는 수지를 각각 페놀 수지, 요소 수지, 멜라민 수지라 한다. 이들 수지는 전체 열경화성 수지 생산량의 약 70 %를 차지한다.

페놀-폼알데하이드를 염기 존재하에서 반응시키면 **레솔**(resole)이 합성된다. 페놀은 염기 존재하에서 식 6.55와 같이 양성자가 떨어진 구조를 갖게 되며, 식 6.56과 같이 폼알데하이드와 반응하여 메틸올페놀을 생성한다. 메틸올기는 하이드록시기에 대하여 오쏘(ortho) 및 파라(para) 위치 모두에 치환될 수 있다. 메틸올페놀을 가열하면 축합 반응이 일어나 [그림 6.8]과 같은 구조의 레솔이 합성된다.

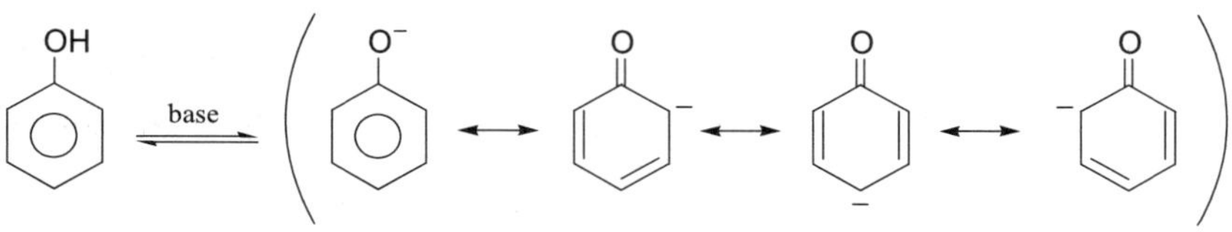

(6.55)

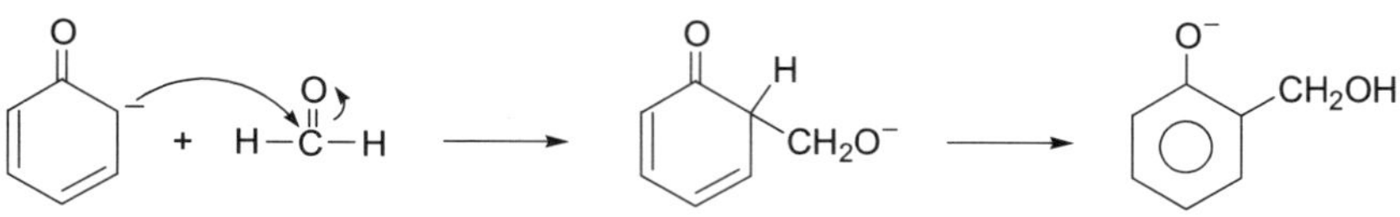

(6.56)

페놀과 폼알데하이드를 산 존재하에서 반응시키면 식 6.57과 같이 폼알데하이드에 양성자 첨가(protonation)가 일어난 후 식 6.58과 같이 페놀에 치환 반응을 일으키게 된다. 치환 반응은 오쏘 및 파라 위치 모두에 일어나며, 반응은 더 진행되어 [그림 6.8]과 같은 구조의 **노볼락**(novolac)이 얻어진다.

$$H-\overset{\overset{\large O}{\|}}{C}-H \;\overset{H^+}{\rightleftharpoons}\; \left(CH_2=\overset{+}{O}H \longleftrightarrow \overset{+}{C}H_2-OH\right) \qquad (6.57)$$

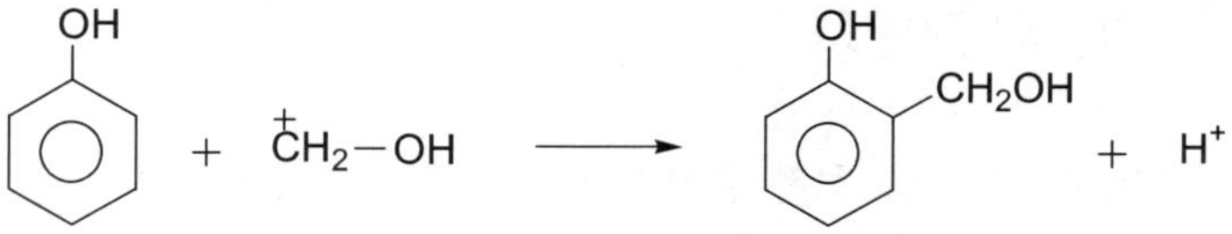

(6.58)

레솔과 노볼락은 분자량 1,000 이하의 예비 중합체로서, 이 상태에서 성형 가공을 한 후 가열하여 완전히 경화시킨다.

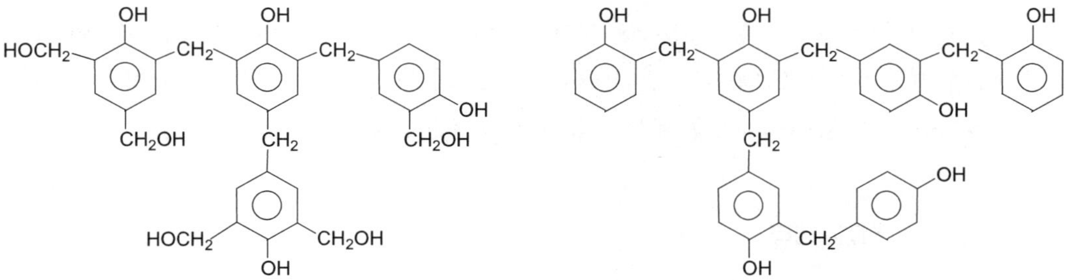

resole

novolac

그림 6.8 레솔과 노볼락의 전형적인 구조

요소 및 멜라민도 각각 식 6.59와 식 6.60과 같이 폼알데하이드와 반응하고, 추가적인 반응이 더 진행되어 예비 중합체를 생성한다.

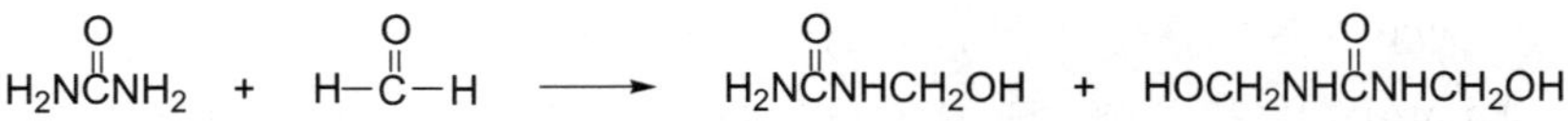

urea

(6.59)

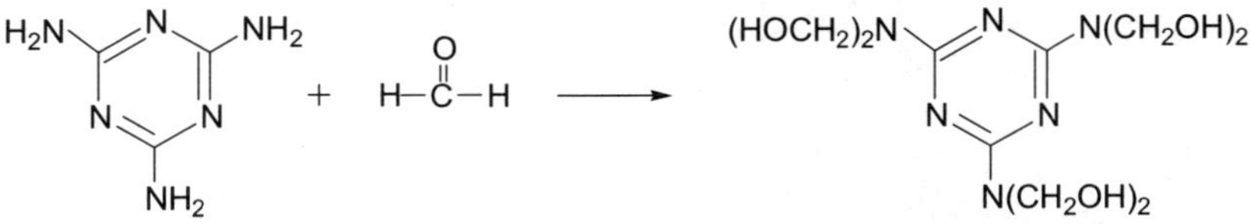

melamine

(6.60)

6.4 기능성 고분자

단순하게 기계적 강도와 화학적 안정성 정도가 요구되는 일반 고분자로서는 주방용 플라스틱 용기, 일반 의류(clothes)용 섬유, 자동차 타이어 등이 있다. 이에 대하여 기능성 고분자(functional polymer)는 그것이 가지는 특수한 기능이 주가 되어 사용되는 고분자를 의미한다. 전기를 금속만큼 잘 통한다든가, 빛에 민감하게 반응하여 물성이 변한다든가, 우리 신체의 일부를 대체하여 사용되는 고분자 재료가 여기에 속한다. 기능성 고분자의 대표적인 예로서 전자 재료, 감광성 고분자, 생체 의료용 고분자를 아래에 소개한다. 여기서 소개하지는 않지만 이 외에도 액정(liquid crystal) 고분자, 분리용 고분자(polymers for separation), 분해성 고분자(degradable polymer) 등이 있다.

6.4.1 전자 재료

일반적으로 고분자는 전기 절연성이 우수하기 때문에 **절연 재료**(insulating material)로서 널리 이용되고 있다. PVC가 전선 피복재로 사용되는 것을 비롯하여, 반도체 분야에서는 에폭시 수지가 집적 회로를 밀봉하는 재료로 사용된다.

반면, 고분자에 전기 전도성(electrical conductivity)을 부여하려는 연구가 최근 활발히 이루어지고 있다. 반도체 수준의 전도성부터 금속에 가까운 수준의 전도성을 띠는 **전도성 고분자**(conducting polymer)가 다양하게 개발되고 있다. 이러한 전도성은 공액 고분자(conjugated polymer)에 적절한 물질을 도핑(doping)해 줌으로써 발현된다. [그림 6.9]에 대표적인 전도성 공액 고분자를 나타내었다. 공액 고분자는 고분자의 주사슬을 따라 단일 결합과 이중 결합이 교대로 연결된 공액 구조를 갖는다. 폴리아세틸렌

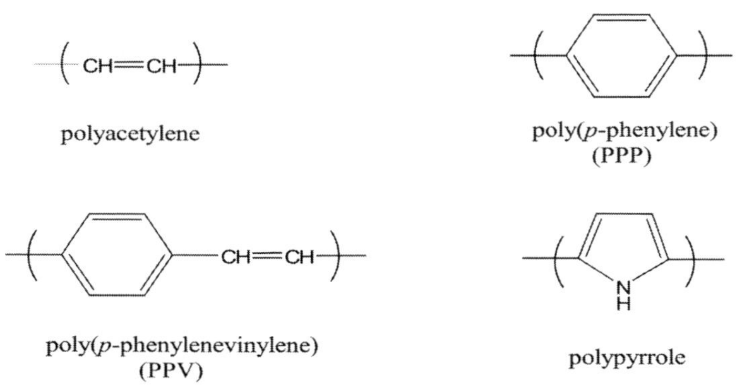

그림 6.9 주요 전도성 고분자

(polyacetylene)을 예로 들면 알칼리 금속 등의 전자 주개(electron donor) 또는 AsF_5, I_2 등의 전자 받개(electron acceptor)를 도핑하면 10^3~10^5 S/cm의 전기 전도도를 달성할 수 있다. 이것은 구리(copper)의 전도도와 유사한 수준이다.

전도성 고분자는 리튬 전지의 전극(electrode)으로 응용될 수 있다(9.2.2절 참조). 공액 고분자는 아니지만 리튬 전지나 연료 전지(9.2.3절 참조)의 전해질(electrolyte)로 이용되는 고분자도 있다. 고분자를 전극이나 전해질을 사용하는 전지는 가볍고, 고체 전해질이기 때문에 전해질이 샐 염려가 없으며, 유연하고, 얇게 제조할 수 있어서 에너지 밀도가 매우 높은 장점을 가진다.

전도성 고분자는 **유기 전기발광 다이오드**(organic electroluminescence diode, OLED) 소자에도 응용된다. 고분자 박막층을 이용하는 OLED는 발광 효율이 높고 구동 전압이 낮으며, 시야각이 넓고, 응답 속도가 빠르기 때문에 고화질의 동영상을 표현할 수 있어서 차세대 평판 디스플레이 소재로 주목받고 있다. TV, 컴퓨터 모니터, 휴대전화 디스플레이, PDA 등에 사용될 수 있고, 특히 구부릴 수 있는 디스플레이(flexible display)로서 기대를 모으고 있다. [그림 6.10]에 OLED 소자의 구조를 나타내었다. 전압이 가해지면 양극에서는 정공(hole)이 주입되고 음극에서는 전자가 주입되는데, 주입된 정공과 전자가 발광층에서 결합하여 높은 에너지의 엑시톤(exciton)을 형성한

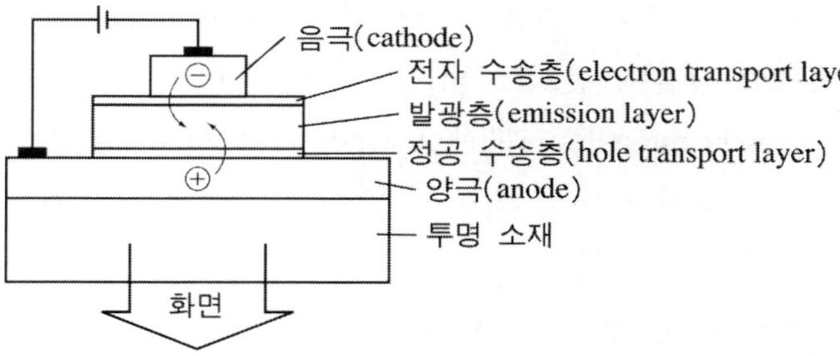

그림 6.10 유기 전기발광 소자의 구조

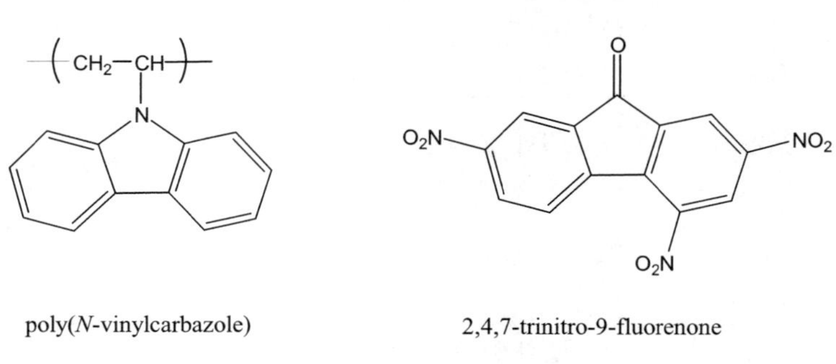

poly(*N*-vinylcarbazole) 2,4,7-trinitro-9-fluorenone

그림 6.11 광전도성 고분자와 전자 받개 화합물

다. 이 엑시톤이 낮은 에너지 상태로 떨어지면서 발광하게 된다. OLED에 사용되는 고분자로는 [그림 6.9]에 예시한 PPV, PPP 등을 들 수 있다.

이 외에도 전도성 고분자는 정전기 방지제(antistatic agent), 센서(sensor), 전기기계식 액츄에이터(electromechanical actuator), 전도성 페인트(conductive paint), 전기변색 디스플레이(electrochromic display) 등에 사용될 수 있다.

광전도성(photoconductivity)은 재료가 본래 절연체 성질을 띠지만 빛이 조사되면 전도성을 나타내는 성질을 말한다. 대표적인 **광전도성 고분자**로서 폴리바이닐카바졸 [poly(*N*-vinylcarbazole)]([그림 6.11])을 들 수 있는데, 이 고분자에 전자 받개 화합물을 첨가하면 카바졸기와 전하 이동 착체(charge transfer complex)를 형성하여 광전도성이 증가된다. 전자 받개 화합물의 예로서, 전자를 강하게 끌어당기는 세 개의 나이트로기(nitro group)를 가진 2,4,7-트라이나이트로-9-플루오레논(2,4,7-trinitro-9-fluorenone)의 구조를 [그림 6.11]에 보였다. 이러한 광전도성 재료는 우리가 흔히 이용하는 전자복사(electrophotography 또는 photocopying)에 사용되고 있다.

6.4.2 감광성 고분자

감광성 고분자(photopolymer)는 빛 또는 방사선 조사에 의한 화학 반응을 통하여 물성 변화를 일으키는 고분자 재료를 말한다. 감광성 고분자에 주로 이용되는 광화학 반응으로는 [표 6.3]에 나타낸 것들이 있다. 이러한 화학 반응을 통하여 고분자의 기계적 물성, 용해도, 굴절률, 전도도, 상(phase) 등이 변화하게 된다.

광가교(photocrosslinking) 또는 **광중합**(photopolymerization)에는 일반적으로 **광개시제**(photoinitiator)가 필요하다. 대표적으로 벤조인에테르(benzoin ether)는 빛을 흡수하여

표 6.3 감광성 고분자에 이용되는 화학 반응의 종류

화학 반응	설명	대표적 용도
가교(crosslinking)	삼차원 구조(network)의 형성	자외선 경화 잉크, 도료, 접착제
중합(polymerization)	분자량의 증대 또는 가교	치과용 수복 재료
분해(degradation)	분자량의 감소	광분해성 고분자, 반도체용 포토마스크 제조
변성 (irreversible change of functional group)	분자 구조 일부의 비가역적 변화	반도체 제조용 PR
응답 (reversible response)	이성질화(isomerization) 등의 가역적인 구조 변화	정보 기록

라디칼 반응을 개시하는 광개시제로 널리 사용되고 있으며, 라디칼 중합 또는 가교를 일으키는 화학 구조로서는 아크릴레이트(acrylate) 또는 메타크릴레이트(methacrylate)계가 주로 사용된다. 메타크릴레이트계 화합물로서는 6.4.3절에서 소개할 bis-GMA([그림 6.17])가 해당되며, 광조사에 의하여 단단하게 경화되어 기계적 물성을 나타내게 된다.

빛에 의하여 분해되는 고분자를 **광분해성 고분자**라고 한다. 폴리메틸메타크릴레이트[poly(methyl methacrylate), PMMA]는 식 6.61에 나타낸 바와 같이 자외선 또는 전자선에 의하여 주사슬이 분해되어 용매에 대한 용해도가 증가한다. PMMA 박막이 코팅된 금속 기판에 전자선(electron beam)을 조사하여 반도체 회로를 새긴 후 용매로 현상하여 반도체 제조용의 포토마스크(photomask)를 제작하고 있다([그림 6.13] 참조).

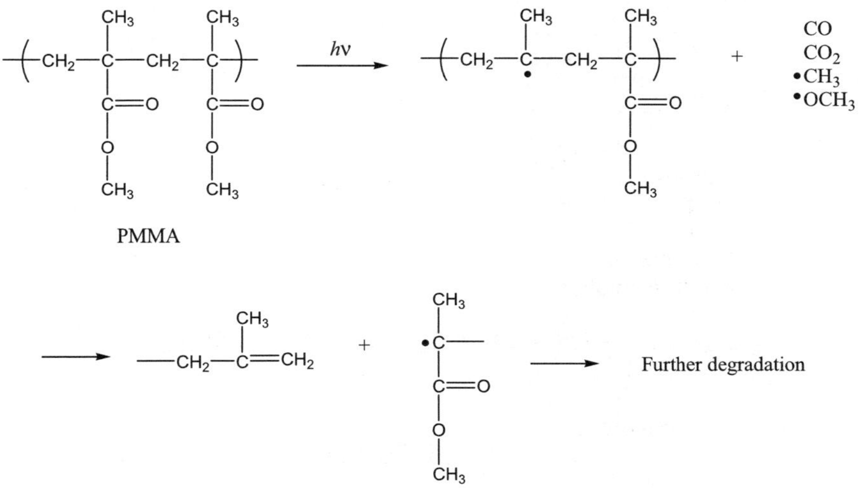

(6.61)

광변성에 해당하는 예로, [그림 6.12]에 반도체의 초미세 가공에 사용되는 포토레지스트(photoresist, PR)의 화학 반응을, [그림 6.13]에는 PR을 사용한 미세 화상 형성 공정을 나타내었다. 빛에 의하여 PR 고분자의 분자 구조 일부가 변화하면서 용해도 변화를 일으키는 원리를 이용한다. 광산 발생제(photoacid generator, PAG) 화합물과 P(BOCST) 고분자로 구성된 PR은 첫 번째 단계인 광조사에 의해 PAG에서 산이 발생하고, 두 번째 단계인 노광후 가열(post-exposure bake, PEB)에서 이 산이 촉매로 작용하여 터셔리뷰톡시카보닐(tert-butoxycarbonyl)기를 분해시켜 P(HOST)를 생성한다. 본래의 P(BOCST)는 알칼리 수용액에 녹지 않지만 P(HOST)는 녹기 때문에 빛이 조사된 부분만 선택적으로 현상액(알칼리 수용액)에 용해되어 제거되므로 미세 패턴을 얻을 수 있다. 이렇게 노광 부분이 제거되어 얻어지는 이미지 패턴을 포지티브형(positive type)이라고 한다([그림 6.13]). 만약 유기 용매를 현상액으로 사용한다면 극성이 높은 P(HOST)는 녹지 않고 P(BOCST)만 녹게 되므로 비노광 부분이 제거된 네가티브형 패턴을 얻게 된다. [그림 6.14]에 PR을 사용하여 제작한 시험 패턴(test pattern)의 사진을 보였다. 이러한 PR은 반도체의 집적 회로(integrated circuit, IC)의 제조에 중요하게 사용되고 있다(2.3.4절 및 11.3.3절 참조).

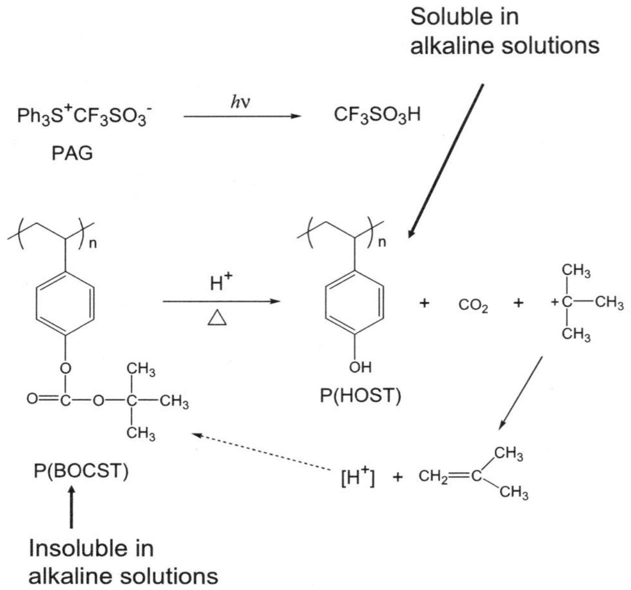

그림 6.12 반도체 초미세 가공용 포토레지스트의 화학 반응

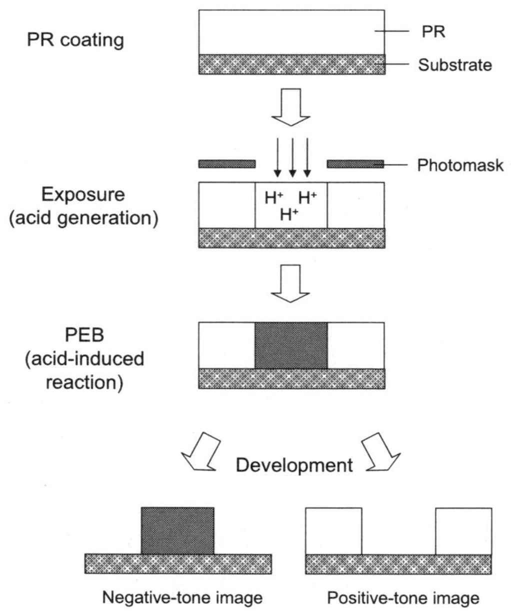

그림 6.13 포토레지스트를 이용한 미세 화상 형성 공정

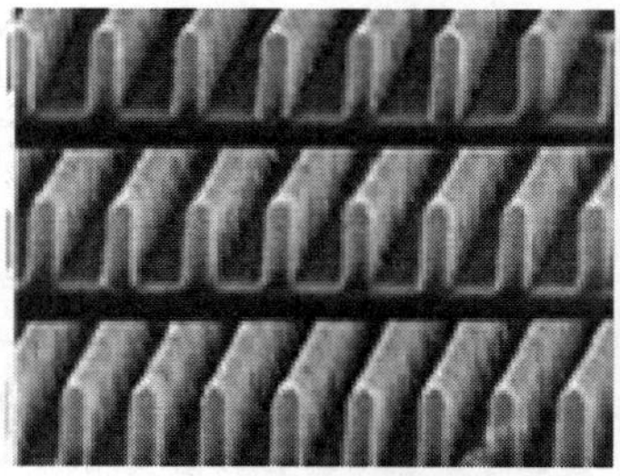

그림 6.14 포토레지스트를 이용하여 제조한 시험 패턴
(www.sumitomo-chem.co.jp)

빛에 의하여 가역적인 화학 구조 변화를 나타내는 광응답성 고분자(photoresponsive polymer)를 정보 저장(information storage) 소재로 응용하려는 연구가 활발하게 진행되고 있다. 예를 들어, [그림 6.15]에 나타낸 아조벤젠(azobenzene) 고분자는 트랜스(trans) 아조벤젠 구조가 350~380 nm의 빛에 의하여 시스(cis) 구조로 이성질화된다. 트랜스와 시스 구조는 색깔 및 자외선-가시광선 흡수 스펙트럼이 다르기 때문에 노광된 부분과 노광되지 않은 부분이 구별되며, 따라서 미세한 폭의 빛을 이용하여 정보를 저장할 수 있다. 시스 구조는 450 nm의 빛을 조사하면 트랜스 구조로 되돌아가기 때문에 정보의 소거(erasing) 및 재기록(rewriting)이 가능하다. 이러한 광응답성 고분자는 CD, DVD의 뒤를 잇는 차세대 대용량 정보 저장 소재로서 기대되고 있다.

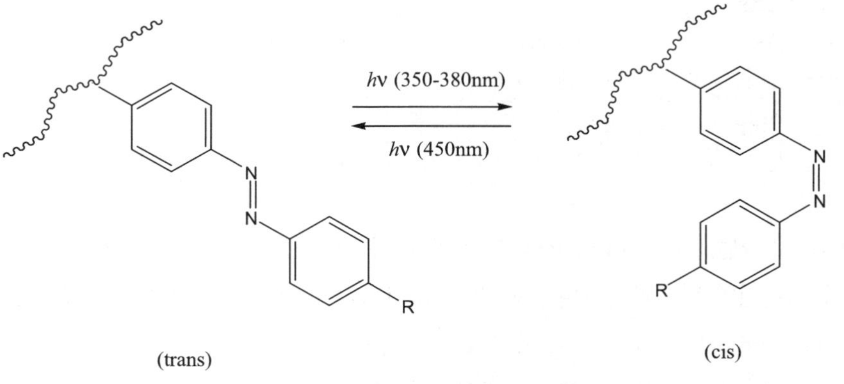

그림 6.15 아조벤젠 고분자의 트랜스-시스 이성질화

6.4.3 생체 의료용 고분자

생체 의료용 재료(biomedical material)는 손상된 생체 기능의 일부를 보완, 대체하기 위하여 생체의 거부 반응이나 이상 반응 없이 생체 내에 이식할 수 있는 재료와 기타 각종 치료용 의료 재료 등을 말한다. 용도에 따라 금속, 세라믹, 고분자, 복합 재료가 사용될 수

있는데 고분자는 성형성, 내화학성, 생체 친화성이 다른 재료에 비하여 우수하다. 매우 다양한 용도에 많은 고분자들이 사용되고 있지만, 그 중 대표적인 몇 가지를 [표 6.4]에 정리하였다.

표 6.4 생체 의료용 고분자의 대표적인 용도와 예

용 도	사용되는 고분자의 예
일회용 의료 제품	
– 주사기	polypropylene (PP)
– 혈액 bag, 혈액 회로	poly(vinyl chloride) (PVC)
외과 영역	
– 인공 심장	polystyrene (PS), PP, polyurethane, silicone rubber
– 인공 폐	silicone rubber, porous PP
– 인공 혈관	Gore tex (Teflon), polyester fiber
– 수술용 봉합사	poly(lactide–*co*–glycolide)
– 인공 관절	polyethylene (PE), poly(methyl methacrylate) (PMMA)
안과 영역	
– 인공 수정체, 각막	PMMA
– 콘택트 렌즈	PMMA, poly(2–hydroxyethyl methacrylate) [poly(HEMA)]
치과 영역	
– 의치	PMMA
– 치아 수복재	bis–GMA, UDMA
검사, 진단 영역	
– 효소 센서	cellulose, nylon, poly(acryl amide)
– 면역 센서	cellulose
약물 전달 영역	
– 약물 전달 시스템	poly(latide–*co*–glycolide), poly(ε–caprolactone)

일회용 의료 제품으로는 PP와 PVC가 가장 많이 사용되고 있다. **외과 영역**에서 사용되는 고분자에는 면역 반응과 관련된 생체안정성(biostability)과 재료의 성질에 관련된 생체적합성(biocompatibility)이 필수적인 요구 사항이다. 생체 안정성에 있어서는 생체 고분자의 이식후 발열, 염증, 항원성, 발암성 반응이 일어나지 않아야 하며, 생체 적합성에 있어서는 이식 고분자가 기계적, 용적(volumetric), 생화학적으로 주위 조직과 융화되어야 한다. 생체 적합성의 구체적인 예를 들면, 인공 재료를 체내에 이식하면 혈액의 응고 작용으로 혈전이 생성되어 장애를 일으킬 수 있으므로 항혈전성(antithrombogenicity)이 반드시 요구된다. 항혈전성이 우수한 대표적인 고분자로서 폴리테트라플루오로에틸렌(polytetrafluoroethylene, Teflon)과 폴리다이메틸실록세인(polydimethylsiloxane)을 들 수 있다. [그림 6.16]에 인공 혈관 제품의 사진을 보였다.

안과 영역에서는 투명성이 우수한 PMMA와 poly(HEMA) 등이 주로 사용된다. 콘택트 렌즈(contact lens)에서는 경질(hard) 제품에는 PMMA가, 연질(soft) 제품에는 poly(HEMA)가 사용된다.

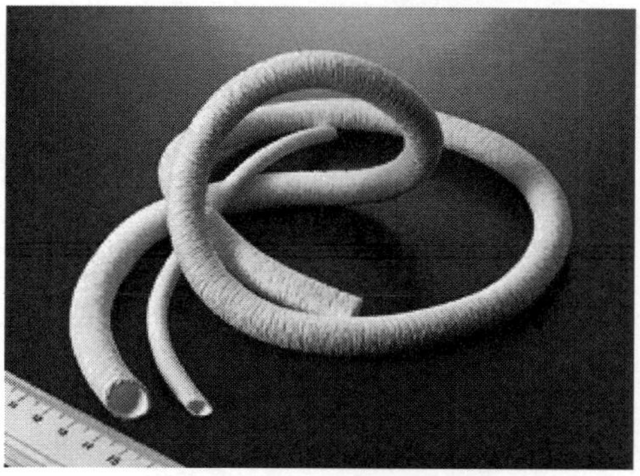

그림 6.16 인공 혈관 제품(www.sei.co.jp)

치과 영역에서는 성형성이 우수한 PMMA가 의치(denture, 틀니)로 사용되는 것을 비롯하여, [그림 6.17]에 나타낸 bis-GMA가 치아 수복용 복합 재료(dental restorative composite)에 사용된다. 라디칼 반응이 가능한 메타크릴레이트(methacrylate)기가 두 개 있기 때문에 중합과 동시에 가교 반응이 가능하여, 라디칼 광개시제 존재하에서 광조사하면 단단한 가교 고분자를 형성한다. 치아에 충치가 생기면 그 부분을 긁어내고, bis-GMA와 광개시제가 포함된 복합 재료를 손상 부위에 충전(filling)한 후 광조사하여 치아의 기능을 수복(restoration)한다.

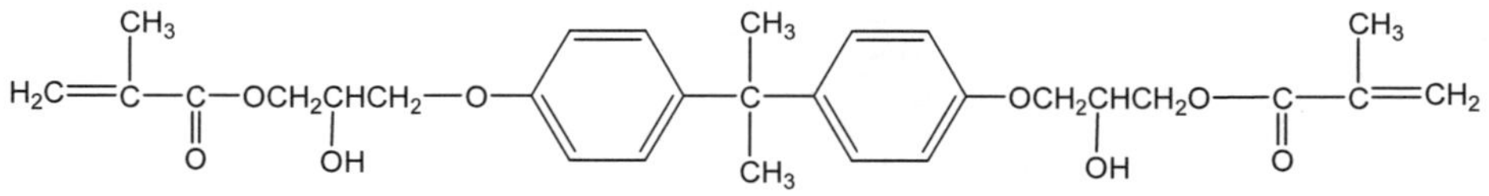

bis-GMA

그림 6.17 bis-GMA의 화학 구조

3부

무기 화학 공업

Industrial Chemistry

07 산 · 알칼리 공업

7.1 황산 공업

7.1.1 서론

황산(sulfuric acid) 공업은 그 자체가 중요한 화학 공업인 동시에, 생산품인 황산은 다른 화학 공업에서 대량 소비되는 중요한 기초 원료가 된다. 따라서 한 나라의 황산 소비량과 화학 공업 규모는 밀접한 연관이 있다.

황산의 공업적 제조는 1800년대 중반에 연실식(lead chamber process)에 의한 황산 제조법이 개발되면서 시작되었다. 이후 제조 공정에 대한 개량이 계속되어 백금 촉매를 사용하는 접촉식(contact process) 방법이 개발되어 사용되다가, 1914년에 독일의 BASF사에 의해 바나듐 촉매를 사용하는 공정으로 개량되어 현재에 이르고 있다. 우리나라의 경우는 1957년에 한미화학에서 접촉식 황산 제조가 시작되었고, 그 후 비료 공장 건설에 따라 황산이 대량으로 생산되기 시작하였다. 1970년대 이후로는 금속 제련시 배출되는 이산화황(SO_2)을 원료로 한 황산 제조 공장이 건설되었다.

7.1.2 황산의 성질과 용도

황산은 상온에서 무색의 액체로서 농도에 따라 [표 7.1]과 같이 분류된다. H_2SO_4의 농도 증가에 따라 점도가 증가하여 진한 황산은 기름 상으로 된다. 삼산화황(SO_3)과 물이 결합하면 $mSO_3 \cdot nH_2O$가 되는데, $m = n$이면 100 % H_2SO_4가 되고, $m < n$이면 황산수화물($H_2SO_4 \cdot xH_2O$)이 되고, $m > n$이면 황산에 과잉의 SO_3가 존재하는 발연황산이 된다. 발연 황산은 공기 중에 노출되면 흰색 연기가 발생한다.

초기에는 황산의 용도가 비료 제조 원료로서의 비중이 컸으나, 화학 공업이 점차 다양하게 발전하면서 비료 외의 용도도 크게 증가하였다. 황산의 주된 용도를 [표 7.1]에 정리하였다.

표 7.1 황산의 분류와 용도

분류	H_2SO_4 농도(%)	주요 용도
묽은 황산	60~80	비료, 섬유
진한 황산	90~100	비료, 섬유, 석유 정제, 농약
정제 진한 황산	90~100	섬유, 석유 정제, 농약, 축전지, 의약품
발연 황산	(유리 SO_3 13~35 %)	화약, 도료, 유기 합성

7.1.3 황산의 제조

황산의 원료로는 유리 황(free sulfur), 황 광석(sulfur ore), 황함유 배기 가스 등이 있다. [표 7.2]에 황산의 원료와 각각의 특성을 정리하였다. 과거에는 유리 황과 황 광석이 주된 원료였지만 현재는 금속 제련, 시멘트 제조, 석유 정제 등의 공정에서 발생하는 이산화황이나 황화수소(H_2S)가 주된 원료로 사용되고 있다.

황산의 제조 공정은 크게 1) 각종 원료로부터 SO_2를 제조하는 공정, 2) SO_2을 SO_3로 산화시키는 공정, 3) SO_3를 진한 황산에 흡수시키는 공정으로 나눌 수 있다.

SO_2를 제조하는 공정은 원료의 종류에 따라 달라진다. 유리 황이나 황 광석을 800~1,000 °C의 온도로 연소시켜 SO_2가 함유된 가스를 발생시킨 후, 불순물을 제거하고 정제하여 SO_2를 제조한다. 금속 제련 등의 배기 가스로부터 SO_2를 회수하는 경우에는 배기 가스에 석회석 슬러리를 분무하여 SO_2를 흡수한 후 회수하는 방식을 취한다. 이 과정에서 석고가 부생한다. 석유 정제시 부생한 H_2S를 원료로 하는 경우에는 다음 식 7.1과 같이 H_2S를 산화시켜 SO_2를 얻는다.

$$H_2S + 3/2\ O_2 \rightarrow SO_2 + H_2O \tag{7.1}$$

표 7.2 황산의 원료와 특성

원 료	성 분	비 고
유리 황	S	황 함량 99.5~99.9 %
황철광(pyrite)	FeS_2	황 함량 42~43 %
자류 철광(pyrrhotite)	$Fe_{5-16}S_{6-17}$	황 함량 25~35 %
금속 제련 배기 가스	SO_2	금속 광물에 함유된 황화물이 금속 제련시 SO_2로 되어 배출
시멘트 제조 배기 가스	SO_2	시멘트 제조시 부생하는 SO_2
기타(석유 정제, 중유 화력 발전소 등의 배기 가스)	H_2S, SO_2 등	석유 정제시 SO_2, H_2S가 부생, 중유 화력 발전소에서 중유 연소시 SO_2 발생

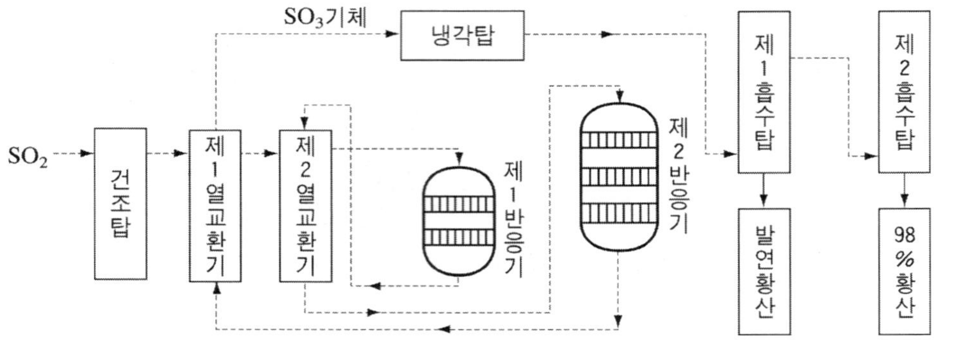

그림 7.1 Monsanto식 접촉식 황산 제조 공정

과거에는 SO_2을 SO_3로 전환하여 황산을 제조하는 공정에 연실식이 사용되었지만 불순물이 많은 등의 단점 때문에 현재는 거의 사용되지 않고, 촉매를 사용하는 접촉식이 주로 사용되고 있다. SO_3를 제조하는 반응은 다음 식 7.2와 같은 평형 반응이다.

$$SO_2 + 1/2\ O_2 \rightleftarrows SO_3 \tag{7.2}$$

이 반응은 발열 반응이기 때문에 반응의 평형을 생성물 쪽으로 이동시키기 위해서는 반응 온도를 낮추는 것이 유리하다. 그러나 반응 온도가 낮아질수록 반응 속도가 낮아지기 때문에 SO_3 생산의 효율이 떨어지는 문제가 발생한다. 이 때문에 촉매를 사용하여 낮은 온도에서도 반응 속도를 빠르게 하여 생산 효율을 유지한다. 과거에는 백금 촉매가 사용되기도 하였으나 가격이 비싸고 피독(poisoning)이 쉽게 일어나 활성이 저하되는 등의 단점이 있어서, 최근에는 바나듐 촉매가 사용되고 있다.

[그림 7.1]에 Monsanto식 접촉식 황산 제조 공정의 개략도를 보였다. SO_2이 건조탑을 거친 후 열교환기에서 온도가 조절되어 반응기로 들어간다. 첫 번째 촉매 반응기를 거치면서 전환율이 74 %까지 올라가고, 이 생성물은 열교환기를 통과하면서 온도가 낮아져 두 번째 촉매 반응기로 들어간다. 여기에서 전환율이 98 %까지 달성된다. SO_3가 주성분인 생성 가스는 흡수탑에서 흡수되어 발연 황산과 진한 황산이 제조된다. 흡수액으로서는 진한 황산을 사용하고, 얻어진 발연 황산 또는 진한 황산에 필요에 따라 묽은 황산이나 물을 가하여 농도를 낮추기도 한다.

7.2 질산 공업

7.2.1 서론

질산(nitric acid)은 칠레초석(chile saltpeter, $NaNO_3$)을 황산으로 분해하여 제조하는 칠레초석법(식 7.3)과, 공기 중에 방전을 일으켜 질소와 산소로부터 제조하는 방법이 개발되어 사용되어 왔으나, 최근에는 암모니아 산화법(Ostwald법)이 주류를 이루고 있다.

$$2\ NaNO_3 + H_2SO_4 \rightarrow Na_2SO_4 + 2\ HNO_3 \tag{7.3}$$

제2차 세계대전 이후에는 비료 분야에서 질산의 수요가 크게 증가하였고, 근래에는 비료뿐만 아니라 화약, 염료, 석유 화학 등의 여러 분야에서 폭넓게 사용되고 있다. 우리 나라의 경우는 1960년대 중반부터 비료 공업과 함께 생산이 시작되었고, 주로 화약과 섬유 산업에서 소비되어 오다가 최근에는 석유 화학 분야에서도 소비가 늘고 있다.

7.2.2 질산의 성질과 용도

질산은 무색의 액체로서 물과 임의의 비율로 혼합되고, 강산이면서 강력한 산화제이다. 산으로서 암모니아와 반응하여 질산암모늄을 생성하는데, 이것은 비료나 폭약의 원료가 된다(식 7.4). 산화제로서 작용하는 경우는 식 7.5와 같이 분해된다.

$$NH_3 + HNO_3 \rightarrow NH_4NO_3 \tag{7.4}$$

$$2\ HNO_3 \rightarrow 2\ NO_2 + H_2O + 1/2\ O_2 \tag{7.5}$$

농도 또는 화학 구조에 따른 질산의 분류와 용도를 [표 7.3]에 나타내었다. 질산 수용액 또는 질산나트륨 형태로 사용된다. 전 세계적인 질산의 용도를 살펴보면 70~80 %가

표 7.3 질산의 분류와 용도

분류	농도 또는 화학 구조	용도
묽은 질산	HNO_3 50~70 % 수용액	비료, 인광석 분해
진한 질산	HNO_3 98 % 수용액	나이트레이션, 염료, 화약, 의약품, 로켓 연료
질산나트륨	$NaNO_3$	특수비료, 유리산업

비료, 약 15 %가 화약, 5~10 %가 아디핀산(adipic acid), 나이트로벤젠(nitrobenzene), 다이나이트로톨루엔(dinitrotoluene) 등의 제조에 사용된다.

7.2.3 질산의 제조

암모니아 산화법에 의한 질산의 제조는, 백금 촉매하에 암모니아를 산화시켜 일산화질소(nitrogen oxide, NO)를 제조하는 첫 번째 공정(식 7.6), 일산화질소를 산화시켜 이산화질소(nitrogen dioxide, NO_2)를 제조하는 두 번째 공정(식 7.7), 이산화질소를 물에 흡수시켜 질산을 제조하는 세 번째 공정(식 7.8)으로 나눌 수 있다.

$$4\ NH_3 + 5\ O_2 \rightarrow 4\ NO + 6\ H_2O \tag{7.6}$$

$$2\ NO + O_2 \rightarrow 2\ NO_2 \tag{7.7}$$

$$3\ NO_2\ (g) + H_2O\ (l) \rightarrow 2\ HNO_3\ (aq) + NO\ (g) \tag{7.8}$$

이 공정에 의해 얻어진 질산의 농도는 68 % 이하(묽은 질산에 해당)여서 진한 질산이 필요한 경우에는 농축 공정이 요구된다. 질산은 68 %에서 최고 공비점(azeotropic point)을 가지므로 묽은 질산 수용액을 직접 가열 농축시킬 경우 68 % 이상의 농도를 얻을 수 없다. 따라서 묽은 질산에 진한 황산을 가하여 증류하는 방법과, 탈수제로 질산마그네슘($Mg(NO_3)_2$)을 가하여 탈수 농축하는 방법이 개발되어 있다.

7.3 염산 공업

7.3.1 서론

염산(hydrochloric acid)은 염화수소(hydrogen chloride, HCl)의 수용액이다. 인체에서도 음식물의 소화를 돕는 위산으로서 위에서 분비된다. 공업적 제법으로서는 수소 기체와 염소 기체를 반응시켜 염화수소를 얻는 합성법과, 특정 화합물 제조시 부생하는 염화수소를 얻는 부생 염산법이 있다. 1980년대 초반까지는 대부분이 합성법에 의해 제조되었으나 현재는 부생 염산법이 주류를 이루고 있다.

7.3.2 염산의 성질과 용도

염화수소는 무색의 기체로, 자극성이 강하고 물에 잘 용해된다. 20.24 %의 염화수소 농도를 갖는 염산은 1기압하에서 비점 110 °C의 공비혼합물이 된다. 이 농도 이상의 염산을 진한 염산이라고 하는데, 시판되는 진한 염산은 약 37.2 %의 염화수소를 함유한다. 염산 병의 뚜껑을 열면 흰 연기가 나오는데, 이것은 물에 녹아 있던 염화수소가 기체로 되어 나오다가 공기 중의 수분을 만나서 염산의 작은 방울을 만들기 때문이다. 염산은 센산으로서 이온화 경향이 큰 알루미늄, 마그네슘, 아연, 철 등의 금속과 반응하여 수소 기체를 발생한다. 일반적으로 금속의 산화물은 염산과 반응하면 염화물로 전환된다.

염산은 화학 공업에서 중요한 기초 원료로서 식품, 의약품, 염료, 농약, 금속 처리 등의 분야에 사용된다. 식품 분야에서는 주로 글루탐산나트륨, 간장 등의 제조에 사용된다. 금속 처리 분야에서는 철의 녹을 닦아 내거나, 야금 또는 도금에 사용한다.

7.3.3 염산의 제조 공정

서론에서도 기술하였듯이 염산은 그 제조 방식에 따라 합성 염산과 부생 염산으로 나누어진다. **합성 염산**은 소금 수용액을 전기 분해하여 NaOH를 제조할 때 나오는 수소(H_2)와 염소(Cl_2) 기체를 반응(식 7.9)시켜 염화수소 기체를 얻은 후 이것을 물에 흡수시켜 제조한다. 식 7.9의 반응은 발열이 큰 연쇄 반응으로, 반응이 폭발적으로 진행될 수 있기 때문에 공급 기체의 양과 압력을 조절하고 연소탑의 외부를 물로 냉각시킬 필요가 있다. 얻어진 염화수소 기체는 흡수탑으로 들어가 흡수수와 함께 흐르면서 흡수되어 염산으로 전환된다.

$$H_2\,(g) \ + \ Cl_2\,(g) \ \rightarrow \ 2\,HCl\,(g) \tag{7.9}$$

부생 염산은 유기 합성 공정에서 나오는 염화수소를 회수하여 물에 흡수시켜 제조한다. 특히 탄화수소의 염소화에 의해 유기염소 화합물을 합성할 때 부생하는 염화수소를 얻는 방법이 많이 시행되고 있다. 대표적으로 에틸렌으로부터 바이닐클로라이드를 제조할 때 염화수소가 부생하는 반응을 식 7.10에 보였다. 이외에도 폴리우레탄의 원료인 톨루엔다이아이소사이아네이트(toluene diisocyanate: TDI)나 메틸렌다이페닐다이아이소사이아네이트(methylene diphenyldiisocyanate: MDI)를 제조할 때도 염화수소가 얻어진다(식 7.11). 식 7.12와 7.13에는 각각 황산칼륨 제조시 및 에피클로로하이드린 제조시에 염화수소가 부생하는 반응을 보였다.

$$CH_2{=}CH_2 + Cl_2 \rightarrow CH_2{=}CH\text{-}Cl + HCl \tag{7.10}$$

ethylene　　　　　　　　vinyl chloride

$$H_2N\text{-}R\text{-}NH_2 + 2\,COCl_2 \rightarrow OCN\text{-}R\text{-}NCO + 4HCl \tag{7.11}$$

phosgene　　　　　　diisocyanate

$$2\,KCl + H_2SO_4 \rightarrow K_2SO_4 + 2\,HCl \tag{7.12}$$

$$CH_2{=}CHCH_3 + Cl_2 \rightarrow CH_2{=}CHCH_2\text{-}Cl + HCl$$

$$CH_2{=}CHCH_2\text{-}Cl + Cl_2 + H_2O \rightarrow (HO)CH_2CHClCH_2Cl + HCl$$

$$2\,(HO)CH_2CHClCH_2Cl + Ca(OH)_2 \rightarrow \text{epichlorohydrin} + 2\,H_2O + CaCl_2 \tag{7.13}$$

7.4 인산 공업

7.4.1 서론

인은 동식물의 생존에 필수적인 원소이다. 동물의 경우 뼈, 이빨 등의 중요한 성분이며, 또한 피틴, 인지질, 인단백질, 핵산 등 각종 유기 화합물 형태로 체내에 존재한다. 인과 인 화합물은 화학 공업에 있어서도 매우 중요하여, 비료, 식품, 반도체, 금속처리 등의 다양한 용도로 사용되고 있다.

인 화합물의 하나인 인산(phosphoric acid: H_3PO_4)은 인광석($3Ca_3(PO_4)_2 \cdot CaF_2$)을 원료로 하여 제조되며, 제조 공정은 습식(wet process)과 건식(thermal process)이 있다. 습식법은 인광석을 황산으로 분해하여 제조하는 방식이며, 건식법은 먼저 액체 인을 만들고, 이것을 산화하여 오산화인으로 전환시킨 다음 물에 흡수시키는 방법이다.

7.4.2 인산의 성질과 용도

인산은 무색, 무취하며, 점성이 있는 액체이다. 농도가 높아지면 결정화하는 경향이 있으며, 조해성이 있다. P_2O_5 함량이 72.4 %인 것이 100 % 인산에 해당하며, 이 농도 이상의 인산을 축합인산이라고 부른다. 인산은 황산, 염산, 질산에 비하여 약산이지만 철, 알루미늄, 아연 등과 반응하여 수소를 발생시키고 각각의 염을 생성한다.

인산은 비료, 금속 처리, 세제, 부식 억제, 가축 사료용 영양제 및 식품 가공, 유기화학 반응 촉매, 의약품, 수처리 등에 사용되고 있다.

7.4.3 인산의 제조

인산의 제조는 인광석을 원료로 하여 수행되며, 습식법과 건식법의 두 가지 제조 방법이 있다. **습식법**에서는 인광석을 황산으로 분해하여 인산을 제조한다. 식 7.14와 같이 인광석에 황산을 가하면 인산과 석고가 생성된다. 석고는 수화물 결정으로 생성되어 여과에 의해 회수된다. 제조된 인산은 P_2O_5의 농도가 30~50 % 정도로, 필요에 따라 농축하여 사용하는 경우가 많다. 습식 인산은 많은 불순물을 함유하고 있기 때문에 건식 인산에 비하여 값이 싸며, 불순물의 영향이 적은 인산 비료 제조에 대부분 사용된다.

$$3\ Ca_3(PO_4)_2 \cdot CaF_2 + 10\ H_2SO_4 + 20\ H_2O \rightarrow 6\ H_3PO_4 + 10\ (CaSO_4 \cdot 2H_2O) + 2\ HF \quad (7.14)$$

건식법에서는 인광석을 코크스, 규사(SiO_2)와 함께 전기로에서 1,500 °C로 가열하면, 인이 증기 상태로 생성되고 규사는 인광석 중의 석회와 반응하여 규산칼슘 슬래그(slag)로 전환된다. 인 증기에서 불순물 입자를 제거하고 응축하여 액체 인(황인)으로 만든다. 이 액체 인을 공기로 산화하여 P_2O_5로 전환시킨 후 물에 용해시키면 인산이 얻어진다. 아래의 식 7.15~7.17에 각 단계의 반응식을 나타내었다.

$$3\ Ca_3(PO_4)_2 \cdot CaF_2 + 9\ SiO_2 + 15\ C \rightarrow 3\ P_2 + \underbrace{9\ CaSiO_3 + CaF_2}_{\text{slag}} + 15\ CO \quad (7.15)$$

$$4\ P + 5\ O_2 \rightarrow 2\ P_2O_5 \quad (7.16)$$

$$P_2O_5 + 3\ H_2O \rightarrow 2\ H_3PO_4 \quad (7.17)$$

[그림 7.2]에는 건식 인산 제조 공정의 개략도를 보였다. 규사를 사용하는 이유는 인광석 중에 있는 환원되기 어려운 불순물을 슬래그에 포집시켜 P_2O_5의 순도를 높이

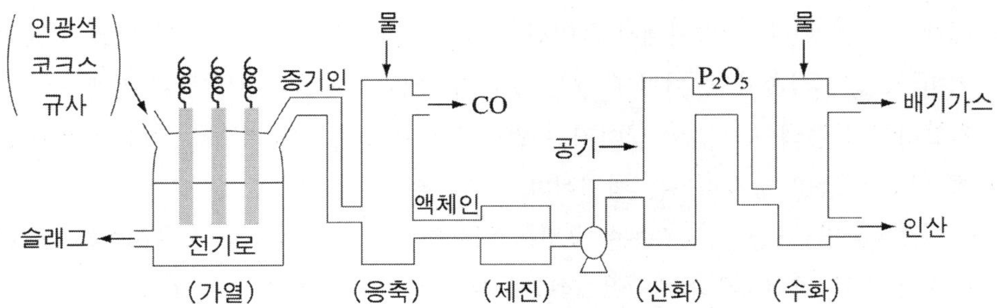

그림 7.2 건식 인산 제조 공정

기 위해서이다. 생성된 P_2O_5 기체를 물이나 P_2O_5 30 % 정도의 인산에 흡수시켜 90 %까지 농도를 높인다.

7.5 제염 공업

7.5.1 서론

소금은 식용으로서의 중요성도 크지만 공업적으로도 매우 중요한 기초 원료이다. 소금의 생산량은 암염이 가장 많고, 다음으로 바닷물에서 얻는 해염, 지하수에서 얻는 염이 그 뒤를 따른다.

바닷물에는 다양한 염이 용해되어 있는데, 용해도가 낮은 것부터 큰 쪽으로 나열하면 $CaCO_3$, $CaSO_4$, NaCl, $MgSO_4$, $MgCl_2$의 순이다. 따라서 바닷물을 가열·농축하면, 물이 40~50 % 증발한 때부터 $CaCO_3$가 석출하기 시작하고 계속 농축해 가면 $CaSO_4$, NaCl, $MgSO_4$, $MgCl_2$의 순으로 석출하게 된다. 바닷물의 농축법은 증발법, 동결법, 이온 교환법 등이 있는데, 이 중 증발법이 가장 많이 사용되고 있다. 증발법은 태양열과 풍력을 이용하는 자연 증발법과 인공열을 이용하는 기계 증발법으로 나누어진다. 최근에는 이온 교환 기술의 발달로 이온 교환법에 의해 제조된 소금의 원가가 낮아지고 있다.

7.5.2 소금의 제조

천연 염수(바닷물 포함)로부터 소금을 제조하는 방법 중 대표적인 자연 증발법, 기계 증발법, 이온 교환법에 대하여 소개하기로 한다. 자연 증발법은 염수를 태양열과 풍력으로 증발 농축하여 소금을 석출시키는 방법이다. 서론 부분에 기술한 바와 같이 농축이 진행됨에 따라 먼저 $CaCO_3$와 $CaSO_4$가 침전되어 분리되고, NaCl이 포화 상태에 이르게 된다. 증발지에서 얻어진 이 포화 용액을 결정지로 보내어 계속 증발시키면 소금이 석출된다. 이렇게 얻은 소금의 순도는 90 % 정도이다. 기계 증발법은 감압하에서 용액의 비점이 낮아지는 원리를 이용하여, 기계적으로 감압 조건을 만들어 염수를 증발 농축시키는 방법이다.

염수로부터 소금을 제조하는 공정은 염수를 5~6배의 농도로 농축시키는 첫 번째 공정과 진한 염수로부터 소금을 석출시키는 두 번째 공정으로 나눌 수 있는데, 이온 교환법은 첫 번째 공정에서 (증발법의) 열 에너지 대신 전기 에너지를 이용한 이온 교환막 전기 투석조를 사용하는 방법이다.

염수로부터 소금을 얻은 후의 모액을 간수(또는 고즙)라고 하는데, 칼슘, 나트륨, 칼륨, 마그네슘 등의 염과 브로민(bromine: Br_2) 등을 얻는 데 사용된다. 특히 여기서 얻어지는 칼륨클로라이드(potassium chloride: KCl)는 비료의 원료로 사용된다.

7.6 소다회 공업

7.6.1 서론

소다회(sodium carbonate, soda ash: Na_2CO_3)는 NaOH와 함께 알칼리 공업의 대표적인 제품으로, 화학 공업의 기초 원료로 널리 사용되고 있다. 18세기 말, 소금을 황산으로 처리하여 Na_2SO_4를 거쳐 소다회로 전환시키는 Leblanc법이 개발되었으나 공해유발 문제 등으로 사용되지 않게 되었다. 그 후 소금과 석회석을 사용하는 Solvay법이 개발되어 현재에 이르고 있다. 소다회와 관련된 제품으로는 세탁소다($Na_2CO_3 \cdot 10H_2O$), 탄산수소나트륨(중조, $NaHCO_3$), 세스키탄산소다($Na_2CO_3 \cdot NaHCO_3 \cdot 2H_2O$), 가성화회($Na_2CO_3 \cdot NaOH$) 등이 있다.

7.6.2 소다회의 성질과 용도

소다회는 무수물 상태(Na_2CO_3을 99 % 이상 함유)로도 존재하지만 수분이 존재하면 쉽게 1, 7, 10 수화물로 전환된다. 수분과 탄산가스(CO_2)가 존재하면 식 7.18과 같이 세스키탄산소다로 변화한다. 소다회는 흡습성이 강하고, 물에 녹으면 약한 알칼리성을 나타낸다. 분말 입자 크기와 겉보기 비중에 따라 중회(dense ash)와 경회(light ash)로 나누어지는데, 중회와 경회의 화학적 성질은 동일하다.

$$3\,Na_2CO_3 + CO_2 + 5\,H_2O \rightarrow Na_2CO_3 \cdot NaHCO_3 \cdot 2H_2O \qquad (7.18)$$

소다회는 유리, 비누, 식품, 의약품 등의 기초 원료로서 다양하게 사용되고 있다. [표 7.4]에 소다회의 용도를 정리하였다.

표 7.4 소다회의 용도

분 야	용도
유리공업	– 소다회의 용도 중 가장 큼 – 소다회를 규사, 석회석, 장석 등과 함께 가열하여 유리 제조 – 소다 석회 유리가 전체 유리 생산량의 90 % 차지
합성	– 크로뮴산소다, 붕사, 차아염소산염 등의 제조에 사용
비누 및 세제	– 비누 제조에 있어서 지방산의 중화 – 산소계 표백제인 고탄산소다의 제조에 사용
식품	– 조미료인 글루타민산소다 제조에 사용

7.6.3 소다회의 제조

소다회의 제조법 중 Leblanc법은 현재 사용하고 있지 않기 때문에 Solvay법(암모니아 소다법이라고도 함)에 대해서만 기술한다. 첫 번째 단계에서는 염수에 암모니아와 이산화탄소를 차례로 흡수시켜서 식 7.19와 같이 탄산수소나트륨을 침전으로서 얻는다.

$$NaCl + NH_3 + CO_2 + H_2O \rightarrow NaHCO_3 + NH_4Cl \quad (7.19)$$

탄산수소나트륨을 200 °C로 가열하면 식 7.20과 같이 소다회를 얻을 수 있다.

$$2\,NaHCO_3 \rightarrow Na_2CO_3 + CO_2 + H_2O \quad (7.20)$$

탄산수소나트륨을 여과하여 회수한 용액(식 7.19 참조)에 칼슘하이드록사이드($Ca(OH)_2$) 용액을 첨가한 후 증류하면 식 7.21의 반응에 의해 암모니아를 회수하고 부산물로 칼슘클로라이드($CaCl_2$)를 얻을 수 있다.

$$2\,NH_4Cl + Ca(OH)_2 \rightarrow 2\,NH_3 + CaCl_2 + 2\,H_2O \quad (7.21)$$

08 암모니아 및 비료 공업

8.1 암모니아 공업

8.1.1 서론

1800년대 후반에 질소와 수소로부터 암모니아의 합성이 가능하다는 사실이 인식된 이후 1900년대 초에 Haber가 촉매 존재하에서 질소와 수소를 반응시켜 암모니아를 생산하는 방법을 개발하였다. 암모니아는 1960년경까지는 대부분 질소 비료용으로 사용되었으나, 그 후 화약, 염료, 의약품, 고분자 공업 등의 다양한 분야에서 사용되고 있다.

8.1.2 암모니아의 제조

질소와 수소로부터 암모니아를 합성하는 반응식은 다음 식 8.1과 같다.

$$N_2 + 3\,H_2 \rightleftharpoons 2\,NH_3 \text{ (발열)} \tag{8.1}$$

이 반응은 가역 반응으로서, 정반응이 발열이면서 몰수가 감소하는 반응이다. 따라서 반응 온도를 낮출수록, 압력을 높일수록 평형이 오른쪽으로 이동하여 암모니아 생성량이 증가한다. 그러나 온도가 낮아지면 반응 속도가 낮아져 실용성이 떨어지게 된다. 따라서 적절한 촉매를 사용하여 저온에서도 반응 속도를 높게 유지하는 것이 중요하다. 아울러 질소와 수소의 몰비가 1 : 3일 때 암모니아의 평형 농도가 최대로 달성될 수 있다.

암모니아 제조의 원료인 수소는 앞의 3.3.9절에서 기술한 바와 같이 석유, 천연 가스, 석탄 등의 다양한 원료로부터 얻는다. 반면에 질소는 공기의 액화 분리에 의해 제조된다. 따라서 암모니아의 제조 비용은 질소보다는 수소를 어떻게 경제적으로 제조할 수 있느냐에 크게 좌우된다.

표 8.1 암모니아 합성 조건

합성 조건	설 명
압력	150~300 atm
온도	약 500 ℃
촉매	$Fe_3O_4 \cdot Al_2O_3 \cdot K_2O \cdot CaO$

실제 합성 공정에서 원료인 질소와 수소는 몰비 1 : 3의 비로 합성탑으로 주입된다. 합성 공정에 있어서의 반응 조건을 [표 8.1]에 정리하였다. 압력이 높을수록 암모니아 수율이 높아지는데, 300 atm에서는 25~30 %, 150 atm에서는 10~15 %의 수율이 얻어진다. 온도를 높이면 반응 속도는 높아지나, 암모니아의 평형 농도는 낮아지고 장치가 부식되기 쉬우며 촉매에도 영향을 주므로 약 500 °C의 온도가 적용된다. 촉매에서는 철 성분이 촉매로서 활성을 나타내며, Al_2O_3, K_2O, CaO이 첨가되어 촉매 활성, 촉매독에 대한 내피독성, 열안정성 등을 높여준다.

합성탑에서 생성된 암모니아 함유 가스는 냉각되어 암모니아가 액화 분리된다. 암모니아가 회수된 후 미반응 가스는 합성탑으로 다시 주입된다.

8.2 비료 공업

8.2.1 서론

인류가 농경을 시작하면서부터 동물의 배설물이나 목초의 재가 작물의 성장에 도움이 된다는 사실을 인식하게 되었고, 이후로 비료는 인류의 식량 확보에 중요한 역할을 해 왔다. 오랜 옛날부터 사용되어 온 동물의 배설물, 퇴비, 물고기찌꺼기, 콩찌꺼기 등의 비료는 자급적인 유기질 비료에 해당된다.

급속도로 증가하고 있는 세계 인구 때문에 식량의 수요가 증가하게 되어, 자급 비료만으로는 부족하게 되었고, 1800년대 중반 화학 비료인 과린산석회가 개발되어 대량 생산되기 시작하였다. 1900년대 후반부터 석회질소 공업, 합성 암모니아 공업이 발달하면서 황산암모늄(황안), 염화암모늄(염안), 석회질소, 요소 등이 생산되어 질소 비료로서 사용되게 되었다. 인산 비료와 칼륨 비료도 이 무렵부터 대량 생산되어 사용되기 시작하였다.

식물의 생육에 필요한 원소는 약 17종이 있는데, 반드시 어느 정도의 양이 필요한 11

표 8.2 식물의 생육에 필요한 원소

구분	해당되는 원소
주요 원소(11종류)	C, H, O, N, P, K, Ca, Mg, S, Si, Fe
미량 원소(6종류)	Mn, B, Zn, Mo, Cu, Cl

개의 원소와 미량만 있어도 충분한 6개의 원소로 나눌 수 있다. [표 8.2]에 이 원소들을 나타내었다.

이 중 탄소(C), 수소(H), 산소(O)는 식물의 주된 구성 성분으로서, 식물이 물과 이산화탄소로부터 섭취한다. 나머지 원소는 토양으로부터 주로 이온 형태로 흡수한다. 질소(N), 인(P), 칼륨(K)의 세 가지 성분은 식물에 가장 결핍되기 쉽기 때문에 비료로서 보충해 줄 필요가 있으며, 이들을 비료의 3요소라고 부른다. 비료에서 이들을 각각 N, P_2O_5, K_2O의 형태로서 함량을 표시하는 경우가 많은데, [표 8.3]에 각 함량

표 8.3 화학 비료의 주요 성분에 따른 분류

대분류	소분류	비료	함량(%)		
			N	P_2O_5	K_2O
단일 비료	질소 비료	요소	46	0	0
		질산암모늄	35	0	0
		염화암모늄	25	0	0
		석회질소	21	0	0
		황산암모늄	21	0	0
		질산칼슘	13	0	0
	인산 비료	인산1칼슘	0	61	0
		중과린산석회	0	40	0
		소성인비	0	37	0
		용성인비	0	20	0
		과린산석회	0	17	0
	칼륨 비료	염화칼륨	0	0	54
		황산칼륨	0	0	50
복합 비료		화성 비료	12	14	12
		배합 비료	9	9	9
		액체비료	9	5	5

표 8.4 화학 비료의 산성·알칼리성에 따른 분류

분류	해당되는 비료의 예
산성	과린산석회, 중과린산석회
중성	황안, 염안, 요소, 염화칼륨
알칼리성	석회질소, 용성인비, 석회

을 기준으로 화학 비료를 분류하였다. 최근에는 이들 세 가지 외에 CaO, MgO, SiO_2를 포함시킨 비료가 개발되었다.

유기질 비료의 대부분이 서서히 효과를 나타내는 데 비해, 화학 비료는 대부분 비료 효과가 빠르고 높다. 그러나 토양에 비료를 줄 때 비료의 산성·알칼리성을 고려해야 한다. 예를 들면, 산성 비료만을 계속 사용하는 경우 토양이 산성화되어 식물에 악영향을 줄 수 있다. 비료가 수용액 중에서 나타내는 성질에 따라 다음 [표 8.4]와 같이 분류할 수 있다. 토양이 산성화된 경우, 알칼리성인 석회를 뿌려 중화시키면 도움이 된다.

8.2.2 질소 비료

식물의 단백질, 효소 등은 질소가 주요 구성 원소 중의 하나이므로 질소는 식물에 있어서 매우 중요한 원소이다. 그런데 식물의 대부분은 대기로부터 질소를 직접 흡수할 수 없고, 토양으로부터의 흡수도 원활하지 못하므로 비료로서 보충해 줄 필요가 있다. 질소 비료는 질산음이온(NO_3^-)의 염, 암모늄 이온(NH_4^+)의 염 등으로 구성되어 있다. 식물은 질산염 형태는 직접 흡수할 수 있지만, 암모늄염의 경우는 토양 표면에 흡착되어 식물이 직접 흡수하기 어렵고 토양 박테리아에 의해 질산염으로 전환된 후 흡수된다.

요소(urea, $CO(NH_2)_2$)는 이산화탄소와 액체 암모니아를 반응시켜 제조한다. 반응은 식 8.2와 같이 먼저 카밤산암모늄(ammonium carbamate, $H_2NCOONH_4$)이 생성되고 다음 단계에서 물과 요소로 분해되는 2단계 반응으로 구성된다.

$$2\,NH_3 + CO_2 \rightarrow H_2NCOONH_4 \tag{8.2}$$

$$H_2NCOONH_4 \rightarrow CO(NH_2)_2 + H_2O \tag{8.3}$$

제조 공정의 대표적인 예를 들면, [그림 8.1]에 나타낸 것처럼 암모니아와 이산화탄소가 합성탑으로 주입되어 반응하고, 생성된 카밤산암모늄이 3개의 분해기를 단계적

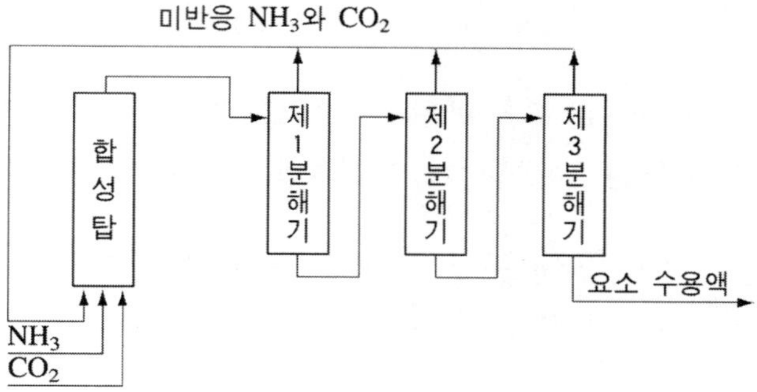

그림 8.1 대표적인 요소 제조 공정의 개략도

으로 거치면서 요소와 물로 분해된다. 마지막 분해기에서 요소 수용액이 분리되고, 각 분해기에서 분리된 미반응 암모니아와 이산화탄소는 다시 합성탑으로 보내 반응시킨다.

질산암모늄(ammonium nitrate, NH_4NO_3)은 식 8.4와 같이 질산을 암모니아로 중화시켜 제조한다.

$$HNO_3 + NH_3 \rightleftarrows NH_4NO_3 \tag{8.4}$$

반응이 큰 발열 반응이어서 그 반응열로 생성물을 가열 농축시킬 수 있다. 농축된 생성물을 탑 위에서 낙하, 냉각시키면 작은 입자 형태로 얻어진다. 질산암모늄은 흡습성이 높으므로 표면을 유지, 송진, 파라핀 등으로 코팅하여 방습 처리하여 시판한다. 다른 질소 비료에 비하여 질소의 함유량(35 %)이 높고 토양을 산성화시키지 않는다는 장점이 있다.

염화암모늄 또는 **염안**(ammonium chloride, NH_4Cl)은 7.6.3절에서 기술한 소다회 제조의 부산물로서 얻어진다. 황산암모늄에 비하여 질산화가 천천히 진행되므로 비료로서의 지속성이 좋다. 그러나 토양 중의 석회 성분과 반응하면 $CaCl_2$를 생성하여 물에 씻겨나가기 쉽게 된다.

석회질소(calcium cyanamide, CaNCN)는 식 8.5와 같이 탄화칼슘(CaC_2) 분말을 질소 분위기하에서 가열하여 제조한다.

$$CaC_2 + N_2 \rightleftarrows CaNCN + C \tag{8.5}$$

석회질소는 토양 중의 물과 반응하면 다음 식 8.6과 같은 반응을 일으켜 다이사이안다이아마이드(dicyandiamide, $(CN \cdot NH_2)_2$)가 생성된다.

$$2\,CaNCN + 4\,H_2O \rightleftarrows 2\,Ca(OH)_2 + (CN \cdot NH_2)_2 \quad (8.6)$$

다이사이안다이아마이드는 물과 반응하여 요소로 전환되고(식 8.7), 이것은 물과 다시 반응하여 탄산암모늄을 생성하여 비료 효과를 나타낸다(식 8.8).

$$(CN \cdot NH_2)_2 + 2\,H_2O \rightleftarrows 2\,CO(NH_2)_2 \quad (8.7)$$

$$CO(NH_2)_2 + 2\,H_2O \rightleftarrows (NH_4)_2CO_3 \quad (8.8)$$

황산암모늄 또는 **황안**(ammonium sulfate, $(NH_4)_2SO_4$)은 요소 비료의 수요가 증가하면서 점차 생산량이 감소하고 있다. 대표적인 제조 방법은 암모니아와 황산의 산-염기 반응에 의한 것이다(식 8.9).

$$2\,NH_3 + H_2SO_4 \rightarrow (NH_4)_2SO_4 \quad (8.9)$$

황산암모늄의 다른 제조 방법에는 나일론6의 원료인 카프로락탐의 제조 공정에서 부생되는 황산암모늄을 회수하는 방법 등이 있다.

8.2.3 인산 비료

인 성분은 식물의 씨앗에 ADP(adenosine diphosphate)나 ATP(adenosine triphosphate) 형태로 포함되어, 씨앗으로부터 싹이나 뿌리가 날 때 영양을 공급한다. 이들 화합물은 또 식물의 성장 과정에서 에너지를 공급한다. 세포핵의 구성 물질로서 유전에 관여하는 DNA(deoxyribonucleic acid)에도 인이 포함되어 있다. 이처럼 인은 식물의 발아와 성장에 필수적인 원소이다.

인산 비료는 1800년대 중반에 과린산석회의 생산을 시작으로 1950년에 들어서서 중과린산석회의 생산으로 이어졌다. 과린산석회와 중과린산석회가 각각 황산과 인산을 사용, 인광석을 분해하는 방식인 데 비하여, 용성인비와 소성인비는 인광석을 가열하여 인산 비료를 제조하는 방식이다. [표 8.5]에 앞에서 기술한 네 가지 인산 비료의 제조와 조성에 대하여 정리하였다.

과린산석회(calcium superphosphate)는 인광석($3Ca_3(PO_4)_2 \cdot CaF_2$) 분말을 황산으로 분해하여 제조한다(식 8.10).

$$[3Ca_3(PO_4)_2 \cdot CaF_2] + 7\,H_2SO_4 + 3\,H_2O \rightarrow$$
$$3\,[Ca(H_2PO_4)_2 \cdot H_2O] + 7\,CaSO_4 + 2\,HF \quad (8.10)$$

과린산석회는 P_2O_5를 약 17 % 함유한다. 수용성이어서 비료효과가 빨리 나타나는

표 8.5 주요 인산 비료

분류	제조방법	인광석 분해제	비료 조성	비료 명칭
습식	산분해	H_2SO_4	$Ca(H_2PO_4)_2 \cdot H_2O + CaSO_4$	과린산석회
		H_3PO_4	$Ca(H_2PO_4)_2 \cdot H_2O$	중과린산석회
건식	용융	$MgO \cdot xSiO_2 \cdot yH_2O$	$CaO \cdot MgO \cdot P_2O_5 \cdot CaSO_4 \cdot SiO_2$	용성인비
	소성	$Na_2CO_3 + H_3PO_4$	$Ca_3(PO_4)_2 \cdot 2CaNaPO_4$	소성인비

장점이 있지만, 비료로서의 효과가 없는 석고($CaSO_4$)를 다량 함유하는 단점이 있다. 석고의 함유량을 감소시키고 인산의 함유량을 증가시키기 위하여 황산 단독 대신 황산과 인산의 혼합 용액으로 인광석을 분해시키는 방법도 개발되었다. 이 방법에 의하여 P_2O_5의 함량이 20 %까지 증가된 인산 비료가 얻어진다.

중과린산석회(double superphosphate)는 과린산석회 제조시 사용하는 황산 대신에 인산을 사용하여 식 8.11과 같은 반응으로 제조된다.

$$[3Ca_3(PO_4)_2 \cdot CaF_2] + 7\,H_3PO_4 + 5\,H_2O \rightarrow$$
$$5\,[Ca(H_2PO_4)_2 \cdot H_2O] + HF \tag{8.11}$$

중과린산석회는 P_2O_5를 40 % 정도 함유한다. 석고를 함유하지 않으므로 과린산석회에 비하여 유리하여 생산량이 증가하고 있다.

용성인비(fused phosphate)는 인광석을 가열 용융시켜 플루오린을 제거하고 아파타이트(apatite) 구조를 파괴하여 제조한 구용성(구연산이나 구연산암모니아 용액에 용해되는 성질)의 비료를 말한다. 인광석에 사문암($3MgO \cdot 2SiO_2 \cdot 2H_2O$) 등을 첨가하여 1,400 °C에서 용융시킨다. 염기성 비료이기 때문에 산성토양에 적합하다.

소성인비(calcined phosphate)는 용성인비와는 달리 인광석이 용융되지 않는 조건에서 가열하여 플루오린을 제거하고 아파타이트 구조를 파괴하여 구용성 비료로 만든 것을 말한다. 반응은 다음 식 8.12와 같이 진행된다.

$$[3Ca_3(PO_4)_2 \cdot CaF_2] + 2\,Na_2CO_3 + 2\,H_3PO_4 \rightarrow$$
$$2[Ca_3(PO_4)_2 \cdot 2CaNaPO_4] + 2\,HF + 2\,CO_2 + 2\,H_2O \tag{8.12}$$

8.2.4 칼륨 비료

칼륨은 식물에서 삼투압에 의한 세포 중 수분 조절, 광합성, 단백질 합성에 관여하며, 개화와 결실을 촉진하는 역할을 한다. 식물의 재에는 다량의 칼륨이 포함되어 있기 때문에 예로부터 칼륨 비료로 사용되어 왔다. 1860년경 염화칼륨과 황산칼륨이 비료로 사용된 이래 지속적으로 생산되어 왔다.

염화칼륨(potassium chloride, KCl)은 염화칼륨을 함유한 실비나이트(sylvinite, KCl · NaCl)나 카널라이트(carnallite, $KCl \cdot MgCl_2 \cdot 6H_2O$) 등의 광물로부터 얻는다. 실비나이트로부터의 제조는 KCl과 NaCl의 용해도차를 이용한다. 물에 실비나이트를 넣고 가열하여 용해시킨 뒤 냉각하여 KCl을 석출시키는 과정을 반복하여 KCl을 분리한다. 카널라이트로부터의 KCl의 제조도 실비나이트와 유사하게 용해도차를 이용하여 수행한다.

황산칼륨(potassium sulfate, K_2SO_4)은 시에나이트(syenite, $K_2SO_4 \cdot MgSO_4 \cdot 6H_2O$)나 랑바이나이트(langbeinite, $K_2SO_4 \cdot 2MgSO_4$) 등의 광물로부터 제조한다. 시에나이트의 경우 다음 식 8.13와 같이 KCl을 가하여 분해시켜 황산칼륨을 제조한다.

$$2\ [K_2SO_4 \cdot MgSO_4 \cdot 6H_2O] + 4\,KCl \rightarrow 4\,K_2SO_4 + 2\,MgCl_2 \quad (8.13)$$

8.2.5 복합 비료

N, P_2O_5, K_2O의 세 성분 중에서 두 가지 이상을 함유한 비료를 복합 비료(complex fertilizer)라고 한다. 복합 비료는 식물이 가장 필요로 하는 주요 성분들을 함께 가지고 있기 때문에 비료 효과가 매우 크며, 따라서 최근에 시판되는 비료 중 75 % 이상은 복합 비료이다.

복합 비료 중 비료 성분을 단순히 혼합한 것을 배합 비료(blend fertilizer)라고 하고, 성분 간에 화학적으로 반응을 일으킨 것을 화성 비료(compound fertilizer)라고 한다.

배합 비료는 주요 비료 성분을 단순 혼합한 것으로서 제조가 간단하지만, 어떤 성분들은 배합되었을 때 또는 배합되어 토양에 뿌려졌을 때 서로 영향을 주어 비료 효과가 감소되거나 상실될 수 있기 때문에 주의가 필요하다. 예를 들어, 황산암모늄과 석회질소를 배합한 비료를 토양에 뿌리게 되면 다음 식 8.14와 같은 반응이 일어나 암모니아가 소실된다.

$$(NH_4)_2SO_4 + Ca(OH)_2 \rightarrow CaSO_4 + 2\,NH_3 \uparrow + 2\,H_2O \quad (8.14)$$

화성 비료는 N, P_2O_5, K_2O의 세 성분의 함량의 합이 30 % 미만인 것을 저도화성 비료, 이상인 것을 고도화성 비료라고 한다. 고도화성 비료는 비료 효과, 저장, 수송 등의 장점이 있기 때문에 생산량이 점차 증가하는 추세에 있다. 저도화성 비료의 제조법은 과린산석회와 황산암모늄에 염화칼륨과 물을 첨가하여 다음의 반응(식 8.15~8.18)을 일으킨 후 조립과 건조 과정을 거치는 방식이다.

$$Ca(H_2PO_4)_2 \cdot H_2O + (NH_4)_2SO_4 \rightarrow 2\,NH_4H_2PO_4 + CaSO_4 + H_2O \quad (8.15)$$

$$CaSO_4 + (NH_4)_2SO_4 + H_2O \rightarrow (NH_4)_2SO_4 \cdot CaSO_4 \cdot H_2O \quad (8.16)$$

$$(NH_4)_2SO_4 + 2\,KCl \rightarrow K_2SO_4 + 2\,NH_4Cl \quad (8.17)$$

$$CaSO_4 + K_2SO_4 + H_2O \rightarrow CaSO_4 \cdot K_2SO_4 \cdot H_2O \quad (8.18)$$

고도화성 비료는 과린산석회 대신에 인산암모늄이나 중과린산석회 등을 사용하여 비료성분의 비율을 높인 것이다.

09 전기 화학 공업

9.1 서론

전기 화학은 전기 에너지와 화학 에너지의 상호 변환을 연구하는 학문이다. 이러한 에너지의 상호 변환은 전기 화학 전지(electrochemical cell)에서 발생하며, 전기 화학 전지는 **볼타 전지**(voltaic cell)와 **전해 전지**(electrolytic cell)의 두 가지로 나눌 수 있다. 볼타 전지는 자발적인(spontaneous) 화학 반응에 의해 전기 에너지를 발생시키는 전지이며, 전해 전지는 전기 에너지가 비자발적인(nonspontaneous) 화학 반응을 일으키는 전지이다.

위에서 언급한 화학 반응은 모두 산화-환원(oxidation-reduction) 반응이다. 산화-환원 반응은 산화라는 반쪽 반응(half reaction)과 환원이라는 반쪽 반응으로 구성된다. 산화 반응에서는 전자가 생성되고 환원 반응에서는 전자가 소모되는데, 산화 반응에서 생성된 전자의 개수는 정확하게 환원 반응에서 소모된다.

전기 화학 전지에서 이들 두 개의 반쪽 반응은 대부분 금속판이나 선으로 이루어진 두 개의 다른 전극(electrode)에서 일어난다. 산화 반응은 **산화전극**(anode)에서 일어나는데, 예를 들면 아연으로 된 전극에서 아연 원자는 다음 식 9.1과 같이 전자를 내놓으면서 아연 이온으로 변한다. 전자는 외부 회로를 따라 환원전극으로 이동한다.

$$Zn\ (s) \rightarrow Zn^{2+}\ (aq) + 2\ e^- \qquad (9.1)$$

이에 비하여 **환원전극**(cathode)에서는 식 9.2와 같은 반응이 일어나, 산화 반응에서 생성된 전자를 소모한다.

$$Cu^{2+}\ (aq) + 2\ e^- \rightarrow Cu\ (s) \qquad (9.2)$$

이 반응 과정에서 음이온은 산화전극으로 이동하고, 양이온은 환원전극으로 이동한다.

위에서 기술한 전기 화학 반응을 공업적으로 이용하는 것이 **전기 화학 공업**이며, 화학 공업에 있어서 전지(battery)와 연료 전지(fuel cell), 금속의 생산·가공·표면 처리, 전기 분해, 환경정화 등과 같은 다양한 분야에서 활용되고 있다. 공업적으로 경쟁력이 있는 방법이 되려면 경제적인 면, 소요되는 에너지, 공정의 생산 효율, 환경 문제 유발 여부 등에서 우위를 점해야 한다. 전기 화학 공업은 앞에서 언급한 여러 분야에서, 다른 방법에 비하여 경쟁력을 가지면서 특징적인 역할을 수행하고 있다고 할 수 있다.

9.2 전지와 연료 전지

9.2.1 서론

전지와 연료 전지는 모두 전기 에너지를 화학적으로 생산 또는 축적하는 에너지 변환 장치로서, **볼타 전지**에 해당한다. 과거 수십 년에 걸친 전지 및 연료 전지 산업의 발전으로 성능이 지속적으로 개선되어 온 결과, 오늘날 우리는 긴 사용 기간과 높은 출력을 가진 전지와 연료 전지를 사용하게 되었다. 일상생활에서 다양한 전자 제품(휴대전화, MP3, 휴대용 컴퓨터 등)의 사용에 전지의 도움을 받고 있고, 최근 개발되고 있는 첨단 자동차나 우주 개발에 연료 전지가 중요한 역할을 하고 있다.

전지는 크게 일회용 전지인 **일차 전지**(primary battery)와 충전이 가능하여 재사용할 수 있는 **이차 전지**(secondary battery)로 나눌 수 있는데, 전지의 기본 구성 요소인 전극과 전해질에 기존 것과 다른 새로운 물질들을 이용함으로써 성능이 지속적으로 향상되고 있다. 예를 들어, 과거에 사용하던 용액상의 전해질을 고분자 고체 전해질로 대체함으로써 전지의 크기와 무게를 대폭 줄인 전지가 개발되었다.

전지 개량의 목표에는 여러 가지 항목이 있지만 그중 중요한 것 몇 가지를 꼽는다면 [표 9.1]에 정리한 출력 밀도, 에너지 밀도, 크기와 무게, 충전시간 등이 있다.

표 9.1 전지 개량의 대표적인 목표

목표	설명
높은 출력 밀도	단위 부피 또는 단위 무게당 출력(=전류×전압) 높이기
높은 에너지 밀도	단위 부피 또는 단위 무게당 전기 에너지(=용량×전압) 높이기
작은 크기와 무게	출력 밀도와 에너지 밀도를 높이고, 휴대를 용이하게 함
짧은 충전시간	(이차 전지에 해당) 사용의 편이성
긴 사이클 수명	(이차 전지에 해당) 충전-방전의 반복이 1,000 싸이클 이상

연료 전지는 일반 전지와는 다르게, 산화되는 전극 물질(대부분의 경우, 수소)을 외부에서 공급받고, 환원되는 전극 물질(공기 중 산소)도 외부에서 공급받는다. 연료를 연소시켜서 에너지를 얻는 열기관에 비하여 연료 전지는 연료와 산소의 산화-환원 반응에 의하여 직접 전기 에너지를 얻는다는 점에서 획기적인 장점이 있다. 연료 전지는 우주 개발이나 발전용 등의 특수 목적으로 실용화되었고, 최근에는 자동차의 동력원으로서 대중화되고 있으며, 연료 전지가 갖는 뛰어난 장점 때문에 세계적으로 치열한 연구 개발의 대상이 되고 있다.

9.2.2 전지의 종류와 특성

현재 사용되고 있거나 개발되고 있는 전지의 종류는 대단히 많다. 먼저, 크기를 기준으로 전지를 분류하면 [표 9.2]와 같다.

전지는 또한, 재충전이 가능하지 않아 1회용으로 사용되는 일차 전지와, 재충전이 가능한 이차 전지로 나눌 수 있는데, **일차 전지**에 대하여 먼저 기술하기로 한다. 일차 전지의 대표적인 종류를 [표 9.3]에 정리하였다.

회중 전등이나 카세트 플레이어에 사용하는 일반적인 **건전지**(Leclanche 전지)의 구성은 [그림 9.1]과 같다. 전지의 아연판이 산화전극의 역할을 하며, 전지 중앙의 탄소봉이 환원전극의 역할을 한다. 두 전극 사이의 공간은 NH_4Cl와 $ZnCl_2$의 전해질 반죽으로 채워져 있다. 이 전지가 작동할 때 산화전극에서는 다음 식 9.3과 같이 아연이 아연 이온으로 전환되면서 전자를 내놓는다.

$$Zn\,(s) \quad \rightarrow \quad Zn^{2+}\,(aq) \; + \; 2\,e^- \qquad (9.3)$$

환원전극에서는 다음 식 9.4와 같이 MnO_2이 Mn_2O_3으로 전환되면서 Mn이 산화수 +4에서 +3으로 환원된다.

$$2\,MnO_2\,(s) \; + \; 2\,NH_4^+\,(aq) \; + \; 2\,e^- \quad \rightarrow \quad Mn_2O_3\,(s) \; + \; 2\,NH_3\,(g) \; + \; H_2O \qquad (9.4)$$

표 9.2 크기로 분류한 전지의 종류와 용도

전지	대표적 용도
소형 전지	휴대용 전자 기기(보청기, 시계, 사진기, 계산기, 휴대전화 등), 의료기기
대형 전지	비상 전원, 부하 조절(load leveling), 전기 자동차
중형 전지	일반 자동차의 납 축전지(lead storage battery)로서 시동, 전기 부품 작동

표 9.3 대표적인 일차 전지

전지	환원전극	산화전극	전해질	전압(V)	특징
망가니즈 전지 (Leclanche)	MnO_2, C	Zn	NH_4Cl / $ZnCl_2$	1.55	
알칼리(alkaline) 전지	MnO_2, C	Zn	KOH	1.55	긴 수명
산화은 전지	Ag_2O, C	Zn	KOH 또는 NaOH	1.55	
수은-아연 전지	HgO (+MnO_2)	Zn	KOH 또는 NaOH	1.5	방전 전압 안정
공기-아연 전지	O_2, C	Zn	NH_4Cl 또는 KOH	1.4	긴 수명, 큰 용량
염화싸이오닐-리튬 전지	$SOCl_2$, C	Li	$SOCl_2$ / $LiAlCl_4$	3.6	높은 전압, 긴 수명

이 전지에서 일어나는 전체 반응은 다음 식 9.5와 같다.

$$\begin{aligned} &Zn\,(s) + 2\,MnO_2\,(s) + 2\,NH_4^{+}(ag) \rightarrow \\ &\quad Zn^{2+}\,(aq) + Mn_2O_3\,(s) + 2\,NH_3\,(g) + H_2O \end{aligned} \tag{9.5}$$

Leclanche 전지에서는 과도한 전류가 방출될 경우 암모니아 기체가 발생하여 탄소 전극 주변에 달라붙어 절연막을 형성한다. 이렇게 되면 일시적으로 전압이 떨어지게 된다. 이러한 단점을 개선하기 위해서 전해질 중의 NH_4Cl 대신 KOH를 사용한 것이 알칼리 전지이다. 알칼리 전지에서는 다음 식 9.6과 같은 반응이 일어나며 기체가 발생하지 않는다. 알칼리 전지는 일반 건전지보다 비싸지만 더 많은 전류를 제공하며, 수명이 긴 장점이 있다.

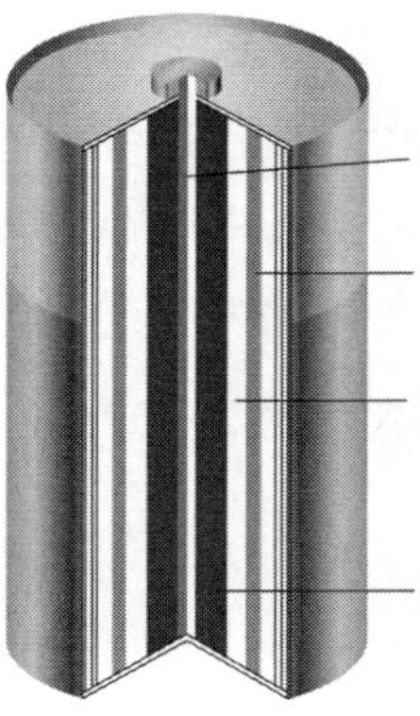

그림 9.1 망가니즈 건전지(Leclanche 전지)의 구성

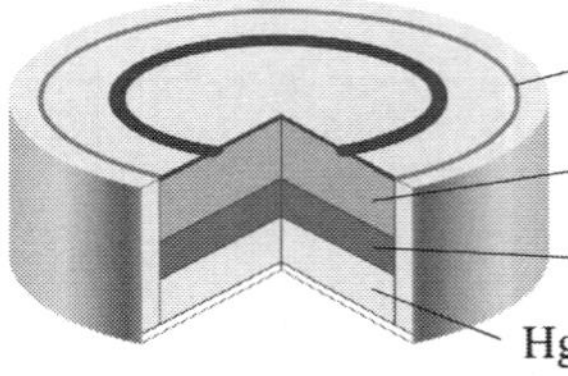

그림 9.2 단추형 수은–아연 전지의 구조

$$Zn\,(s) + 2\,MnO_2\,(s) \rightarrow ZnO\,(s) + Mn_2O_3\,(s) \tag{9.6}$$

수은–아연 전지도 일차 전지로서 중요하며, 특히 소형 전지로 만들 수 있어서 유리하다. 보청기, 사진기, 시계, 계산기 등에 주로 이용된다. 이 전지의 산화전극은 아연-수은 아말감이며, 여기서 아연이 반응에 참여한다. 환원전극은 산화수은(HgO)의 판 형태로 되어 있다. 전해질은 HgO와 NaOH 또는 KOH의 반죽으로 되어 있다. 산화 반응과 환원 반응을 각각 다음 식 9.7과 9.8에 나타내었다.

$$Zn\,(s) + 2\,OH^-\,(aq) \rightarrow Zn(OH)_2\,(s) + 2\,e^- \tag{9.7}$$

$$HgO\,(s) + H_2O + 2\,e^- \rightarrow Hg\,(l) + 2\,OH^-\,(aq) \tag{9.8}$$

이 전지에서 일어나는 전체 반응식은 다음 식 9.9와 같다.

$$Zn\,(s) + HgO\,(s) + H_2O \rightarrow Zn(OH)_2\,(s) + Hg\,(l) \tag{9.9}$$

전체 반응식에는 용액 속에 이온이 포함되지 않으므로 전류가 방출되는 동안 이온의 변화가 없게 된다. 결과적으로 1.4 V의 일정한 전압을 유지할 수 있다는 장점이 있다. [그림 9.2]에 단추형으로 제조된 수은-아연 전지의 구조를 보였다.

리튬 전지들은 3 V 정도의 높은 전압을 내는 특징이 있는데, 이것은 $Li \rightarrow Li^+$ 반응의 전위가 낮은 데 기인한다. 방전에 따른 전압 변화도 매우 일정한 특징을 갖는다. 금속 상태의 리튬을 사용하므로 전해질에는 철저히 물이 배제된 비수용성 물질을 사용해야 한다. 염화싸이오닐-리튬 전지는 염화싸이오닐이 용매로서의 역할을 하면서 동시에 다음 식 9.10과 같은 환원 반응을 통하여 환원전극의 활성 물질로도 작용하는 것을 이용한다. 염화싸이오닐이 부식성과 독성이 크기 때문에 이 전지의 용도는 군사용으로 한정되어 있다.

$$2\,SOCl_2 + 4\,e^- \rightarrow S + SO_2 + 4\,Cl^- \tag{9.10}$$

이차 전지는 반복적인 재충전이 가능한데 그 이유는 전지의 화학 반응에 의하여 생

표 9.4 대표적인 이차 전지

전지	환원전극	산화전극	전해질	전압(V)	특징
납 축전지	PbO_2	Pb	H_2SO_4	2.0	방전시 전압 일정
니켈-카드뮴	NiOOH	Cd	KOH	1.2	저온 특성 긴 수명
니켈-아연	NiOOH	Zn	KOH	1.7	
니켈- 금속 수소화물	NiOOH	수소 저장 합금	KOH	1.2	에너지 밀도 높음
리튬-산화코발트	$LiCoO_2$	Li (C)	유기 용매-Li염	4.0	높은 전압
리튬-산화망가니즈	$LiMnO_2$	Li (C)	유기 용매-Li염	3.0	높은 전압
나트륨-황	용융 S	용융 Na	알루미나	2.1	에너지 밀도 높음

성된 생성물들이 전극의 표면에 침적되며, 전지에 전류를 공급하면 전극의 반응이 반대로 진행되어 원래 상태로 전지를 되돌릴 수 있기 때문이다. [표 9.4]에 이차 전지의 대표적인 종류를 정리하였다.

자동차에 사용되는 **납 축전지**는 [그림 9.3]에 나타낸 것처럼 전극이 교대로 배열되어 있다. 납(Pb)으로 만들어진 판 모양의 산화전극과 산화납(PbO_2)으로 만들어진 환원전극이 교대로 배열되어 있다. 전해질로는 황산 수용액이 사용된다. 납 축전지가 방전을 시작하면 산화전극의 납은 Pb^{2+} 이온으로 산화되어 전극판에 $PbSO_4$의 침전을 형성한다(식 9.11).

$$Pb\,(s) + HSO_4^-\,(aq) \rightarrow PbSO_4\,(s) + H^+\,(aq) + 2\,e^- \qquad (9.11)$$

환원전극에서는 식 9.12에 나타낸 것처럼 PbO_2가 Pb^{2+} 이온으로 환원되면서 $PbSO_4$ 침전을 형성한다.

$$PbO_2\,(s) + 3\,H^+\,(aq) + HSO_4^-\,(aq) + 2\,e^- \rightarrow PbSO_4\,(s) + 2\,H_2O \qquad (9.12)$$

납 축전지를 재충전하려면 위의 반응들의 역반응이 일어나도록 적당한 방향으로 직류 전류를 흘려주면 된다. 자동차에서 재충전을 위한 에너지는 엔진으로부터 얻는다. 납 축전지의 장점은 황산 수용액의 농도에 크게 의존하지 않고 방전 전압이 2 V로 일정하다는 것이다. 그러나 황산 용액의 농도가 매우 묽어지면 2 V 아래로 떨어진다. 한편, 과거에는 납 축전지가 충전될 때 약간의 물이 전기 분해되어 수소와 산소가 생성되기 때문에 결과적으로 전해액이 줄어드는 경우가 있었다. 따라서 주기적으로 물을 보충해 주어야 하는 불편함이 있었으나, 최근에는 전극에 약간의 칼슘을 혼합함으로써 전기 분해 반응이 일어나지 않도록 개량되었다.

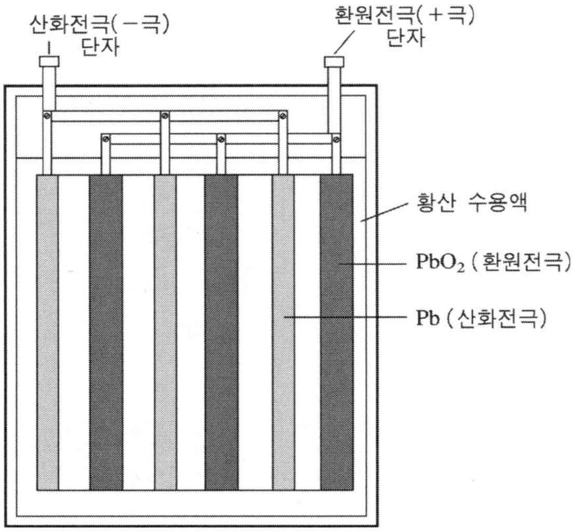

그림 9.3 납 축전지의 구성

니켈계 이차 전지에서는 **니켈-카드뮴 전지**와 니켈-금속 수소화물(metal hydride) 전지가 중요하다. **니켈-카드뮴 전지**의 경우, 방전이 일어날 때 환원전극에서는 다음 식 9.13의 반응이, 산화전극에서는 다음 식 9.14의 반응이 일어난다.

$$NiOOH\,(s) + H_2O + e^- \rightarrow Ni(OH)_2\,(s) + OH^-\,(aq) \qquad (9.13)$$

$$Cd\,(s) + 2\,OH^-\,(aq) \rightarrow Cd(OH)_2\,(s) + 2\,e^- \qquad (9.14)$$

충전시킬 때는 각 전극에서 위 반응들의 역반응이 일어난다. 니켈-카드뮴 전지는 저온 특성과 긴 수명 등의 장점이 있으나 중금속인 카드뮴 사용이 문제가 되어 그 수요가 점차 감소할 것으로 예상된다.

니켈-금속 수소화물 전지에서는 다음 식 9.15와 같은 가역 반응이 일어난다. 반응식에서 MH(s)는 수소 저장 합금에 수소가 저장된 형태, 즉 금속 수소화물을 표시한다. 방전시에는 오른쪽으로, 충전시에는 왼쪽으로 반응이 진행된다.

$$MH\,(s) + NiOOH\,(s) \rightleftharpoons M\,(s) + Ni(OH)_2\,(s) \qquad (9.15)$$

니켈-금속 수소화물 전지의 구성은 니켈-카드뮴 전지와 산화전극만 다를 뿐 나머지는 동일하다. 그러나 산화전극으로 사용하는 수소 저장 합금의 용량이 카드뮴보다 1.5~2.0배 크므로 전지의 에너지 밀도도 그만큼 커진다. 수소 저장금속으로는 단일 금속(W, Ti, Pd 등)이나 합금(MNi_5 등, 여기서 M은 란타넘계 금속)이 사용된다. 이 금속들은 수소를 가역적으로 흡수하고 방출하는 성질이 있다. 저온에서 수소의 압력을 높이면 수소가 이들 금속의 결정 격자 사이에 들어가고, 고온에서 압력을 낮추면 방출된다. 기체 상태의 수소의 부피는 너무 커서 전지용 물질로서 사용하기 어렵기 때문에 금속에 수소를 흡수시켜 이러한 단점을 극복한 경우이다.

현재 활발하게 연구 개발이 진행되고 있는 **리튬 전지(또는 리튬 이온 전지)**는 리튬의 전극 전위가 모든 원소들 중에서 가장 낮은 값을 가지기 때문에 전지 전압이 크다. 아울러 리튬이 가벼운 금속이기 때문에 에너지 밀도 면에서도 매우 유리하다.

리튬 전지에서는 금속 리튬 또는 탄소에 흡수된 리튬이 산화전극으로 사용되고, 전해질로는 리튬염이 사용된다. 환원전극으로는 CoO_2, MnO_2 같은 산화물이 사용되어, 각각 **리튬–산화코발트**, **리튬–산화망간 전지**를 구성한다. 이 산화물들은 층상 구조를 가지기 때문에, 방전시에는 전해질에 있던 Li^+ 이온이 산화물 환원전극의 층 사이로 들어가면서 환원 반응이 일어나는 층간 삽입(intercalation) 반응이 일어나게 된다(식 9.16). [그림 9.4]에 리튬 전지의 구성과 리튬 이온의 이동을 나타내었다. 충전시에는 식 9.16 반응의 역반응으로 산화물 층간에 들어 있던 리튬 원자가 산화되어 이온 형태로 빠져나가 전해질로 들어가게 된다.

$$CoO_2 + xLi^+ + xe^- \rightarrow Li_xCoO_2 \qquad (9.16)$$

산화전극에서는 방전시에 다음 식 9.17의 산화 반응이 일어나고, 충전시에는 이 반응의 역반응이 일어난다.

$$Li \rightarrow Li^+ + e^- \qquad (9.17)$$

산화전극에는 흑연이 사용되는데, 환원전극과 마찬가지로 층상구조를 가져 리튬 이온이 층간에 삽입될 수 있고, 또 탈리될 수도 있다. 전해질로서는 유기 용매와 리튬염의 혼합물을 사용하는데, 두 전극에서의 반응에 의하여 전해질 중에 존재하는 리튬 이온의 농도는 일정하게 유지된다.

리튬 고분자 전지는 고분자를 전해질로 사용한다는 점에서 액체 전해질을 사용하는 리튬 이온 전지와 구별된다. 환원전극과 산화전극 물질은 리튬 이온 전지와 같다. 전해질로 고분자 필름을 사용함으로써 전지의 구성요소 전체가 고체로 제작된다. 따라서 전극

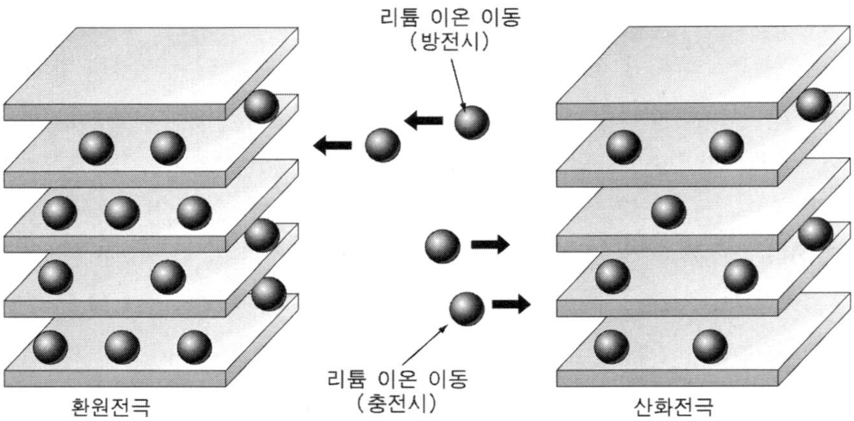

그림 9.4 리튬 이차 전지의 구성과 리튬 이온의 이동

과 전해질을 얇게 할 수 있어서 전지의 부피가 작아지고, 액체의 유출이 없으며, 견고하고 다양한 형태의 전지 제작이 가능하다. 전해질용 고분자로는 폴리(바이닐리덴플루오라이드 [poly (vinylidene fluoride), PVDF], 폴리아크릴로나이트릴(polyacrylonitrile, PAN), 폴레에틸렌옥사이드 [poly(ethylene oxide)] 등이 사용된다. 전해질은 이들 고분자와 리튬염의 혼합물로 되어 있다.

나트륨-황 전지는 아직 실용화와는 거리가 있지만 에너지 밀도가 특별히 크다는 장점이 있기 때문에 기대가 모아지는 전지이다. 용융 상태의 나트륨이 산화전극, 용융 상태의 황이 환원전극의 활성 물질로 작용한다. 전극 활성 물질이 가볍고, 두 물질 간의 전극 전위차가 매우 크기 때문에 에너지 밀도가 대단히 클 수 있다. 이론상의 에너지 밀도는 740 Wh/kg에 달한다. 전극 물질의 값이 싸다는 장점도 있어서 전기 자동차 등에 응용이 기대되고 있지만, 용융 상태 유지를 위해서 높은 온도를 유지해야 하는 문제와 안전성 문제 등을 해결해야 한다.

9.2.3 연료 전지

인류 문명의 발달에 중요한 기여를 해 온 화석 연료(석유, 천연 가스, 석탄)는 매장량이 한정되고 연소시 환경 문제를 일으키므로 공급이 안정적이며 환경 친화적인 대체 에너지를 개발하는 것이 시급한 과제로 되어 있다. 현재 가장 주목받고 있는 대체 에너지원의 하나로서 연료 전지를 들 수 있다.

연료 전지는 연료의 화학 에너지를 전기 화학적인 반응에 의해 전기와 열로 직접 변환시키는 장치이다. 일반적으로 수소와 산소(또는 공기)를 전기 화학적으로 반응시키며, 내연 기관에 비하여 효율이 매우 높다. 반응 과정에서 나오는 배출 열까지 효과적으로 이용할 경우 최대 효율 80 %까지 달성할 수 있다. 전기를 생산하는 과정에서 배출되는 주된 물질이 물이므로 공해 문제를 유발하지 않는다는 중요한 장점도 가진다. 또한, 기존의 발전 기술과는 달리 기계 운동이 없으므로 소음이나 진동이 없다는 것도 특징이다.

일반 전지가 전지 내에 들어 있는 물질의 화학 반응에 의하여 전기 에너지를 얻는데 비하여, 연료 전지는 반응 물질(연료)을 외부에서 공급받는 전지이다. 개발된 연료 전지는 모두 환원전극에 산소(또는 공기)를 사용하고 있으며, 산화전극에는 주로 수소가 사용된다. 산소는 공기로부터 분리하여 얻을 수 있으며, 수소는 석유, 석탄, 천연 가스, 메탄올, LPG 등 다양한 원료로부터 얻을 수 있어서 연료의 확보가 용이하고 안정적이다.

1960년대에 인공위성과 아폴로 우주선에서 전력 공급원으로 사용된 이래 우주 개발에 주로 사용되고 있는 **알칼리 연료 전지**를 토대로, 연료 전지에서 일어나는 화학 반응을 설명하기로 한다. 알칼리 연료 전지의 작동 원리를 [그림 9.5]에 나타내었다. 산화전극에는 백금-팔라듐(Pt-Pd) 합금과 테플론(Teflon)의 혼합물을, 환원전극에는 백금-금(Pt-Au) 합금과 테플론의 혼합물을 사용한다. 전해질에는 다공성 물질에 KOH 용액을 흡수시킨 것을 사용한다. 산화전극에서는 다음 식 9.18과 같이 수소와 수산화 이온(OH^-)이 반응하여 물과 전자를 생성하는 반응이 일어난다.

$$2\,H_2\,(g) \;+\; 4\,OH^-\,(aq) \;\rightarrow\; 4\,H_2O \;+\; 4\,e^- \qquad (9.18)$$

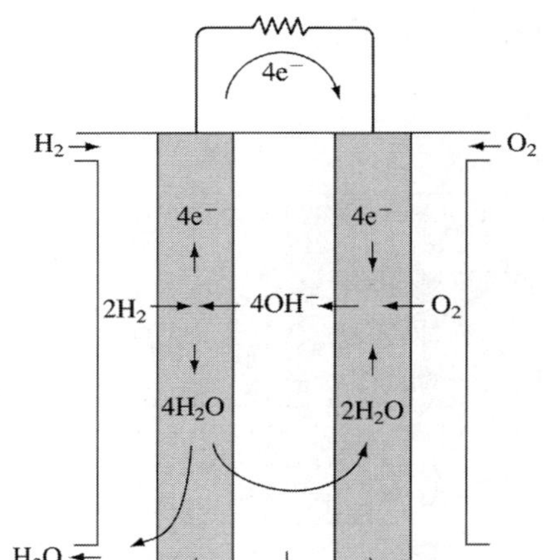

그림 9.5 알칼리 연료 전지의 작동 원리

환원전극에서는 산소, 물과 함께 외부 회로를 통해 흘러 온 전자가 반응하여 수산화 이온을 생성한다(식 9.19). 수산화 이온은 전해질을 통해 산화전극으로 이동한다.

$$O_2\,(g) + 2\,H_2O + 4\,e^- \rightarrow 4\,OH^-\,(aq) \qquad (9.19)$$

위의 두 반응을 합치면 다음 식 9.20의 전체 반응식이 얻어져, 결과적으로 수소와 산소가 반응하여 전기와 물을 생성하게 되는 것이다. 백금 촉매를 사용하면 위 반응이 40 °C 정도의 낮은 온도에서 일어날 수 있다.

$$2\,H_2\,(g) + O_2\,(g) \rightarrow 2\,H_2O \qquad (9.20)$$

연료 전지는 전해질의 종류에 따라 [표 9.5]와 같이 분류할 수 있다. 이 중 용융탄산염 연료 전지와 고체 산화물 연료 전지는 고온형으로, 알칼리 연료 전지, 인산형 연료 전지, 고분자형 연료 전지는 저온형으로 분류된다. 이들 방식 중 기술 검증이 완료되어 상업화된 연료 전지에는 앞에서 언급한 알칼리 연료 전지와, 발전기로 사용되고 있는 인산형 연료 전지가 있다. 나머지 연료 전지는 아직까지 실험・실증 단계에 머물러 있다. 이 밖에 수소 대신에 메탄올을 사용하는 직접 메탄올 연료 전지(direct methanol fuel cell: DMFC)가 이동통신용 전원으로 개발 중에 있다.

용융탄산염형 연료 전지(molten carbonate fuel cell: MCFC)에서는 전해질로 Li_2CO_3, K_2CO_3, $LiAlO_2$ 등의 혼합물을 사용하는데, 용융 상태 유지를 위하여 650 °C 정도의 고온을 유지해 주어야 한다. 이 연료 전지의 장점은 수소와 일산화탄소(CO)의 혼합가스, 즉 합성 가스를 직접 연료로 사용할 수 있다는 점이다(합성 가스에 대해서는 '2부

표 9.5 연료 전지의 분류

구분	고온형		저온형		
	용융탄산염형 연료 전지 (MCFC)	고체 산화물형 연료 전지 (SOFC)	알칼리 연료 전지	인산형 연료 전지 (PAFC)	고분자 전해질형 연료 전지 (PEMFC)
전해질	탄산염	산화물 세라믹	알칼리	인산	고분자막
촉매	니켈	perovskite	백금	백금	백금
전하 운반체	CO_3^{2-}	O^{2-}	OH^-	H^+	H^+
작동온도(℃)	650	1,000	70~100	200	≤80
용 도	대용량 화력 발전소 (수십 MW)	대용량 화력 발전소 (수십 MW)	우주선 군사용 등 특수용도	소규모 발전소, 병원, 호텔, 버스	휴대용 전원 (비디오카메라, 노트북), 교통수단(승용차, 버스, 선박), 우주선

유기 화학 공업'에서 언급한 바 있다). 다음 식 9.21, 9.22와 같이 산화전극에서 수소와 일산화탄소가 각각 탄산 이온(CO_3^{2-})과 반응하여 전자를 내놓는다.

$$H_2 + CO_3^{2-} \rightarrow H_2O + CO_2 + 2\,e^- \qquad (9.21)$$

$$CO + CO_3^{2-} \rightarrow 2\,CO_2 + 2\,e^- \qquad (9.22)$$

환원전극에서는 산소, 이산화탄소, 전자가 반응하여 탄산 이온을 생성한다(식 9.23). 탄산 이온은 전해질을 통하여 산화전극으로 이동한다. 전극 물질로는 산화전극에 니켈(Ni), 환원전극에 산화니켈(NiO_2)를 사용한다.

$$O_2 + 2\,CO_2 + 4\,e^- \rightarrow 2\,CO_3^{2-} \qquad (9.23)$$

고체 산화물형 연료 전지(solid oxide fuel cell: SOFC)는 지르코니아(ZrO_2) 같은 산화물 세라믹을 전해질로 사용한다. 지르코니아로 제조된 실린더 모양의 미세 관들을 연결하여 전지를 구성하고 1000 °C 정도에서 작동시킨다.

인산형 연료 전지(phosphoric acid fuel cell: PAFC)는 진한 인산(H_3PO_4)을 전해질로 사용하여 200 °C 정도에서 작동시키는 전지이다. 전극은 백금 또는 니켈 입자를 탄소-테플론의 다공성 물질에 분산시킨 형태로 되어 있다. 상용화에 성공하여 4.8 MW/month 급의 발전설비가 건설되어 가동 중이다.

고분자 전해질형 연료 전지(polymer electrolyte membrane fuel cell: PEMFC)는 상온 운전이 가능하고 출력 밀도가 높을 뿐만 아니라 적용 분야가 다양하여 시장성 측면에서 가장 주목을 받고 있다. 특히 출력을 기민하게 변화시킬 수 있어 신속한 시동이 요구되는 전기 자동차의 동력 공급원으로 사용하기에 가장 적합하다. 캐나다에서는 이미 1994년부터 고분자 전해질형 연료 전지 버스가 운행되고 있다. 한국에서도 2019년 정부가 수소경제를 활성화하고자 '수소 전기차'와 '연료 전지'를 강조하면서 이에 따라 국내에서 활발한 연구가 진행되고 있다. 특히 고분자 전해질형 연료 전지는 앞서 언급된 장점들을 통해 수소 전기차의 연료 전지로 사용되었고, 출력과 효율을 높이기 위해 전지의 구조나 전해질을 구성하는 물질의 종류를 변화시키는 등의 연구가 진행 중이다. 이외에도 휴대용 전원과 선박, 잠수함 등의 발전기 용도로도 개발되고 있다.

고분자 전해질형 연료 전지에서 일어나는 반응은 산화전극에서의 반응(식 9.24), 환원전극에서의 반응(식 9.25), 전체 반응식(식 9.26)으로 나타낸다. 산화전극에서 생성된 양성자(proton)은 고분자 전해질막을 통하여 환원전극으로 이동한다.

$$H_2 \rightarrow 2H^+ + 2e^- \quad (9.24)$$

$$1/2\,O_2 + 2H^+ + 2e^- \rightarrow H_2O \quad (9.25)$$

$$H_2 + 1/2\,O_2 \rightarrow H_2O \quad (9.26)$$

고분자 전해질막은 전기적으로는 절연체이지만 산화전극으로부터 환원전극으로 양성자를 전달하는 매개체로 작용한다. 현재 PEMFC용 전해질막으로 상용화되어 가장 널리 사용되고 있는 고분자는 DuPont사에서 개발한 플루오린계 양이온 교환 수지(상품명 Nafion)로, 폴리테트라플루오로에틸렌(polytetrafluoroethylene)을 주사슬로 하고 곁사슬에 설폰기(-SO_3H)를 갖는 과플루오로설폰산 고분자(perfluorosulfonic acid polymer)이다([그림 9.6]). 이 고분자는 무게의 25 % 이상이 수화된 상태에서 설폰기가 해리되어 높은 이온 전도도(~0.1 S/cm, 25 °C)를 나타낸다. 또 주사슬인 폴리테트라플루오로에틸렌에 기인하는 기계적 물성, 내화학성, 내식성, 전기 화학적 안정성이 우수하다.

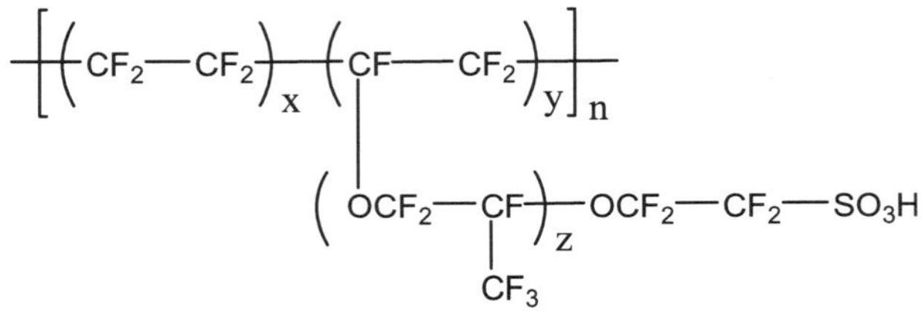

그림 9.6 연료 전지 전해질용 고분자의 예

일반적으로 플루오린계 이온 교환 수지는 고가이기 때문에 저렴한 가격의 **비플루오린계 수지**로 대체하려는 연구도 진행되고 있다. 최근 개발된 비플루오린계 이온 교환 수지의 예로서, 아래에 폴리에테르에테르케톤(polyetheretherketone, PEEK)에 설폰기를 도입한 수지와, 폴리설폰(polysulfone)에 아미노기를 도입한 수지를 보였다. 이들 화학 구조에서 볼 수 있듯이 전해질용으로 개발된 비플루오린계 이온 교환 수지는 일반적으로 벤젠 고리를 포함하는 탄화수소계 고분자를 주사슬로 하고 곁사슬에 이온 교환이 가능한 작용기를 가진다.

이 밖에 다공성 수지에 양이온 교환 수지를 함침시킨 강화 복합막 전해질과, 양이온 교환 수지에 친수성 무기물을 첨가한 무기물 충전형 복합 전해질막 등도 개발되고 있다.

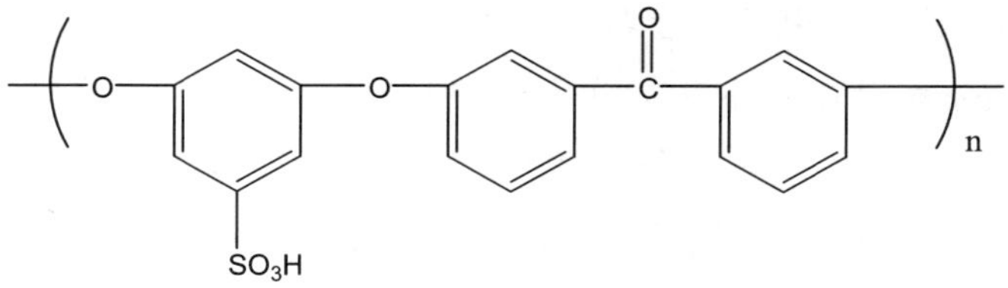

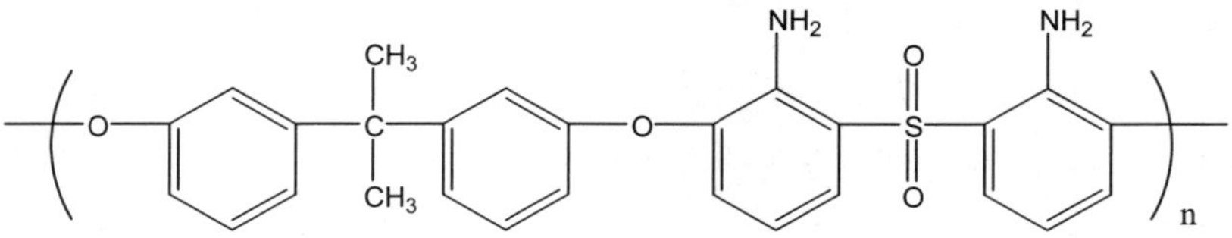

고분자 전해질형 연료 전지의 주요 구조는 고분자 전해질막의 양면에 촉매 전극층을 접착시켜 전해질과 전극이 하나의 구조를 이룬다. 촉매 전극은 전자들이 공급되거나 이탈하는 것이 용이하도록 탄소에 지지된 백금(carbon-supported platinum)의 형태로 사용되며, 백금 촉매 분말의 표면에 이온 교환 수지(ionomer)를 흡착시킨 후 전극과 전해질막을 접착시킨다. 다만, 백금은 촉매로서 매우 좋은 특성을 가지고 있지만, 다소 높은 가격대를 형성하고 있어 연료 전지의 가격을 높이고 수소 전기차의 대중화에 어려움을 주고 있다. 이를 해결하기 위해 백금을 대체할 수 있는 촉매에 대한 연구도 활발히 진행 중이다. [그림 9.7]에 전해질막(ionomer membrane)과 전극의 구성을 나타내었다.

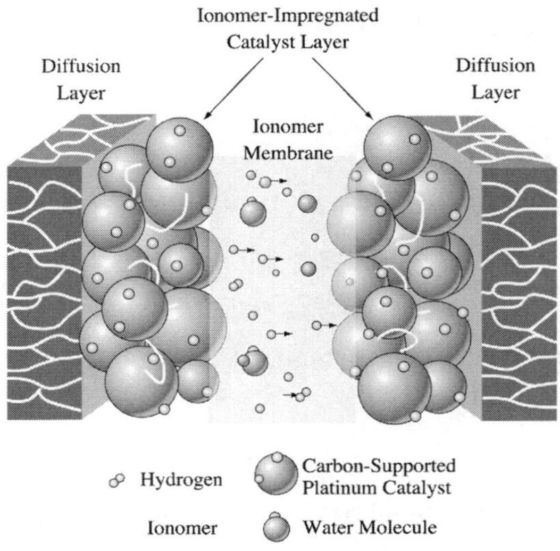

[출처 : 화학세계].

그림 9.7 고분자 전해질형 연료 전지의 구성

현재 연료 전지 분야에서 진행되고 있는 주요 연구는 자동차의 내연 기관을 연료 전지로 대체하는 것이다. 우리가 현재 사용하고 있는 자동차는 화석 연료를 사용하고 있기 때문에 배기 가스 중에 들어 있는 일산화질소(NO)와 이산화탄소가 대기를 오염시키고 지구 온난화를 심화시키고 있다. 자동차에 수소 연료 전지를 사용하면 전기 동력을 얻으면서 물만 배출되기 때문에, 자동차 배기 가스에 의한 환경 문제를 근본적으로 해결할 수 있다. 이를 달성하기 위해서는 수소 기체를 자동차에 안전하고 경제적으로 적재하는 방법을 개발해야 한다.

수소연료전지자동차의 상용화에 성공한 국내의 한 기업은 수소를 적재하기 위하여 플라스틱 라이너를 탄소 섬유로 여러 번 감아 만든 형태의 수소연료탱크를 사용하였다. 약 700 bar의 고압 수소 기체를 적재하게 되면 탱크가 수축과 이완을 반복하게 되는데, 금속 연료탱크는 반복적인 소성변형(plastic deformation)에 취약하여 수명이 짧다. 반면, 플라스틱 소재는 복원력이 뛰어나 피로에 강하여 고압 수소 기체 저장에 용이하다. 또한 열경화성 수지와 에폭시 등이 합쳐진 복합소재를 다양한 패턴으로 겹겹이 감아 만들어서, 큰 외부충격을 받았을 때 폭발하지 않고 살짝 찢어져 수소가스를 공기 중으로 날려 보내 위험을 줄이기도 한다. 위 방식의 경우 탄소섬유가 저장탱크의 큰 비중을 차지하고 있는 만큼 저가의 탄소섬유 생산을 위한 연구가 꾸준히 진행 중이다. 이 외에도 효과적인 수소적재를 위해 가볍고 저장 용량이 큰 소재들에 대한 개발이 이루어지고 있다.

9.3 전기분해

9.3.1 서론

9.1절에서 기술한 대로 전기 화학 전지는 크게 볼타 전지(voltaic cell)와 전해 전지(electrolytic cell)로 나누어지는데, 9.2절에서 소개한 전지 및 연료 전지는 볼타 전지에 해당하고, 전기 분해(electrolysis)는 **전해 전지**에 해당한다. 전해 전지에서는 전기 에너지에 의해 비자발적인 화학 반응이 일어나며, 현재 화학 공업에서 유용하게 활용되고 있다.

전기 분해는 줄여서 전해라고도 하며, 전해질 용액이나 용융 전해질 등의 이온성 전도체에 전류를 통하여 화학 변화를 일으키는 것을 말한다. 이온 전도체 중에 산화전극과 환원전극을 삽입하고, 두 전극에 전류를 흘리는 방식으로 진행된다. 전기 분해에서는 9.2절의 전지와는 반대로, 산화전극은 (+)극이 되고 환원전극은 (−)극이

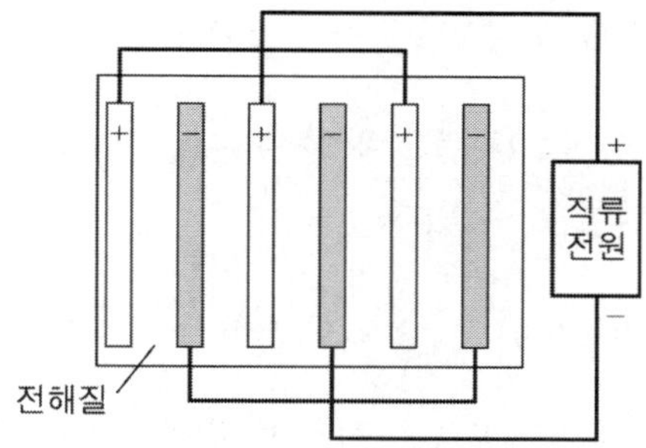

그림 9.8 전극이 병열로 연결된 직류 전해 장치

된다. 그러나 산화전극에서는 산화 반응이, 환원전극에서는 환원 반응이 일어나는 것은 동일하다. 전류가 직류인 경우를 직류 전해, 교류인 경우를 교류 전해라고 한다. [그림 9.8]에 직류 전해의 경우 전극을 병렬로 연결한 예를 보였다.

전기 분해를 공정의 핵심으로 하는 분야를 전해산업이라고 하며, [표 9.6]에 대표적인 예를 정리하였다. 이 중 염소-알칼리 공업이 가장 규모가 크고, 그 뒤를 알루미늄 제련공업이 잇는다. 이 외에도 물의 전기 분해와 도금 등이 있다.

9.3.2 염소-알칼리 공업

진한 소금물(약 25 % 수용액)의 전기 분해, 즉 염소-알칼리 공정(chlor-alkali process)에 의하여 전 세계적으로 매년 약 4,000만 톤의 염소(Cl_2)와 이와 비슷한 양의 수산화나트륨(NaOH)이 생산되고 있다. 염소와 수산화나트륨은 화학 공업에 있어서 대단히 중요한 기초 원료이며, 따라서 염소-알칼리 공업도 중요한 위치를 차지한다.

다음 식 9.27과 같이 산화전극에서는 염소 음이온이 염소로 전환되면서 전자가 발생하는 산화 반응이 일어나고, 환원전극에서는 수산화나트륨과 부산물인 수소가 생성된다(식 9.28).

$$2\,Cl^-(aq) \rightarrow Cl_2(g) + 2\,e^- \qquad (9.27)$$

표 9.6 전해산업의 대표적인 예

분 야	용 도
염소–알칼리 공업	NaOH, Cl_2 생산
알루미늄 제련	Al 생산
물의 전기분해	H_2, O_2 생산
도금	도금 제품 생산

$$2\,H_2O \;+\; 2\,e^- \;\rightarrow\; 2\,OH^-(aq) \;+\; H_2(g) \tag{9.28}$$

산화전극에서는 다음 식 9.29처럼 수산화 이온이 산화되면서 산소가 발생하는 반응이 경쟁 반응으로서 일어날 수 있다.

$$4\,OH^-(aq) \;\rightarrow\; O_2(g) \;+\; 2\,H_2O \;+\; 4\,e^- \tag{9.29}$$

전해질의 산성이 높지 않은 경우에는 산소 발생의 전위가 염소 발생 전위보다 낮아서 산소 발생이 열역학적으로 유리할 수 있다. 산소 발생에 전류가 소비되면 전류 효율이 낮아지고 Cl_2 제품의 순도도 떨어지기 때문에 산소 발생을 억제할 수 있는, 즉 산소 발생에 대해서는 과전위(overpotential)가 크면서 염소 발생에 대해서는 과전위가 작은 전극을 사용해야 한다.

염소-알칼리 공업의 전해 장치에는 세 가지 유형이 있다. [그림 9.9]에 수은식, 격막식, 고분자막식의 개략도를 나타내었다.

[그림 9.9 (a)]에 나타낸 것처럼 수은식에서는 수은이 환원전극(−극)으로 이용되며, 나트륨 금속이 환원 반응에 의해 생성되면서 NaHg 아말감을 형성한다(식 9.30). 이 아말감을 회수하여 다음 식 9.31에 보인 것처럼 물과 반응시켜 수소와 NaOH로 전환시킨다. 수은식은 전기 분해 효율은 높지만 환경 오염 문제 때문에 점차 사용이 감소하고 있다.

$$Na^+ \;+\; e^- \;\rightarrow\; Na(Hg) \tag{9.30}$$

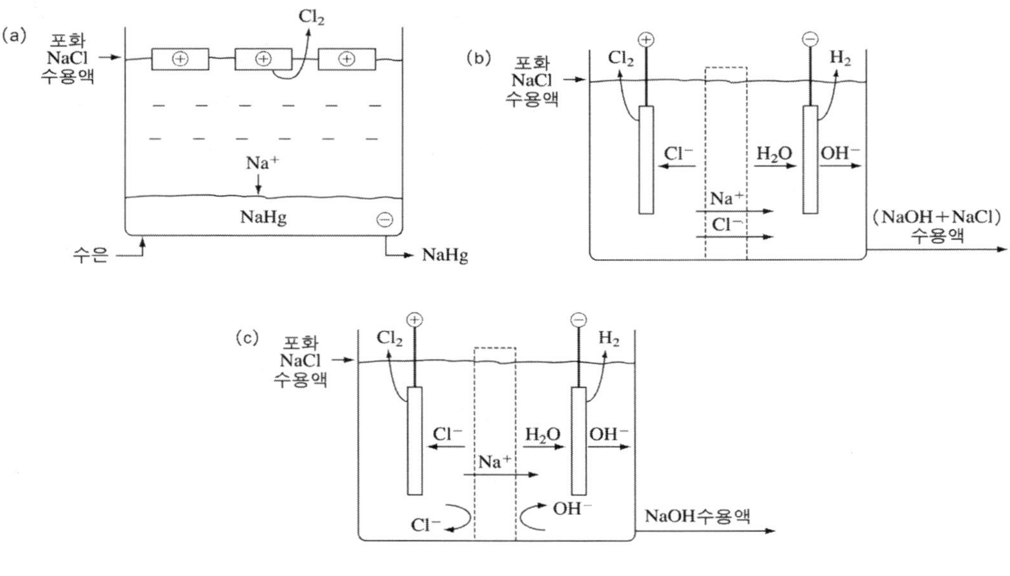

그림 9.9 염소-알칼리 공업에서 사용하는 전해 장치: (a) 수은식(mercury cell), (b) 격막식(diaphragm cell), (c) 고분자막식(membrane cell)

$$Na(Hg) + H_2O \rightarrow NaOH + 1/2\ H_2 \qquad (9.31)$$

격막(diaphragm)을 사용하는 방식에서는 산화전극과 환원전극을 석면(asbestos) 격막으로 분리한다. 이 격막은 두 전극 부근에 있는 용액의 자유로운 섞임을 방지하여, 용액의 pH를 낮춤으로서 산소 발생을 억제할 수 있다는 장점이 있으나 격막의 전기저항이 높은 단점이 있다. 격막은 용액의 흐름은 방지하지만 이온들은 그대로 통과시키기 때문에 생성된 수산화나트륨이 NaCl로 오염되는 단점도 있다. 또한, OH^- 이온이 격막을 통과하여 산화전극 쪽으로 이동하게 되면 산화전극 쪽의 pH가 높아져 산소 발생량이 커질 수 있다. 격막식 전해장치에서 생산되는 수산화나트륨의 농도는 15 %를 넘지 못하므로 농도를 높여 제품화하기 위해서는 증발과정을 거쳐야 한다.

고분자막 전해장치에서는 고분자막으로서, 9.2.3절에서도 소개되었던 플루오린계 양이온 교환 수지(상품명 Nafion)를 사용하는데, [그림 9.10]에 보인 것처럼 폴리테트라플루오로에틸렌(polytetrafluoroethylene)을 주사슬로 하고 곁사슬에 설폰산 이온($-SO_3^-$)을 갖는 과플루오로설폰산 고분자(perfluorosulfonic acid polymer)이다. 필요에 따라 강산형인 설폰산 이온 대신 약산형 카복실레이트 음이온($-COO^-$)가 결합된 수지를 사용하기도 한다. 이들 수지로 만들어진 고분자막은 Na^+ 이온만 통과시키고 Cl^- 이온과 OH^- 이온은 통과시키지 않으므로, 격막식의 경우와 같이 수산화나트륨이 NaCl로 오염되거나 산화전극 쪽의 pH가 높아지는 문제가 발생하지 않는다. 수산화나트륨 40 % 이상의 수용액을 제조할 수 있고, 에너지 소비량이 앞의 두 방법에 비하여 작으므로 가장 널리 사용되고 있는 추세이다.

9.3.3 알루미늄의 추출

전기분해에 의한 금속의 추출은 오랜 옛날부터 사용되어 온 기술로서, 용액 중에 존재하는 금속 이온들 중에서 특정 금속을 추출하는 공정이다. 이 공정은 특히 원광석으로부터 원하는 금속을 회수하는 데 이용된다.

알루미늄은 산화알루미늄(Al_2O_3)의 전기 분해에 의해 제조된다. 약 1,000 °C에서 융해된 산화알루미늄과 빙정석(cryolite, Na_3AlF_6)의 혼합물을 전기 분해하면 다음

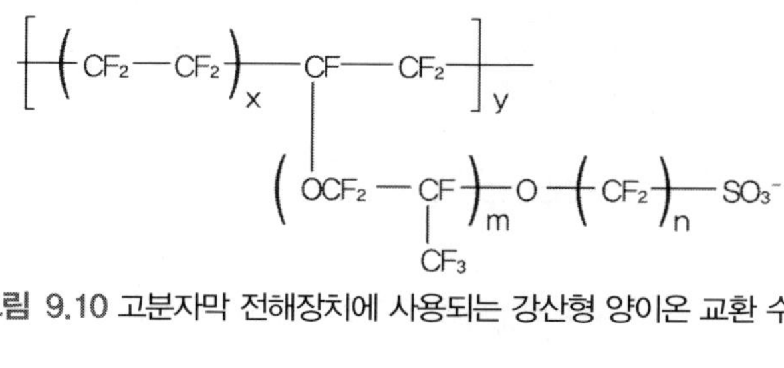

그림 9.10 고분자막 전해장치에 사용되는 강산형 양이온 교환 수지

식 9.32 또는 9.33과 같은 반응이 일어나 알루미늄이 얻어진다.

$$2\,Al_2O_3 + 3\,C \rightarrow 4\,Al + 3\,CO_2 \quad (9.32)$$

$$2\,Al_2O_3 + 6\,C \rightarrow 4\,Al + 6\,CO \quad (9.33)$$

환원전극으로는 용융 알루미늄이 덮여진 탄소봉이 사용되고 산화전극으로는 탄소봉이 사용된다. 이들 탄소봉은 이산화탄소와 일산화탄소로 전환되면서 소모된다.

9.3.4 물의 전기 분해에 의한 수소와 산소의 제조

수소는 암모니아 합성, 연료 전지, 반도체 제조 등에 있어서 매우 중요한 물질이다. 수소는 3.3.9절에서 언급하였듯이 일반적으로 석유계 탄화수소의 수증기 개질에 의하여 제조된다. 그러나 이렇게 제조되는 수소의 순도는 매우 낮아, 고순도의 수소가 사용되는 식품산업, 반도체 제조, 잠수함이나 우주선 등의 생명 보조 장치 등에는 사용할 수 없다. 전기 분해는 고순도의 수소를 제조하기 위한 방법으로 사용되고 있다. 우선, 9.3.2절에서 소개한 염소-알칼리 공업에서 NaCl의 고분자막 방식의 전기 분해에 의해 수소를 얻을 수 있다. 물을 전기 분해해도 고순도 수소를 제조할 수 있으며, 이 경우 고순도 산소도 함께 얻어진다. 본 절에서는 물의 전기 분해에 대하여 기술하기로 한다.

물의 전기 분해 장치를 [그림 9.11]에 나타내었다. 산화전극(+극)과 환원전극(−극)은 보통 석면 격막에 의하여 분리된다. 전해질로는 부식성이 낮은 KOH나 NaOH가 주로 사용된다.

산화전극에서 일어나는 산화 반응에 의하여 다음의 식 9.34와 같이 산소 기체가 얻어지고 양성자와 전자가 발생한다.

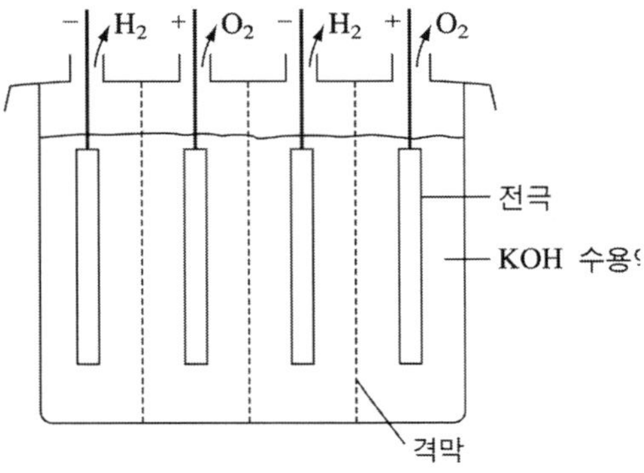

그림 9.11 물 전기 분해 장치의 개략도

$$2\ H_2O\ (l) \quad \rightarrow \quad O_2\ (g)\ +\ 4\ H^+\ (aq)\ +\ 4\ e^- \qquad (9.34)$$

환원전극에서는 다음의 식 9.35와 같은 반응이 일어나 수소 기체가 발생한다.

$$4\ H_2O\ (l)\ +\ 4\ e^- \quad \rightarrow \quad 2\ H_2\ (g)\ +\ 4\ OH^-\ (aq) \qquad (9.35)$$

위의 두 식을 더하면 다음 식 9.36과 같은 전체 반응식이 얻어진다.

$$2\ H_2O\ (l) \quad \rightarrow \quad O_2\ (g)\ +\ 2\ H_2\ (g) \qquad (9.36)$$

최근에는 수용액 전해질 대신 고체 고분자 전해질을 사용하는 장치로 대체되고 있다. 이 방식의 장치에서는 산화전극 쪽에만 물이 존재하고, 물의 산화 반응에 의해서 수소 이온과 산소 기체가 생성된다. 생성된 수소 이온은 고체 전해질을 통하여 환원전극으로 이동하여, 환원 반응을 일으켜 수소 기체로 전환된다. 이 방식의 장점으로는, 부식성의 전해질 대신 순수한 물을 사용할 수 있고 생성된 기체를 쉽게 분리할 수 있다. 아울러 고체 고분자를 사용함으로써 장치의 경량화, 소형화가 가능하다.

최근에 주목받고 있는 물의 전기 분해 기술 중에 광전기 분해가 있다. 태양광과 반도체 전극을 사용하며, 실용화를 목표로 효율을 높이기 위한 연구개발이 진행되고 있다.

9.3.5 전기 화학적 유기 합성

전기 분해에 의해 유기 화합물을 대량 합성하는 공정도 화학 공업의 중요한 분야이다. 현재 상용화되어 있는 전기 화학적 유기 합성의 종류를 [표 9.7]에 정리하였다.

표 9.7 상용화된 전기 화학적 유기 합성

반응물	생성물
acrylonitrile	adiponitrile
glucose	gluconic acid
nitrobenzene	aniline sulfate
naphthalene	naphthaquinone
maleic acid	succinic acid
dimethyl sulfide	dimethyl sulfoxide
oxalic acid	glyoxalic acid
2–methylindole	2–methylindolene
alkyl Grignard reagent, Pb	tetraalkyl lead

유기 화합물의 전기 화학적 합성 중에서 가장 큰 규모로 수행되고 있는 것은 아크릴로나이트릴(acrylonitrile)의 수소이합체화(hydrodimerization)에 의한 아디포나이트릴(adiponitrile)의 제조이다(4.4.3절 참조). 이것은 나일론 66 제조에 있어서 첫 번째 공정에 해당한다. 산화전극에서는 산소 발생 반응이 일어나며, 환원전극에서는 다음 식 9.37과 같은 반응에 의해 아디포나이트릴이 생성된다. 환원전극에는 납이나 카드뮴이 사용되며, 전해질로는 Na_2HPO_4와 사알킬암모늄염(tetraalkylammonium salt) 수용액이 사용된다.

$$2\,CH_2{=}CHCN + 2\,H^+ + 2\,e^- \rightarrow NC(CH_2)_4CN \qquad (9.37)$$

아디포나이트릴이 환원되면 헥사메틸렌다이아민(hexamethylenediamine)이 되며(식 4.47), 이것은 나일론 66의 단량체로 사용된다.

글루코스로부터 글루콘산의 생산은, 우선 다음 식 9.38과 같이 산화전극에서 브로민(Br_2)을 전기 화학적으로 제조한 후, 식 9.39에 나타낸 것처럼 브로민을 이용하여 글루코스를 산화시키는 방식으로 수행된다.

$$2\,Br^- \rightarrow Br_2 + 2\,e^- \qquad (9.38)$$

$$C_6H_{12}O_6\,(\text{glucose}) + Br_2 + H_2O \rightarrow C_6H_{12}O_7\,(\text{gluconic acid}) + 2\,H^+ + 2\,Br^- \qquad (9.39)$$

그리냐르 시약(Grignard reagent)을 포함하는 전해질 중에서 납 양극을 산화시켜 사알킬납(tetraalkyl lead)을 생산하는 공정은 한때 많이 사용되던 공정이었다(식 9.40).

$$Pb + 4\,RMgCl \rightarrow R_4Pb + Mg^{2+} + 4\,Cl^- + 4\,e^- \qquad (9.40)$$

특히 사에틸납(tetraethyl lead)는 가솔린 연료의 옥탄가를 높이는 데 사용되었다. 그러나 자동차 배기 가스에 포함된 납 성분이 환경을 오염시킨다는 사실이 밝혀지면서 사에틸납을 사용하지 않게 되었다. 우리가 흔히 주유소에서 보는 '무연 휘발유' 표시는 사에틸납을 포함하지 않는 가솔린을 의미한다.

9.3.6 금속의 표면 처리

재료의 표면 처리란 일반적으로 금속, 세라믹, 또는 고분자 표면에 박막(thin film) 형태의 물질을 부착시키거나, 표면의 화학 구조를 변화시키거나, 또는 표면을 미세하게 깎아내어 재료 표면의 성질을 변화시키는 것을 말한다. [표 9.6]에 표면 처리 기술을 분

표 9.8 표면 처리 기술의 분류

분 류	설 명	대표적인 기술의 예
박막 형성	재료 표면에 박막을 형성, 부착시킴	전기 도금, 무전해 도금 도장, 전착 도장 PVD, CVD
표면 가공	재료 표면의 화학 구조를 변화시켜 새로운 표면 특성을 부여함	양극 산화, 방사선 조사
식각 (etching)	재료 표면을 특정한 패턴으로 미세하게 깎아냄	습식 또는 건식 에칭 전해 연마

류하였다. 표면 처리의 기원은 재료의 외관을 장식함으로써 금속 제품의 가치를 높이려는 데 있었으나, 최근에는 재료에 새로운 화학적, 물리적 특성을 부여한다는 목적이 추가되었다. 대표적인 특성으로는 부식 저항성(corrosion resistance), 열안정성(thermal stability), 마모 저항성(wear resistance), 전기 전도성(electrical conductivity), 생체 적합성(biocompatibility) 등이 있다.

본 절에서는 여러 가지 표면 처리 기술 중에서 주로 금속 재료의 박막 형성에 대하여 기술하기로 한다. 금속 표면에 대한 박막 형성 기술은 다음 [표 9.9]와 같이 분류할 수 있다. 전기 도금 기술은 전지의 발명 이후인 1800년대 초부터 발달하여 현재에도 널리 사용되고 있고, 무전해 기술은 전기 에너지를 이용하지 않는 방법으로서 1900년대 중반에 개발되어 점차 그 영역을 넓혀 가고 있다. 최근에 개발된 진공 증착은 주로 반도체의 미세가공에 이용되는 공정이다. 본 절에서는 전기 도금과 무전해 도금을 설명하기로 한다.

표 9.9 금속 표면에 대한 박막 형성 기술

분 류	기술의 핵심
전기 도금	전해질 용액 중에서의 전기 분해
무전해 도금	재료 표면에서 산화 반응과 금속의 환원 석출 반응을 동시에 일으킴
진공 증착	플라즈마를 이용한 기상 증착

전착(electrodeposition)은 전기 분해에 의하여 특정 물질이 석출하여 전극의 표면에 부착되는 현상을 뜻하며, **전기 도금**(electroplating)은 전착 현상을 이용한 박막 형성 기술이다. 전기 도금은 금속(세라믹과 고분자도 해당됨)의 표면에, 단일 금속, 합금, 금속/고분자 복합 물질, 금속/세라믹 복합 물질 등의 박막을 형성하는 기술이다. [표 9.10]에 전기 도금에 사용되는 대표적인 물질을 정리하였다.

표 9.10 전기 도금이 가능한 대표적인 물질

분 류	대표적 물질
단일 금속	금, 은, 구리, 니켈, 크로뮴, 백금, 아연
합금	니켈/크로뮴, 니켈/주석, 구리/아연, 구리/주석
화합물	알루미나(Al_2O_3), 다이아몬드, 탄화규소(SiC)

전기 도금은 전해질 용액 중에 존재하는 이온을 도금되는 재료(－극)에 석출시켜 박막화시키는 방식으로 수행된다. 전기 도금 장치의 개략도를 [그림 9.12]에 나타내었다. 반응은 다음 식 9.41과 같이 일어나며, 전해질 용액 중의 M^{z+} 이온이 환원전극(－극)으로 이동하여 그 표면에서 환원되면서 석출된다.

$$M^{z+}(aq) + ze^- \rightarrow M(s) \quad (9.41)$$

산화전극에 M^{z+} 이온이 전해질로 용해되어 들어갈 수 있는 물질을 사용하는 경우에는 다음 식 9.42와 같은 반응이 일어난다. 이 반응은 위 식 9.41 반응의 역반응이다.

$$M(s) \rightarrow M^{z+}(aq) + ze^- \quad (9.42)$$

반대로, 산화전극에 불용성 물질을 사용하는 경우에는 전착하고자 하는 금속 이온을 함유한 염을 전해질 성분으로 하여 전기 분해를 수행한다.

무전해 도금(electroless plating)은 전기 도금과 함께 공업적으로 널리 사용되는 방법이다. 기판 물질의 표면에서 환원제의 산화 반응과 금속의 환원 석출 반응을 동시에 일으켜 금속의 미립자를 석출시킨다. 전기를 사용하지 않으므로 비전도체에도 도금이 가능한 것이 특징이다. 또한, 복잡한 형상 또는 분말상의 재료 표면에도 균일한 도금이 가능하며, 도금층이 치밀한 것이 특징이다. ABS 수지, 폴리카보네이트 수지, 폴리프로필렌 수지 등의 고분자와 다양한 종류의 세라믹 재료의 도금에 사용된다.

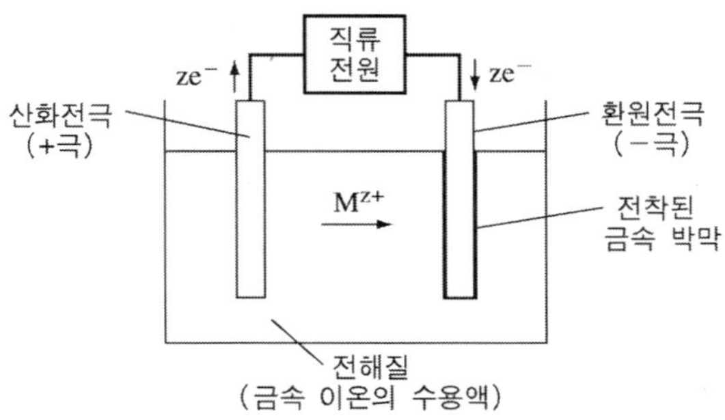

그림 9.12 전기 도금 장치

10 실리콘 소재

10.1 서론

현대 문명에서는 TV, 휴대전화, 냉장고 등의 전자 제품의 역할이 거의 절대적이라고 할 만큼 중요하다. 모든 전자 제품에는 실리콘(silicon, Si, 규소)으로 만들어진 반도체가 사용된다. 실리콘 반도체의 발명이야말로 각종 전자 제품을 탄생시킨 주역이라고 할 수 있다.

실리콘 반도체에는 순도가 매우 높은 규소 원소를 사용하고 있다. 그러나 'silicone'으로 표기되는 실리콘 화합물도 공업적으로 매우 중요하게 사용되고 있다. Silicone은 좁은 의미에서는 규소를 함유하고 있는 고분자 물질을 의미한다. 넓은 의미로는 규소를 함유하고 있는 모든 화합물을 일컫는다.

10.2 규소의 제조

규소는 지각에서 산소 다음으로 풍부한 원소이며, 산화규소(SiO_2) 또는 규산염 광물 형태로 존재한다. 산화규소와 코크스를 전기로에서 3000 °C 정도로 가열하여 규소에 결합된 산소를 제거하고 규소 원소를 생산한다(식 10.1).

$$SiO_2 + 2C \rightarrow Si + 2CO \qquad (10.1)$$

원소 상태의 규소는 다이아몬드에서의 탄소처럼 4면체 구조로 공유결합으로 연결되어 있으며, 반도체 특성을 가지므로 트랜지스터와 태양 전지의 제조에 사용된다. 규소 원소가 반도체로 사용되려면 불순물의 함량이 1 ppb 이하일 정도로 순수해야 한다. 규소 원소를 정제하는 방법 중 대표적인 한 가지는 규소 원소를 Cl_2와 반응시켜 액체 상태의 $SiCl_4$를 생성시키는 것이다(식 10.2). $SiCl_4$를 분별 증류하여 정제한 후 H_2를 사용하여 원소 상태의 규소로 전환시킨다(식 10.3).

$$Si + 2Cl_2 \rightarrow SiCl_4 \tag{10.2}$$

$$SiCl_4 + 2H_2 \rightarrow Si + 4HCl \tag{10.3}$$

10.3 Chlorosilane의 제조

Chlorosilane은 실리콘 제품의 주된 원료로서 사용된다. 오늘날 실리콘 공업 분야에서 널리 사용되고 있는 chlorosilane 제조법은 Rochow 공법으로, 규소와 염화메틸(CH_3Cl)과의 반응으로 진행된다. 반응은 복잡하게 진행되어 매우 다양한 생성물이 생성되며, 그중 대표적인 반응을 식 10.4~10.7으로 나타내었다. 생성물의 대부분은 다양한 메틸염화실란 화합물들의 혼합물로서, 반응조건에 따라 각 화합물의 비율이 달라진다.

$$Si + 3CH_3Cl \rightarrow CH_3SiCl_3 + CH_3\text{-}CH_3 \tag{10.4}$$

$$Si + 2CH_3Cl \rightarrow (CH_3)_2SiCl_2 \tag{10.5}$$

$$Si + 3CH_3Cl \rightarrow (CH_3)_3SiCl + Cl_2 \tag{10.6}$$

$$Si + 2Cl_2 \rightarrow SiCl_4 \tag{10.7}$$

이 생성물 중에서 공업적인 활용가치가 가장 큰 것은 다이메틸이염화실란($(CH_3)_2SiCl_2$)이다. 따라서 생산공정을 다이메틸이염화실란이 가장 많이 생성되는 조건으로 운전해서 경제성을 높이고 생산원가를 낮춘다. 식 10.4~10.7의 각 생성물은 분별 증류를 통하여 분리한다.

페닐염화실란과 바이닐염화실란도 실리콘 제품의 중요한 원료이다. 페닐염화실란의 공업적인 제조 방법으로는 Si-H 결합을 갖는 염화실란 화합물을 벤젠 또는 염화벤젠과 고온에서 반응시킨다(식 10.8 및 10.9).

$$C_6H_6 + HSiCl_3 \rightarrow PhSiCl_3 + H_2 \tag{10.8}$$

$$C_6H_5Cl + HSiCl_3 \rightarrow PhSiCl_3 + HCl \tag{10.9}$$

바이닐염화실란의 공업적인 제조 방법은 Si-H 결합을 가진 염화실란에 아세틸렌을 수소화 규소첨가 반응으로 부가시키는 것이다(식 10.10). 또 다른 방법에서는 염화바이닐 화합물을 Si-H 결합을 가진 염화실란과 반응시켜 수소를 바이닐기로 치환시킨다(식 10.11).

$$CH{\equiv}CH + HSiCl_3 \rightarrow CH_2{=}CHSiCl_3 \qquad (10.10)$$

$$CH_2{=}CHCl + HSiCl_3 \rightarrow CH_2{=}CHSiCl_3 + HCl \qquad (10.11)$$

10.4 실리콘 제품

실리콘 화합물은 매우 다양한 용도로 사용되고 있는데, 편의상 실리콘 오일, 실리콘 고무, 실리콘 수지 등으로 분류할 수 있다. 실리콘 재료의 대표적인 장점 중의 하나로 내열성과 내화학성을 들 수 있고, 이것은 규소와 산소의 반복된 결합에 기인한다. 아울러, 규소에 결합된 메틸기는 유기기 중에서는 가장 간단하고 안정하기 때문에 실리콘 제품의 우수한 내열성과 내화학성에 기여한다. 이 메틸기가 페닐기로 치환되면 페닐기의 안정성 때문에 내열성이 더욱 향상될 뿐 아니라, 페닐기의 부피가 메틸기보다 크기 때문에 실리콘의 유연성이 증가한다. 일반적으로 규소에 치환된 유기기의 화학구조에 따라 실리콘 제품의 전체 특성이 달라진다. 따라서 규소에 치환된 유기기의 화학구조를 다르게 하거나 실리콘의 분자량을 조절함으로써 다양한 특성의 실리콘 제품을 제조할 수 있다.

10.4.1 실리콘 오일

$(CH_3)_2SiCl_2$를 가수분해시키면 Si-Cl기가 가수분해되어 실란올(Si-OH)기로 전환된다(식 10.12). 실란올기는 알콜(C-OH)과 달라 불안정하며, 스스로 축합반응을 일으켜 실록세인(Si-O-Si) 구조가 되면서 물이 빠져나온다(10.13). 그런데 분자당 실란올기가 2개씩 있으므로 양쪽에서 계속 축합반응을 일으켜 중합이 일어나면서 분자량이 증가하게 된다(식 10.14). 분자량이 증가하는 과정에서 분자 사슬의 양쪽 끝의 실란올기가 반응하게 되면 고리형 폴리다이메틸실록세인(cyclic polydimethylsiloxane (PDMS))이 생성되고, 그렇지 않은 경우는 선형(linear) PDMS가 생성된다(식 10.14). 가수분해 조건에 따라 고리형과 선형의 비율이 달라진다.

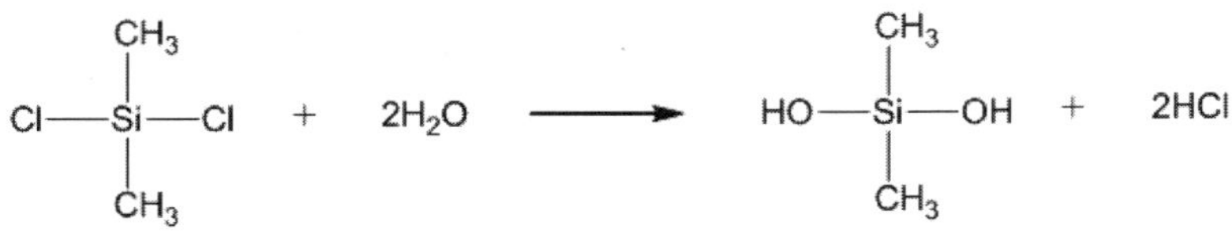

(10.12)

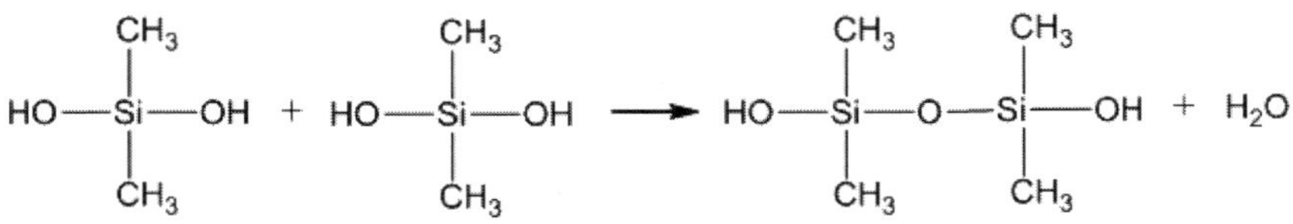

(10.13)

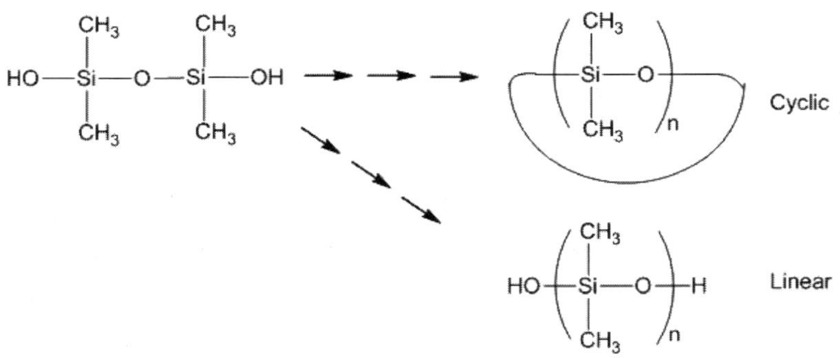

(10.14)

식 10.12~10.14의 반응으로 생성된 실리콘 오일은 분자 양 끝에 붙어있는 실란올기가 축합을 일으켜 보관 중에 점도가 변화(증가)할 수 있으므로, 실리콘 오일을 제품화하기 위해서는 점도를 안정화시킬 필요가 있다. 또한, 각 용도별로 점도가 다른 다양한 제품들을 만들 필요가 있다. 따라서, 1) 고리형 PDMS의 사슬을 열어 선형 PDMS를 만들고, 2) 평형화 공정을 통하여 점도를 조절하고, 3) 고분자의 양 끝에 사슬 stopper를 결합시켜 안정화시킨다. 고리형 PDMS 사슬을 여는 데는 강한 산이나 염기가 촉매로 사용된다. 예를 들어 황산은 실록세인의 사슬을 분해시키는 반응과 실란올기를 축합시키는 반응을 동시에 일으킨다. 이러한 분해-재축합의 평형화 과정을 통하여 점도를 조절할 수 있다. 사슬 stopper로서는 대표적으로 $(CH_3)_3SiCl$를 사용하는데, 이 화합물을 가수분해시키면 $(CH_3)_3SiOH$로 전환되어 선형 PDMS의 말단 실란올기와 반응함으로써 PDMS 말단기의 반응성을 없앤다(식 10.15). 실리콘 오일 제품 중에서 가장 많이 사용되는 것이 식 10.15에 나타낸 PDMS이다.

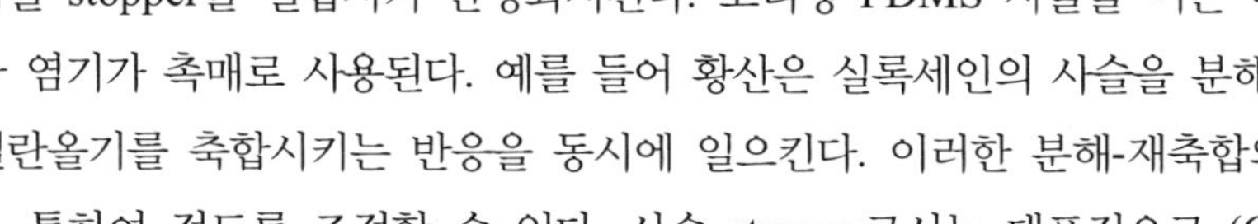

(식 10.15)

위에서 제조한 실리콘 오일에는 미량의 저분자량 PDMS나 고리형 PDMS가 잔류할 수 있다. 이러한 물질들은 끓는점이 낮아 사용 도중에 휘발하여 점도변화를 초래하거나 가연성이어서 화재의 위험이 있다. 따라서 이 물질들은 감압증류를 통하여 제거해야 한다. 최종적으로, 150 °C에서 24시간 가열 시 무게변화가 0.5 % 미만인 실리콘 오일 제품을 만든다. 실리콘 오일 제품은 열전달 매체, 윤활유, 유압 오일, 브레이크 오일, 변속 오일 등으로 사용되고 있다.

10.4.2 실리콘 고무

분자량이 매우 높아 고체 상태인 실리콘 오일(실리콘 생고무라고 함)에 충진제를 넣고 가교제로 가교시켜 강도와 탄성을 증가시킨 물질을 실리콘 고무라고 한다. PDMS 구조의 메틸기 대신에 바이닐, 페닐, 트리플루오르프로필기 등이 치환되어 다양한 성질을 가진 실리콘 고무 제품도 생산되고 있다(그림 10.1). PDMS 구조 기반의 실리콘 고무는 대량 생산에 적합하여 가격이 저렴한 반면, 다른 유기기가 치환된 구조는 생산원가가 높은 대신 공정상의 이점이 있거나 고무제품의 성질이 우수하다. 바이닐기를 가진 고무는 가교 반응을 더 낮은 온도에서 수행할 수 있고, 페닐기를 가진 고무는 유연성과 내열성이 우수하다. 트리플루오르프로필기의 도입은 내약품성 및 내용제성을 향상시킨다.

실리콘 생고무를 가교시키는 방법에는 고온 가교와 상온 가교가 있다. 실리콘 생고무와 유기과산화물의 혼합물을 고온에서 가교시키는 방법에서는 유기과산화물을 가교제로 사용한다. 식 10.16~10.18에 나타내었듯이 열에 의하여 과산화물이 분해되어 자

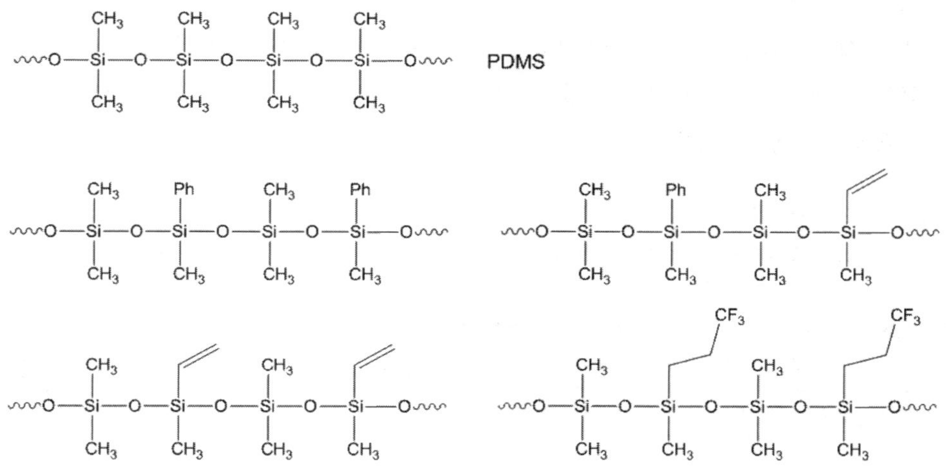

그림 10.1 실리콘 고무 제조에 사용되는 실리콘 생고무

유라디칼 화학종이 생성된다. 이 라디칼 화학종이 메틸기에서 수소를 떼어내 폴리실록세인 사슬에 메틸라디칼기를 생성시킨다. 메틸라디칼기를 가진 폴리실록세인 분자끼리 반응하여 가교 구조를 형성하면서 실리콘 생고무가 실리콘 고무로 전환된다.

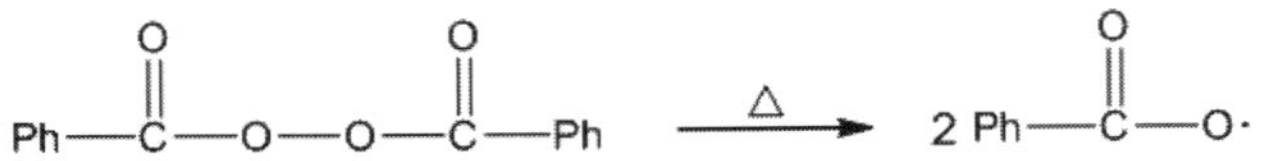

(10.16)

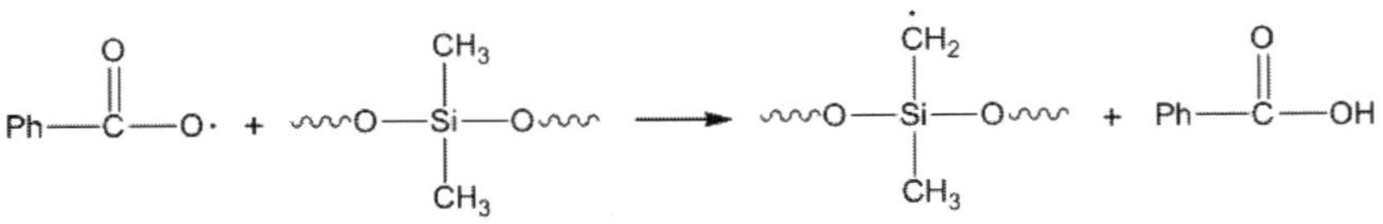

(10.17)

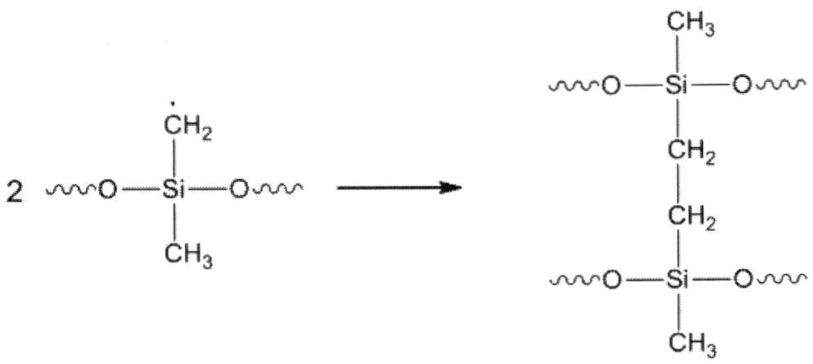

(10.18)

위에 기술한 가교 방법이 실리콘 생고무와 유기과산화물의 2성분을 사용하고 고온에서 가교가 이루어지는 데 비하여, 실리콘 생고무를 상온에서 반응시키는 방법도 개발되었다(식 10.19 및 10.20). 이 방법에서는 분자 사슬의 말단이 실란올기로 되어있는 실리콘 생고무에 메틸트리아세톡시실란($CH_3Si(OCOCH_3)_3$) 화합물을 혼합한다. 이 혼합물이 공기 중의 수분과 접촉하면 $CH_3Si(OCOCH_3)_3$ 화합물에 가수분해가 일어나 초산이 탈리되면서 실란올기가 생성된다. 이 실란올기가 주변의 다른 실란올기와 축합반응하면서 가교가 일어나 실리콘 고무가 생성된다. $CH_3Si(OCOCH_3)_3$ 화합물을 사용하는 대신 PDMS 사슬의 말단 규소를 아세톡시기로 보호해 놓은 생고무를 사용하는 방법도 있다.

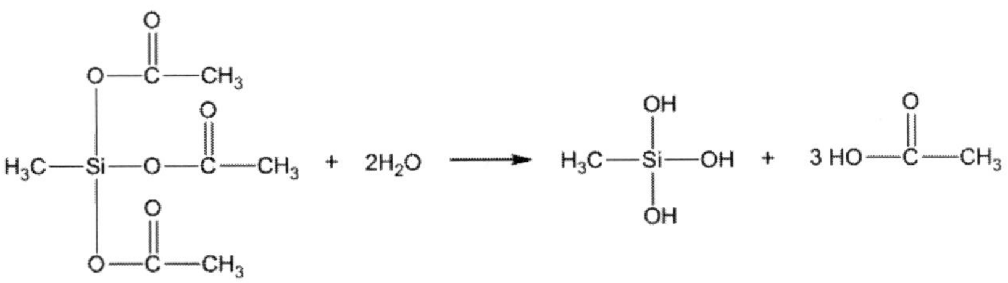

(10.19)

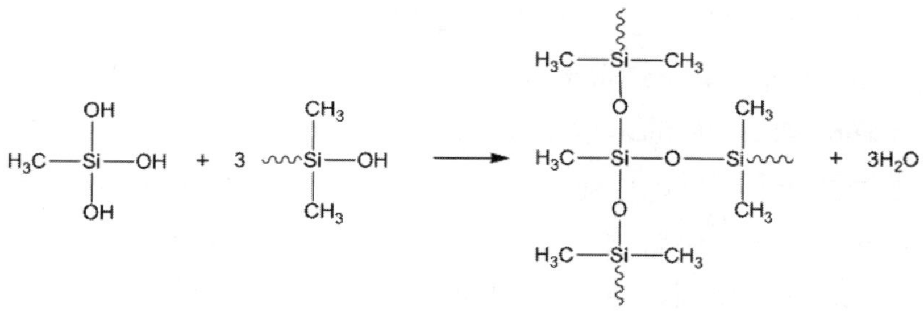

(10.20)

실리콘 고무는 본질적으로 분자 간의 인력이 작고 비결정성 구조를 갖기 때문에 실리콘 생고무만으로 제조된 실리콘 고무는 인장강도가 매우 낮아 실용성이 거의 없다. 따라서 강도를 향상시키기 위해 충진제를 혼합하는 것이 필요하다. 충진제로서 대표적으로 사용되고 있는 것은 산화규소(SiO_2) 분말이다. 산화규소는 입자 표면에 실란올기가 존재하여 생고무 분자의 양 끝에 있는 실란올기와 수소결합을 하거나, 또는 입자 표면 실란올기와의 축합반응을 통하여 화학결합을 함으로써 실리콘 고무를 보강하게 된다. 실리콘 고무는 밀봉재, 접착제, 콘택트렌즈, 인공심장 밸브, 인쇄회로 기판 등의 용도로 사용되고 있다.

10.4.3 실리콘 수지

규소에 한 개의 유기기와 세 개의 염소가 결합되어 있는 organotrichlorosilane ($RSiCl_3$)화합물을 가수분해시키면 실란올기가 생성되고, 중합 반응과 가교 반응이 동

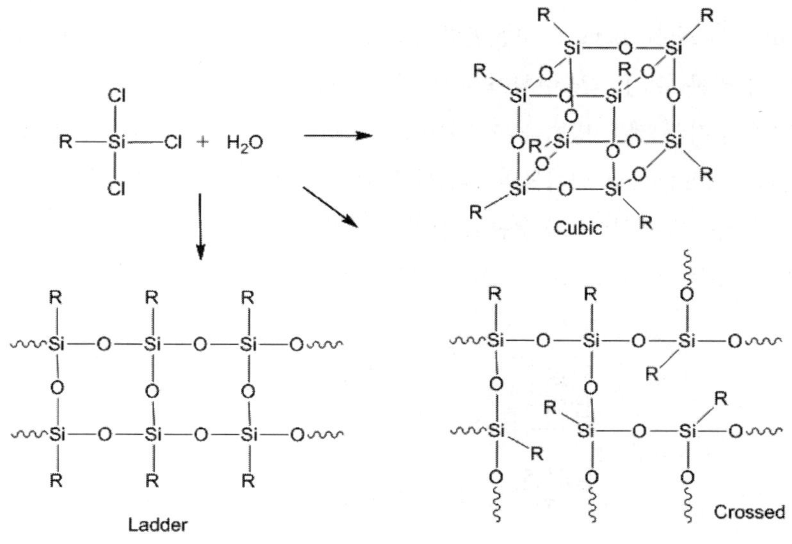

그림 10.2 유기삼염화실란이 가수분해되어 형성하는 결합 형태

시에 진행되면서 고체가 된다. 이 고체 생성물을 결합의 형태에 따라 분류하면 입방체(cubic)형, 사다리(ladder)형, 교차(crossed)형으로 나누어진다(그림 10.2).

Diorganodichlorosilane (R_2SiCl_2)과 organotrichlorosilane ($RSiCl_3$)를 혼합하여 가수분해시키면 중합 반응과 가교 반응이 동시에 진행되어 식 10.21에 나타낸 것과 같이 수지 상태의 고분자가 얻어진다. 생성되는 수지의 특성은 규소에 결합되어 있는 유기기의 화학구조, 규소에 대한 유기기의 비율, 두 성분의 비율, 가수분해 방법에 따라 달라질 수 있다. 경우에 따라서는 $RSiCl_3$과 $SiCl_4$을 사용하기도 한다.

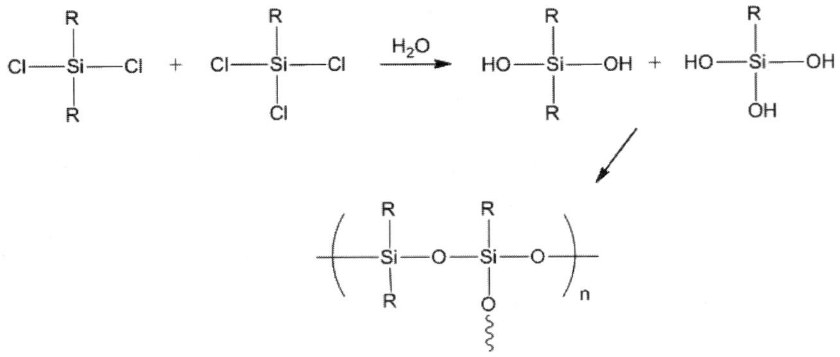

(10.21)

유기기로서 크기가 작은 메틸기의 함량이 높으면 생성되는 수지는 단단하나 부스러지기 쉽다. 반면, 페닐기의 함량이 높으면 수지는 유연해진다. 메틸기와 알킬기 이외에도 다양한 특성의 실리콘 수지를 제조하기 위하여 바이닐기, 에스터기, 아민기, 싸이올기, 에폭시기, 아크릴기, 플루오린기 등의 작용기를 가진 알킬기가 규소에 결합된 organochlorosilane을 사용한다. 특히, 플루오린기를 함유하는 chlorosilane으로 제조된 실리콘 수지는 발수성이 매우 우수하다.

실리콘 수지의 제조 방법을 그림 10.3에 나타내었다. 대표적인 방법을 소개하면, 먼저 organochlorosilane 화합물의 혼합물을 톨루엔이나 자일렌에 용해시키고 이 용액을 염산 수용액에 투입한다. 이 불균일 혼합물을 빠른 속도로 교반하여 organochlorosilane 화합물의 가수분해를 유도한다. 가수분해 공정 후 유기층을 분리하고 유기층에 들어있

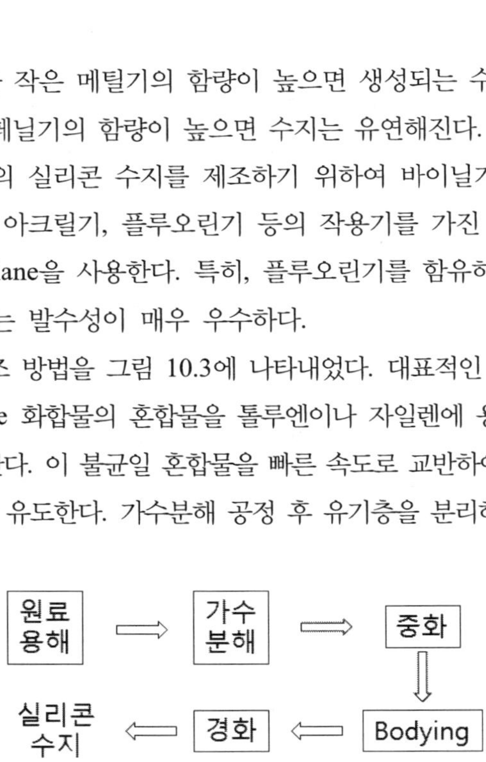

그림 10.3 실리콘 수지의 제조 공정.

는 염화수소를 중화시킨다. 유기층 용액의 농도를 높인 후 일부 실란올기의 축합반응을 유도하여 분자량을 높인다. 경화 공정에서는 용매를 증발시키면서 남아있는 실란올기를 추가적으로 축합시켜 실리콘 수지를 얻는다.

실리콘 수지는 물건을 보호하기 위한 코팅, 물체를 부착시키고 절연성·방수성을 갖는 적층판, 내용물이 용기에 묻지 않도록 하는 이형용 코팅(특히 음식물을 가공하는 용기의 코팅), 수분 침투를 방지하는 발수 코팅, 내열성 성형 재료, 전기전자용 절연재, 거품을 방지하는 소포제 등으로 활용된다.

10.4.4 제2세대 실리콘 제품

위에서 언급한 실리콘 고분자들은 주요 골격이 규소와 산소의 결합(Si-O)으로 이루어진 것이며 이것을 제1세대 실리콘 제품이라고 부른다. 규소에 결합된 유기기는 대부분은 메틸기이며 일부분만이 페닐기, 바이닐기 등으로 치환되어 있다. 이처럼 비교적 단순한 유기기에 비하여, 유기기의 비중이 더 커진 실리콘 제품을 제2세대 실리콘 제품이라고 한다. 대표적인 예로, 실리콘과 유기 고분자가 결합한 공중합체를 들 수 있다. 대부분의 경우 이러한 공중합체는 실리콘 고분자가 가지고 있는 Si-H 결합과 유기 고분자가 가지고 있는 바이닐기나 알릴기의 수소규소화(hydrosilylation) 반응을 통해 제조된다(식 10.22). 이 공중합체는 소수성의 실리콘 고분자와 친수성의 폴리에틸렌글리콜 구조를 가지므로 계면활성제로 사용된다.

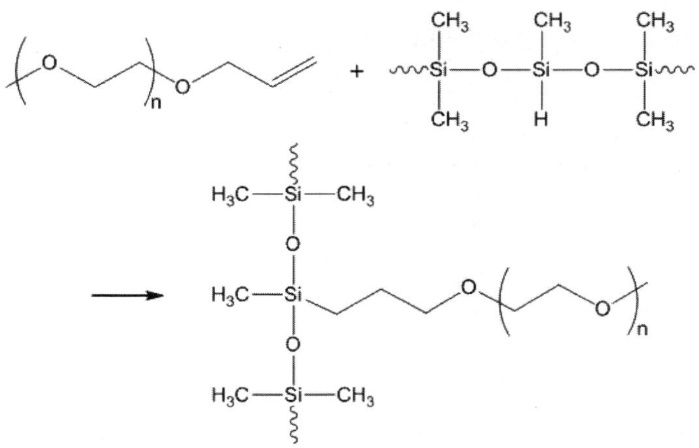

(10.22)

제2세대 실리콘 제품의 또 다른 예로 실리콘 결합제(실란커플링제라고도 함)를 들 수 있다. 플라스틱의 기계적 강도를 개선하는 방법으로서 일반적으로 세라믹 재질의 분말이나 섬유를 사용하는데, 실리콘 결합제는 플라스틱 매트릭스와 세라믹 보강재를 화학적으로 결합시켜 접착성을 높여주는 역할을 한다. 그림 10.4에 대표적인 실리콘 결합제를 나타내었다. 여기에서 알콕시실란 부분은 가수 분해된 후 세라믹 보강재의 표면에 축합반응을 통하여 결합하고, 바이닐기 등의 유기기 부분은 플라스틱 매트릭스에 결합하게 된다.

화학명	화학구조	용도
Vinyltriethoxysilane	$H_2C{=}CHSi(OC_2H_5)_3$	불포화 폴리에스터
(3-Methacryloxypropyl)trimethoxysilane	$H_2C{=}C(CH_3){-}COO(CH_2)_3Si(OCH_3)_3$	불포화 폴리에스터
(3-Aminopropyl)triethoxysilane	$H_2N(CH_2)_3Si(OC_2H_5)_3$	대부분의 플라스틱
(3-Glycidoxypropyl)trimethoxysilane	$\overbrace{H_2C{-}CH}^{O}CH_2O(CH_2)_3Si(OCH_3)_3$	대부분의 플라스틱

그림 10.4 실리콘 결합제의 대표적인 예

10.4.5 제3세대 실리콘 제품

규소와 탄소의 결합(Si-C)은 가수분해에 대하여 안정하며 열적 안정성도 좋다. Si-C 결합을 주요 골격으로 하면서, Si-O 결합 구조 또는 유기고분자 구조를 부수적으로 가져서, 결과적으로 탄화규소의 성질이 가미된 실리콘 제품을 제3세대 실리콘 제품이라고 한다. 규소와 탄소의 결합은 수소규소화 반응을 통하여 생성시킬 수 있으며 식 10.23에 나타낸 것처럼 SI-C 결합을 골격으로 하는 고분자를 얻을 수 있다.

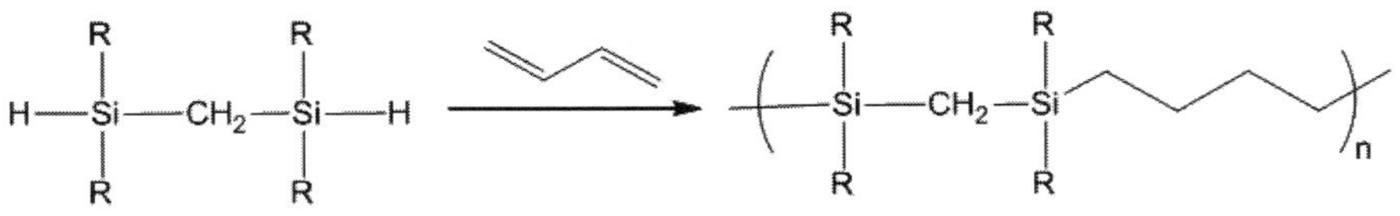

(10.23)

11 반도체

11.1 서론

2010년대 후반 한국의 총 수출액 중 반도체 수출액이 차지하는 비중은 약 20 %에 달한다. 이처럼 반도체는 우리 나라 경제에서 대단히 중요한 위치를 차지한다. 반도체 생산에는 다양한 화학적 처리가 핵심 공정이며, 따라서 화학 공업의 한 분야로 분류할 수 있다.

우리나라의 반도체 산업의 성장은 디램(Dynamic Random Access Memory: DRAM)이 주도하고 있다. 1970년 한국에 처음으로 반도체 조립 회사가 설립되었고, 1983년에 64 K 디램을 개발하는 데 성공했다. 이때만 해도 디램의 기술 확보 수준이 선진국과 비교하여 5년 정도 뒤떨어져 있었으나 연구 개발에 각고의 노력을 기울인 결과 1992년에 64 M 디램을 개발하면서 선진국 기술 수준을 따라잡기에 이르렀다. 그 이후로 세계 시장 점유율 1위를 차지하고 있다. 디램뿐만 아니라 에스램(Static RAM, SRAM)과 플래시 메모리

표 11.1 세계 반도체 업계의 매출 순위(2023년 기준)

순위	기업명	국적
1	Intel	미국
2	Samsung	한국
3	Qualcomm	미국
4	Broadcom	미국
5	Nvidia	미국
6	SK Hynix	한국
7	AMD	미국
8	STMicroelectronics	유럽

표 11.2 반도체 제품의 분류

대분류	중분류	소분류		제품의 대표적인 예
집적 회로	Monolithic	MOS	메모리	RAM: DRAM, SRAM ROM: FLASH MEMORY, EEPROM
			마이크로 컴포넌트	마이크로 프로세서(MPU) 마이크로 컨트롤러(MCU)
			논리 IC	표준 로직, ASIC
		Bipolar	아날로그	가전 제품용, 산업용
			디지털 IC	메모리, 논리 IC
	Hybrid			박막, 후막
개별 소자				다이오드, 트랜지스터
광 소자				LED, 레이저 다이오드

(FLASH MEMORY) 분야에서도 세계 정상의 위치에 올라섰다. 특히 플래시 메모리는 최근 전자 기기 시장의 주요 품목인 디지털 카메라, 디지털 캠코더, 초소형 저장 장치, USB 드라이브 등에 사용되는 핵심 부품이기 때문에, 한국의 반도체 산업이 앞으로도 세계 전자업계를 주도해 갈 것으로 예측된다. [표 11.1]에 세계 반도체 업계의 매출액 순위를 나타내었다. 2023년의 매출 순위에서는 인텔이 1위, 삼성이 2위에 올라 있다.

반도체 제품은 다음의 [표 11.2]와 같이 분류된다. 크게 집적 회로(integrated circuit: IC), 개별소자, 광소자로 분류되며, 집적 회로는 다시 모놀리식 집적 회로(monolithic integrated circuit)와 혼성 집적 회로(hybrid integrated circuit)로 나누어진다. 모놀리식 집적 회로는 단일 반도체 칩 내에 모든 소자를 배치하고 소자들을 서로 연결해 놓은 구조를 말한다. 일반적으로 집적 회로라고 할 때에는 모놀리식 집적 회로를 뜻한다. 혼성 집적 회로는 세라믹 기판 위에 트랜지스터 또는 모놀리식 집적 회로를 배치하고 저항 등의 소자와 상호 배선을 해 놓은 구조로서, 특수한 경우에만 사용한다. 집적 회로 역사의 초창기에는 바이폴러(bipolar) 제품이 사용되었으나 현재는 대부분 MOS(metal oxide semiconductor) 제품이 사용된다. 메모리 반도체에 속하는 램(RAM)은 기억된 정보를 읽어내기도 하고 다른 정보를 기억시킬 수 있는 메모리로서, 전원이 꺼지면 기억된 내용은 지워진다. 따라서 램은 컴퓨터의 주기억 장치, 응용 프로그램의 일시적 로딩(loading), 데이터의 일시적 저장 등에 사용된다. 롬(ROM)은 기억된 정보를 단지 읽어낼 수만 있는 메모리로서, 전원이 꺼져도 기억된 정보는 지워지지 않기 때문에 컴퓨터의 운영 체제(operating system: OS), 각종 전자기기의 고정된 프로그램 등을 저장하는 데 사용된다. [표 11.3]에는 대표적인 반도체 집적 회로 제품에 대하여 간단히 설명하였다.

표 11.3 대표적인 반도체 집적 회로 제품

제품	설명	용도
디램 (DRAM)	정보를 읽고 쓰는 것이 가능하지만 전원이 공급되고 있는 동안이라도 일정 기간 내에 주기적으로 정보를 다시 써 넣지 않으면 기억된 내용이 없어짐. 반응 속도는 느리지만 집적도가 높고 전력 소모 작음.	대용량 메모리 장치 컴퓨터의 메인 메모리
에스램 (SRAM)	전원이 공급되는 동안은 항상 기억된 내용이 그대로 남아 있음. 메모리 용량은 작지만 반응 속도 매우 빠름.	컴퓨터의 캐쉬 (CACHE) 전자 오락기
플래시 메모리 (FLASH MEMORY)	전원이 꺼져도 정보가 보존되며, 전기적인 방법으로 정보를 자유롭게 입출력할 수 있음. 크기가 작고 전력 소모 작음.	휴대전화, 디지털 카메라, 전자 수첩, 노트북 PC
주문형 IC (ASIC)	고객의 주문에 의하여 설계된 특정 회로를 반도체 IC로 응용 설계하여 주문자에게 독점 공급하는, 특정 응용 분야와 특정한 기기를 위한 반도체	휴대전화, 각종 가전제품, 컴퓨터 CPU

11.2 반도체 소자의 기본 원리와 종류

11.2.1 도체, 반도체, 부도체의 비교

전기 전도도를 기준으로 물질을 나눈다면, 크게 전기를 잘 통하는 도체(conductor)와 통하지 않는 부도체(insulator)가 있다. 도체에는 은, 구리 등의 금속 물질이 속하고, 부도체에는 나무, 도자기, 플라스틱 등이 속한다. 그러나 일부 물질은 도체와 부도체의 중간 특성, 즉 전기를 약하게 통하는 특성을 가지는데, 이것을 **반도체**(semiconductor)라고 한다.

전기가 흐른다는 것은 자유 전자가 이동한다는 것이기 때문에, 자유 전자가 많은 도체는 전기가 잘 통하고 자유 전자가 없는 부도체는 전기가 안 통한다. 반면 반도체에는 보통 상태에서는 자유 전자가 없으나 열 또는 빛을 가하거나 특정한 불순물을 첨가하면 자유 전자가 조금 생겨나 전기가 약하게 통하게 된다. 넓은 의미로는 이러한 특성을 지닌 물질을 모두 반도체라고 할 수 있다. 그러나 우리가 흔히 사용하는 반도체라는 단어는 좁고 특수한 의미로서, 반도체의 물리적 성질을 이용하여 정보의 저장이나 연산 기능을 갖도록 특수하게 제조된 전자 소자(electronic device)를 의미한다.

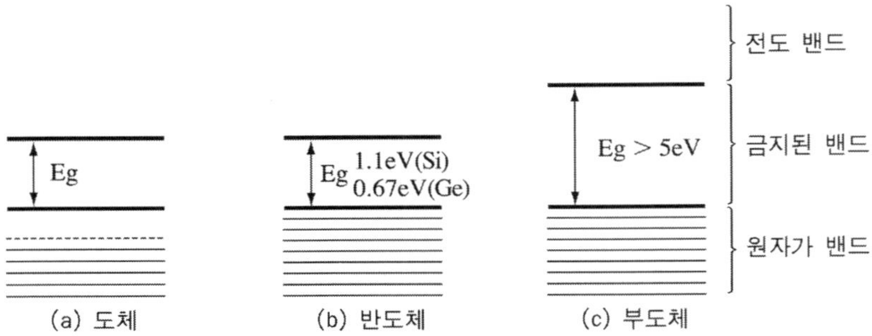

그림 11.1 도체, 반도체, 부도체의 에너지 밴드

물질의 전기 전도성은 **에너지 밴드**(energy band)를 이용하여 설명할 수도 있다. 양자역학(quantum mechanics)에 의하면 전자는 입자와 파동의 성질을 함께 가지고 있으므로, 이들이 재료 내에서 가질 수 있는 파장과 이에 준하는 양자 상태(quantum state)가 정해진다. 이에 따라 전자들이 가질 수 있는 불연속적인 에너지 상태(discrete energy state)가 정해지는데, 각각의 에너지 준위가 매우 밀집되어 있으므로 마치 연속적인 띠(band)처럼 보인다고 하여 에너지 밴드라고 부른다.

에너지 밴드는 세 부분, 즉 전도 밴드(conduction band), 금지된 밴드(forbidden band), 원자가 밴드(valence band)로 나누어진다. [그림 11.1]에 도체, 반도체, 부도체의 에너지 밴드를 나타내었다. 도체의 에너지 밴드에서는 일반적으로 원자가 밴드가 전자들로 완전히 채워져 있지 않기 때문에 전기장이 걸리면 전자들이 에너지를 얻어서 더 높은 에너지 준위로 올라갈 수 있다. 이것은 전자의 운동 에너지 증가, 즉 속도의 증가를 의미하므로 전류가 흐르게 된다는 것을 뜻한다. 반도체의 에너지 밴드에서는, 원자가 밴드가 전자들로 완전히 채워져 있는 데다가 바로 위에는 금지된 밴드가 있어서 전자들이 보통의 상태에서는 더 높은 에너지 준위로 가는 것이 허용되지 않는다. 그러나 전자들이 금지된 밴드를 뛰어 넘기에 충분한 에너지(열, 빛, 전기장 등)를 가해 주면 전도 밴드로 올라갈 수 있으므로 전류가 흐르게 된다. 금지된 밴드의 폭인 에너지 간격(energy gap, Eg)은 실리콘(silicon)은 1.1 eV, 저마늄(germanium)은 0.67 eV이다. 부도체의 경우는 에너지 간격이 5 eV 이상으로 매우 크기 때문에 전자들이 전도 밴드로 올라갈 수 없고, 따라서 전류가 흐르지 않는다.

11.2.2 실리콘 반도체의 종류와 원리

반도체 특성을 나타내는 물질에는 여러 가지 종류가 있으나 여기에서는 산업적으로 가장 큰 비중을 차지하는 **실리콘 반도체**에 대해서만 기술하기로 한다. 실리콘 반드

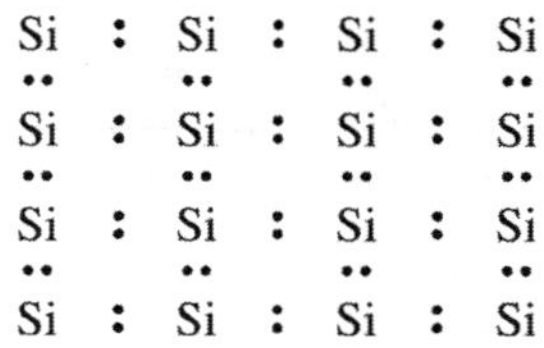

그림 11.2 실리콘 결정의 전자 구조

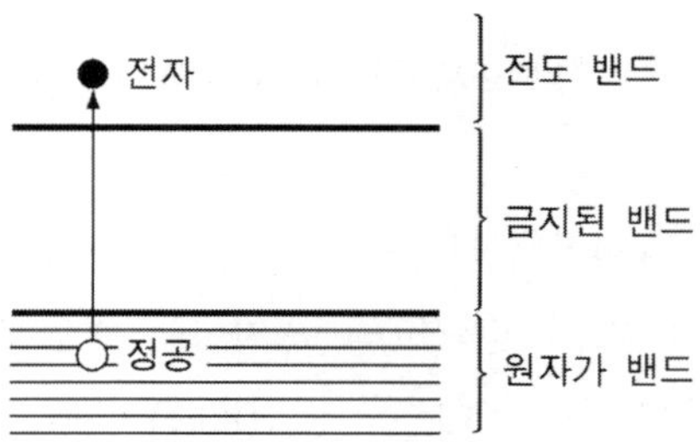

그림 11.3 고유 반도체의 전도성 발현

체는 크게 순수한 실리콘으로 된 고유 반도체(intrinsic semiconductor)와 불순물이 첨가된 불순물 반도체(extrinsic semiconductor)로 나누어진다.

실리콘은 14족 원소로서 원자가전자를 4개 가지므로, 안정한 전자 구조인 8개를 만들기 위해서는 4개가 더 필요하다. 따라서 [그림 11.2]와 같이 이웃한 실리콘 원자들과 전자쌍을 공유하면서 결합하여 실리콘 결정을 만들게 된다. 이 상태에서는 원자가전자가 모두 공유 결합에 묶여 있어서(즉 자유 전자가 없어서) 전기가 흐르지 않는다. 그러나 빛이나 열 등의 에너지를 가해 주면 원자가 밴드에 있던 전자들이 금지된 밴드를 넘어 전도 밴드로 올라갈 수 있기 때문에 전기가 흐를 수 있다([그림 11.3]). 이러한 반도체를 **고유 반도체**라고 한다.

불순물 반도체는 실리콘 결정에 미량의 불순물을 첨가하여 반도체 성질을 부여한 것

그림 11.4 p형 반도체의 원리: (a) 전자 구조; (b) 에너지 밴드

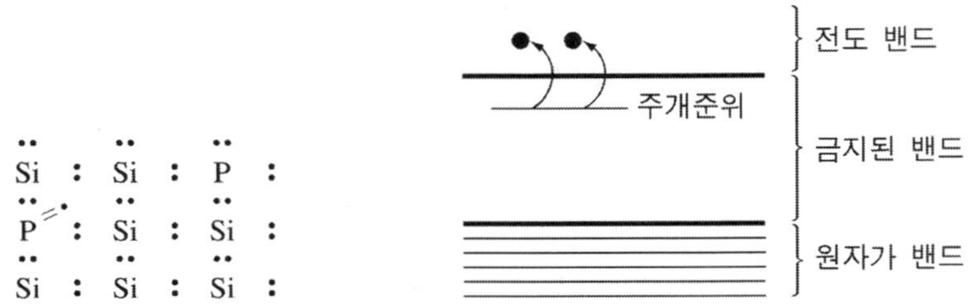

(a) (b)

그림 11.5 n형 반도체의 원리: (a) 전자 구조; (b) 에너지 밴드

이다. 먼저, 원자가전자 4개인 실리콘의 결정에 원자가전자가 3개인 13족의 붕소(B), 알루미늄(Al), 갈륨(Ga), 또는 인듐(In)을 첨가하는 경우에는 [그림 11.4 (a)]에 나타내는 것처럼 전자가 비어 있는 상태, 즉 정공(hole)이 생긴다. 이 상태에서 전압을 걸어주면 전류가 흐르게 되는 것이다. 이것을 에너지 밴드 개념으로 설명하면, [그림 11.4 (b)]에 나타낸 것처럼 13족 원소의 첨가에 의해 금지된 밴드 내에 새로운 받개 준위(acceptor level)가 형성된다. 원자가 밴드 내의 전자들이 약한 에너지만 받아도 쉽게 이 새로운 준위로 올라갈 수 있기 때문에 원자가 밴드에는 많은 정공들이 형성되고, 따라서 정공에 의하여 전기 전도가 일어나게 된다. 정공은 양전하를 띤 입자처럼 행동하며, 정공과 전자의 흐름은 서로 반대 방향이 된다. 이러한 원리로 반도체 특성을 나타내는 것을 **p형 반도체**라고 한다.

n형 반도체에서는 p형 반도체와는 달리 원자가전자가 5개인 15족의 인(P), 비소(As), 또는 안티몬(Sb)이 첨가되고, 첨가한 원자 한 개당 하나씩의 잉여 전자가 생기게 된다[그림 11.5 (a)]. 이 전자들은 에너지를 약간만 가해 주어도 쉽게 움직일 수 있는데, 이것은 [그림 11.5 (b)]에 보였듯이 잉여 전자들이 금지된 밴드 내의 전도 밴드 바로 아래에 새로 생긴 주개 준위(donor level)에 위치하다가 쉽게 전도 밴드로 올라갈 수 있기 때문이다.

11.2.3 다이오드와 트랜지스터

p형 반도체와 n형 반도체를 접합하고 양쪽 끝에 단자를 연결한 소자를 pn접합 **다이오드**(diode)라고 한다. 이 다이오드의 양끝에 전압을 걸어주면 p쪽에서 n쪽 방향으로는 전류가 흐르지만 반대 방향으로는 흐르지 않는다. [그림 11.6 (a)]에 보인 것처럼 p쪽에 +, n쪽에 -의 전압을 가하면 p쪽에서는 전하 운반체인 정공들이, n쪽에서는 전자들이 각각 접합면 쪽으로 계속 이동하게 되므로 전류가 흐르게 된다. 그러나

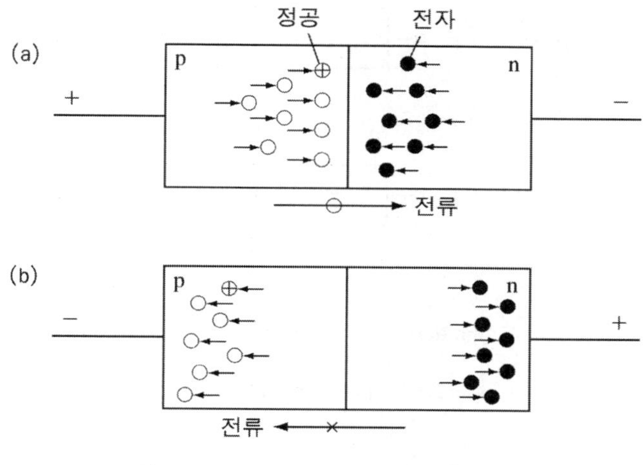

그림 11.6 pn 다이오드에서의 전류의 흐름

[그림 11.6 (b)]처럼 p쪽에 -, n쪽에 +의 전압을 가하면 전하 운반체인 정공과 전자들이 반대 방향으로 이동하면서 멀어지므로 접합면 부근에 전하 운반체가 고갈되는 영역이 형성되면서 접합면을 통해 전류가 흐르지 못한다.

다이오드에, 흐르는 방향이 계속 변하는 교류(alternating current: AC)를 걸어주면 [그림 11.7 (a)] p쪽이 +, n쪽이 -가 될 때에만 전류가 흐르게 되므로 [그림 11.7 (b)]와 같이 반쪽이 잘려나간 전류 파형이 얻어진다. 다이오드는 이처럼 정류

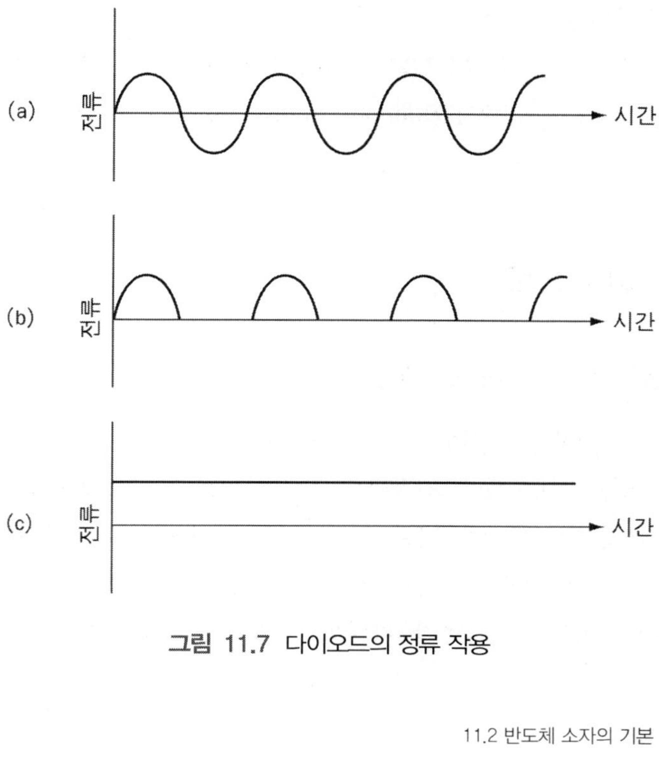

그림 11.7 다이오드의 정류 작용

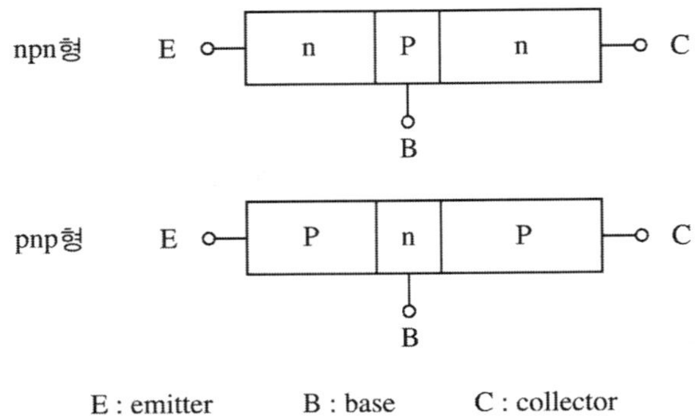

그림 11.8 트랜지스터의 구조

(rectifying) 작용을 한다. 다이오드와 캐패시터(capacitor)를 적절하게 배치 연결함으로써 [그림 11.7 (c)]와 같이 교류로부터 직류를 얻을 수 있다. 다이오드의 특성을 활용한 제품은 우리 주변에서 흔히 볼 수 있는데, 휴대형 소형 가전 제품에 사용되는 충전기 또는 전원 어댑터는 가정용 교류 전원으로부터 직류 전류를 만들어낸다. 우선 220 V 전압을 소형 변압기를 사용하여 필요한 전압으로 낮춘 다음, 다이오드와 캐패시터를 사용하여 직류를 얻는 것이다.

트랜지스터는 [그림 11.8]에 보인 것처럼 p형 반도체 사이에 n형 반도체가 끼어 있는 형태의 pnp형과, n형 반도체 사이에 p형이 끼어 있는 형태의 npn형이 있다. 트랜지스터의 세 단자는 각각 에미터(emitter), 베이스(base), 컬렉터(collector)라고 부른다. 트랜지스터에서 컬렉터 전류는 베이스 전류의 수백 배의 크기를 갖는다. 따라서 베이스의 작은 전류의 크기의 변화에 의해 수백 배에 해당하는 컬렉터 전류가 변화한다. 트랜지스터는 이처럼 **증폭**(amplification) 작용을 수행한다.

11.3 집적 회로

11.3.1 집적 회로의 의미와 발전

정류나 증폭 작용은 다이오드와 트랜지스터가 발명되기 전까지는 **진공관**(vacuum tube)이 그 역할을 대신했다. 진공관은 전류가 흐르는 회로에 여러 가지 변화를 줄 수 있는데, 1) 교류를 직류로 바꿀 수 있고, 2) 전기 신호를 증폭시킬 수 있으며, 3) 일정한 조건이 만족될 때에만 전류가 흐를 수 있도록 조절하는 스위치 역할을 할 수 있다. 진공관을 이용하여 축음기, 라디오, 텔레비전 등이 발명되었고, 최초의 컴퓨터인 ENIAC도 진공관을 사용하여 만들어졌다.

이처럼 진공관은 다양한 용도에 중요하게 사용되었지만, 부피가 크고 깨지기 쉬우며 작동시 발생하는 열 때문에 장시간 사용이 어려운 점 등이 큰 단점이었다. 특히 진공관 컴퓨터에서는 수만 개의 진공관이 사용되었기 때문에 컴퓨터의 크기가 집채(무게 50 t, 면적 280m^2)만 해졌고, 수많은 진공관 중 하나만 터져도 컴퓨터 작동에 문제가 생겼다. 이러한 진공관의 단점을 해결하려는 노력이 계속되었고, 결국 트랜지스터의 발명으로 이어지게 되었다. 트랜지스터는 진공관 크기의 200분의 1 정도로 부피가 작고 전력 소비량이 낮으며, 안정성이 높기 때문에 진공관을 대체하여 전자 산업을 주도하게 되었다.

초기에는 트랜지스터를 만들어 다른 부품들과 연결하여 사용하였다. 그러나 제품이 복잡해질수록 더욱 많은 트랜지스터와 전자 부품들을 서로 연결해 주어야 하기 때문에 문제가 드러나기 시작하였다. 이에 따라 1950년대 초부터 트랜지스터, 저항(resistor), 캐패시터(capacitor) 등을 하나의 반도체 기판에 집적(integration)하려고 하는 시도가 시작되었다. 즉, 트랜지스터를 비롯한 각각의 소자들을 별도로 만들어 일일이 연결하는 방식은 매우 번거롭고, 특히 불완전한 연결 부위에서 고장이 쉽게 나기 때문에, 이러한 문제를 해결하기 위하여 하나의 기판에 작은 소자들을 일괄적으로 새겨 넣은 **집적 회로**를 만들려는 새로운 시도였다.

최초의 집적 회로는 트랜지스터 1개, 저항 3개, 캐패시터 1개를 하나의 기판 위에 설치한 것에 불과했다. 그 후 집적도의 향상은 눈부신 속도로 진행되어(대략 1년에 2배 증가) 1990년대에는 6천 4백만 개 이상의 MOS 트랜지스터와 캐패시터가 엄지 손가락 손톱 정도의 넓이에 집적된 64 Mb 디램과 같은 초대규모 집적 회로(very large scale integration: VLSI) 또는 극초대규모 집적 회로(ultra large scale integration: ULSI)가 개발되기에 이르렀다. 반도체 집적도는 지속적으로 높아져 2007년에는 회로선폭 60나노급 디램 반도체의 양산이 가능하였고, 지속적인 회로가공 기술 발전에 의해 2011년에는 20나노급 디램의 양산이 시작되었다. 이러한 고집적 회로의 반도체 칩을 흔히 반도체라고 부른다.

집적도가 높은 반도체를 사용하여 데스크탑 PC, 노트북 PC, PDA 등의 전자 기기를 작고 가볍게 할 수 있으며, 성능(처리 속도, 기억 용량)을 비약적으로 높일 수 있는 것이다. 반도체의 집적도를 높인다는 것은 한정된 작은 면적에 보다 많은 선을 그려 넣어야 하고, 이를 위해서는 선폭을 더욱 더 작게 만들 수 있는 기술이 중요해진다. 아래에서는 반도체 집적 회로 칩을 제조하는 기술에 대하여 서술한다.

11.3.2 원재료의 제조

반도체의 원재료로는 실리콘 웨이퍼(silicon wafer), 마스크(mask), 리드 프레임(lead frame)을 들 수 있다. 이 세 가지 재료를 제조하는 방법에 대하여 차례대로 설명하기로 한다.

실리콘은 모래의 주성분으로서, 산화규소(silicon oxide, SiO_2) 형태로 모래에 함유되어 있다. 이 실리콘 산화물을 순수 탄소인 코크스와 높은 온도에서 반응시켜 실리콘을 정제한다. 이때 얻어지는 실리콘은 순도가 높지 않기 때문에 순도를 높이기 위하여 화학 기상 증착(chemical vapor deposition : CVD) 과정을 거친다.

실리콘이 반도체 제조에 사용되기 위해서는 두 가지 조건이 필요한데, 첫째는 99.999999999 % 이상의 고순도이어야 하며, 두 번째는 전체가 결함이 전혀 없는 하나의 결정 구조, 즉 단결정(single crystal)이어야 한다. 이를 달성하기 위하여 쵸크랄스키(Czochralski)법이라 불리는 방법을 사용하는데, [그림 11.9]에 보인 것처럼 실리콘의 용융액에 실리콘 단결정 씨앗(seed)을 접촉시킨 상태에서 서서히 회전시키면서 끌어올리면 단결정이 원통 모양으로 성장하게 된다. 이 단결정을 p형 또는 n형으로 만들기 위해 용융액에는 해당되는 불순물이 첨가된다. 순도가 높고 품질이 좋은 단결정을 얻기 위해서는 씨앗을 끌어올리는 속도, 회전 속도, 용융액 온도 등의 정밀한 제어가 요구된다. 또한 진동을 최대한 차단하고 고순도의 아르곤(argon)이나 질소 가스 분위기하에서 수행할 필요가 있다. 제조된 단결정을 잉곳(ingot)이라고 하며, [그림 11.10]에 보였다.

얻어진 잉곳을 다이아몬드 톱으로 얇게 잘라내고 한쪽 면을 갈아 거울처럼 반짝이게 광택을 낸 것이 실리콘 웨이퍼이다([그림 11.11]). 반도체의 수율(yield)을 높이기 위해 점차 큰 면적의 웨이퍼를 사용하는 추세에 있다.

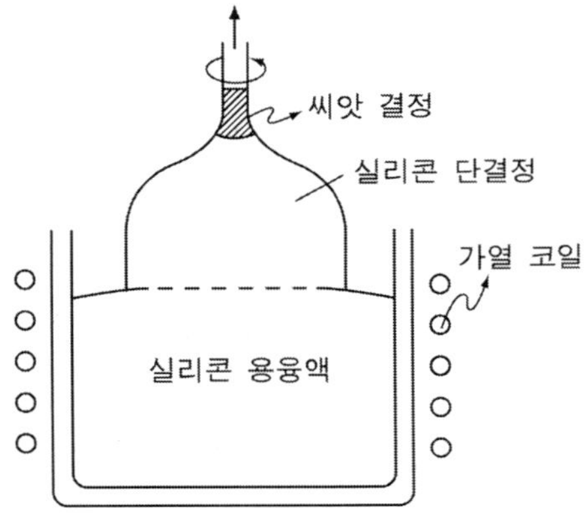

그림 11.9 실리콘 단결정의 제조

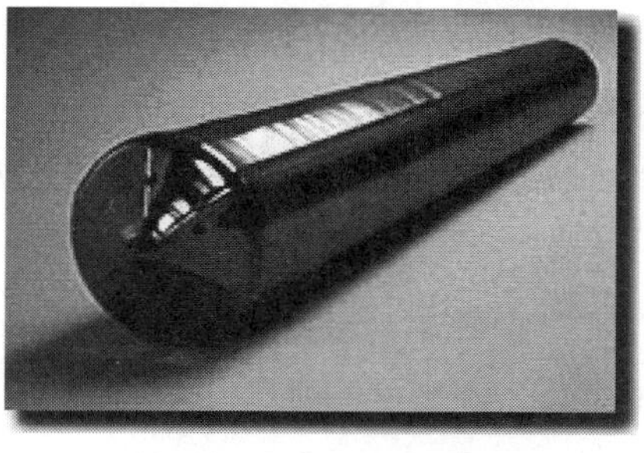

그림 11.10 쵸크랄스키법에 의하여 제조된 잉곳(www.ami.ac.uk)

그림 11.11 잉곳으로부터 제조된 실리콘 웨이퍼

웨이퍼에 그려질 회로 패턴을 각 층별로 석영판 위에 그려놓은 것을 **마스크**라고 한다. 즉, 마스크는 집적 회로의 설계도를 웨이퍼에 옮겨 그리는 데 사용된다. 이 마스크를 통하여 빛이 조사되면 회로 모양에 따라 빛이 투과하는 부분과 투과하지 않는 부분이 존재하고, 투과하는 부분에서는 빛이 웨이퍼 위에 도포된 포토레지스트에 조사되어 광화학 반응을 일으킨다(6.4.2절 참조). 집적 회로의 고집적화가 진행됨에 따라 컴퓨터를 이용한 설계(computer aided design: CAD)가 큰 역할을 하고 있다. 컴퓨터에 저장된 설계도를 따라 전자빔(electron beam) 장비를 사용하여 회로 패턴을 새기며, 빛이 투과되지 않는 부분에는 크로뮴(Cr)이 입혀져 있다. 하나의 집적 회로 칩을 제조하는 데 보통 수십 개의 서로 다른 패턴의 마스크가 필요하다.

리드 프레임은 조립 공정 때 칩을 올려놓는 구리 구조물이다. 매우 가는 금선(gold wire)으로 칩과 연결하여 집적 회로의 칩이 외부와 전기 신호를 주고받을 수 있도록 해 준다.

11.3.3 웨이퍼 가공 - 집적 회로 제조

실리콘 웨이퍼를 고온(800~1,200 °C)에서 산소와 반응시켜 웨이퍼 표면에 얇고 균일한 실리콘옥사이드(silicon oxide, SiO_2) **산화막**을 형성시킨다. 산화 반응시 사용되는 물질로는 O_2 (건조 산화), H_2O/O_2 또는 H_2O/N_2 (가습 산화), H_2O (수증기 산화) 등이 있다.

반도체 집적 회로를 제조할 때 회로의 패턴을 실리콘 기판에 새겨 넣는 공정을 리소그래피(lithography)라고 한다. 마치 사진을 찍어 인화지에 옮기는 것처럼 복잡하고 미세한 설계 패턴을 웨이퍼에 옮겨 나타내는 공정이다. 리소그래피 기술은 반도체 집적 회로의 집적도를 결정짓는 핵심 기술이라고 할 수 있다. 10.3.1절에서 언급하였듯이 회로의 선폭을 보다 미세하게 하여 집적도를 향상시키기 위해서는 리소그래피 기술의 발전이 필수적으로 요구된다. 아래에 리소그래피 공정을 기술하기로 한다.

산화막이 입혀진 실리콘 웨이퍼 표면에 [그림 11.12]와 같이 포토레지스트(photoresist: PR)를 도포한다. PR은 빛 또는 방사선에 의해 화학 반응을 일으켜 용해도가 변화하는 고분자 재료로서, 에칭(etching, 식각)에 저항(resist)하는 특성을 가져 반도체의 리소그래피 공정에 핵심 재료로 사용된다. PR의 화학적 원리에 대해서는 6.4.2절에서 설명한 바 있다.

광조사(irradiation) 단계에서 빛이 조사된 부분에서만 광화학 반응에 의하여 용해도가 변하는데, [그림 11.12]에서는 광조사에 의해 용해도가 높아져 현상(development)

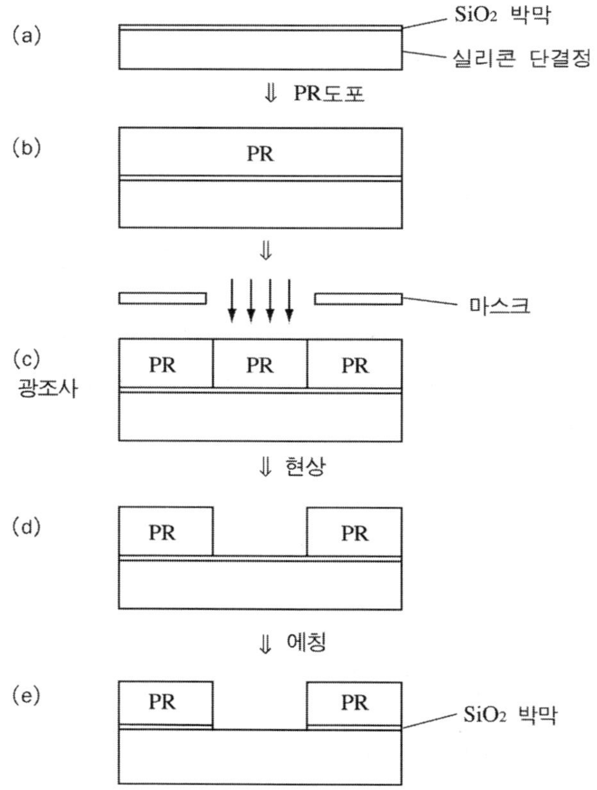

그림 11.12 PR을 사용한 패턴 형성 공정

단계에서 용해되어 제거되는 것을 나타내었다. 이처럼 빛이 조사된 부분이 현상액에 의해 제거되는 방식의 PR을 포지티브형(positive type)이라고 한다. 반대로, 빛이 조사되지 않은 부분이 현상 후 제거되고 조사된 부분이 남게 되는 방식은 네거티브형(negative type)이라고 한다. 현상 후 기판에 남은 PR막은 다음 단계인 에칭에서 산화실리콘 층을 보호하는 역할을 한다.

에칭(etching)에 의해 산화실리콘 막이 제거되어 실리콘 단결정 층이 드러나게 된다. 에칭 기술에는 용액을 사용하는 습식(wet)과 그렇지 않은 건식(dry)으로 나누어진다. 습식에서는 에칭이 등방성(isotropic, 에칭이 모든 방향으로 동일하게 진행)이므로 [그림 11.13 (b)]와 같이 PR막의 아래쪽까지도 진행될 수 있다. 이 같은 모양을 언더컷(undercut)이라고 하는데, 이렇게 되면 본래 설계했던 선폭과 다른 회로 선폭이 얻어지므로 불량 회로가 생기게 된다. 이러한 문제를 개선하기 위하여 건식이면서 이방성(anisotropic)인 에칭 기술로서 반응성 이온 에칭(reactive ion etching: RIE) 기술이 개발되어 사용되고 있다. 이 방법은 에칭 대상인 박막 물질에 높은 반응성을 보이는 이온화된 활성 가스(플라즈마)를 전기장에 의해 가속시켜 박막에 충돌시킴으로써, 박막과 활성가스 간의 반응에 의해 박막을 휘발성 물질로 전환시켜 제거하는 방법이다. 산화실리콘 막에 반응성을 가지는 활성가스 성분으로는 SF_6, CHF_3, O_2 등이 사용된다. 에칭 방향이 기판에 대하여 수직 방향으로 한정되므로 [그림 11.13 (c)]와 같이 기판에 대하여 수직으로 형성된 산화실리콘 막을 얻을 수 있다.

용도를 다한 PR막은 제거되고 다음 단계인 불순물 확산 공정으로 넘어간다. 집적회로의 깊이에 따라 회로의 모양이 달라지므로 하나의 반도체 칩을 제조하기 위해서는 위와 같은 공정이 수십 회 반복된다. 각 반복 공정에서는 해당 공정에 맞게 설계된 서로 다른 패턴의 마스크가 필요하다.

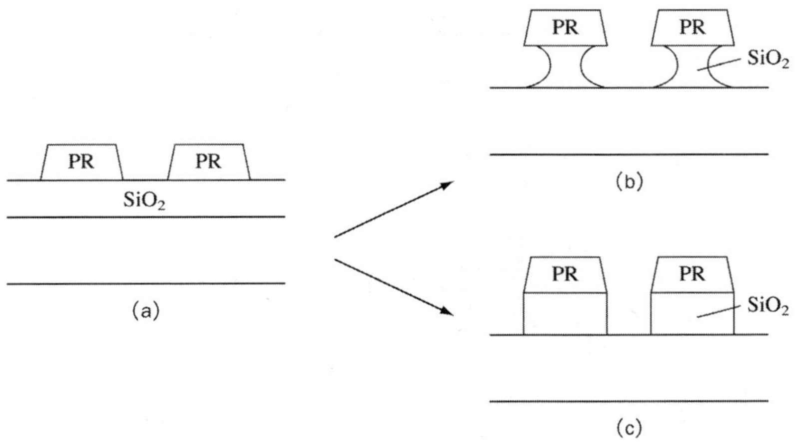

그림 11.13 에칭 공정

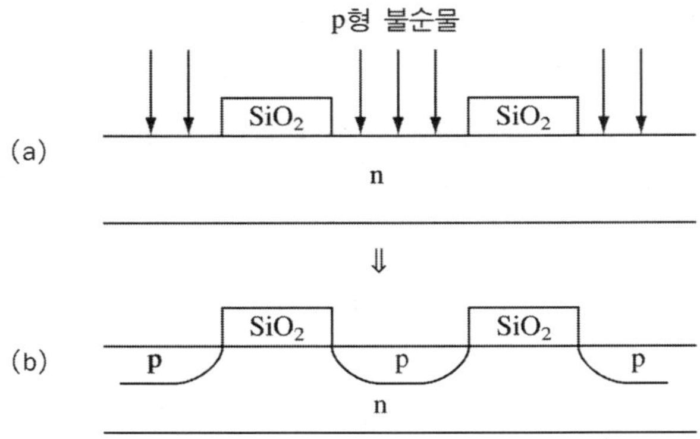

그림 11.14 불순물 확산 공정

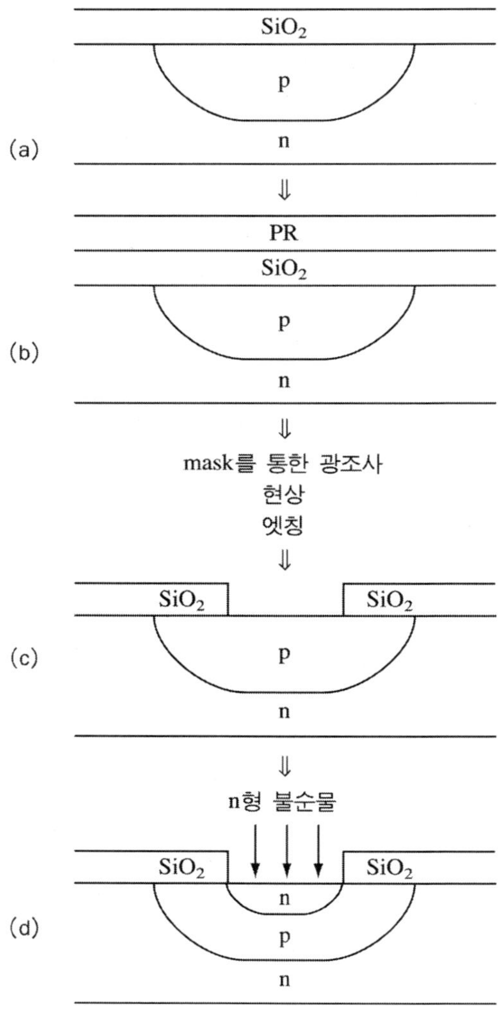

그림 11.15 npn형 트랜지스터의 제조

[그림 11.14]에 **분순물 확산 공정**(impurity diffusion process)을 나타내었다. 그림에는 n형의 반도체 기판에 p형 불순물을 확산시키는 경우를 나타내었고, 반대로 p형의 기판에 n형 불순물을 확산시킬 수도 있다. 열확산법을 주로 사용하며, 고체 확산(B_2O_3, P_2O_5, Sb_2O_3), 액체 확산(BBr_3, PCl_3, PBr_3), 기체 확산(BCl_3, B_2H_6, PH_3, AsH_3) 등이 있다. 결과적으로 pn 다이오드가 제조된 예를 보여 주고 있다.

트랜지스터를 만들기 위해서는 불순물 확산 공정이 끝난 후 기판에 산화실리콘 막을 다시 형성시킨다[그림 11.15 (a)]. 여기에 PR을 도포하고 [그림 11.12의 (c)~(e)]와 같은 과정을 반복하여 [그림 11.15 (c)]와 같이 p형 반도체 부분이 일부 드러난 패턴을 제조한다. 이 p형 내에 n형 불순물을 주입시키면 (d)와 같은 npn형 트랜지스터를 제조할 수 있다.

소자를 다 새긴 후에는 산화실리콘 막을 제거한 다음, 전기 전도도가 높고 증발 온도가 낮은 알루미늄, 몰리브데넘, 탄탈륨 등의 금속을 진공 중에서 전자빔으로 가열하여 [그림 11.16 (a)]에 보인 것처럼 소자 위에 증착시킨다. 이 금속막을 PR을 사용하여 패터닝하고 [그림 11.16 (b)]처럼 단자를 만들어 소자들을 서로 연결(배선)한다. 집적 회로가 완성되면 수분이나 불순물에 의한 오염이나 기계적 충격으로부터 보호하기 위해 [그림 11.16(c)]에 나타낸 것처럼 산화실리콘 등으로 보호막을 형성시키는데 이것을 패시베이션(passivation)이라고 한다.

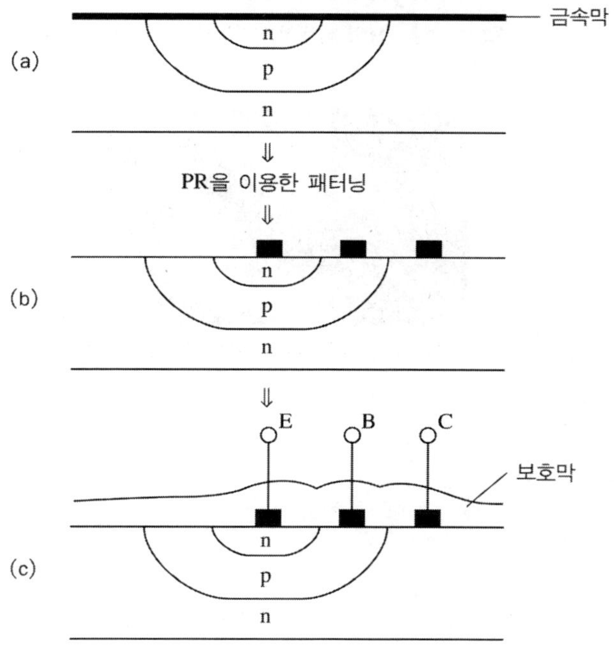

그림 11.16 배선 및 패시베이션

11.3.4 웨이퍼 조립 및 검사

완성된 집적 회로는 세정 공정을 거쳐 오염 물질이 제거되는데, 제조 라인의 청정도가 수율을 크게 좌우하므로 중요한 공정 중의 하나이다. 웨이퍼 위에 형성된 집적 회로 칩들의 전기적 동작 여부를 컴퓨터로 검사하여 불량품을 찾는다. 웨이퍼 위에 만들어진 집적 회로를 [그림 11.17]에 보였다.

각 칩들을 레이저나 다이아몬드 톱을 사용하여 하나의 집적 회로 칩 단위로 잘라낸다. 잘라낸 칩들 중 정상적인 칩만 리드 프레임 위에 올려놓고 금으로 만든 가는 선으로 칩의 내부 단자와 리드 프레임을 연결해 준다. 마지막으로, 연결 부분을 보호하기 위해 고분자 수지로 전체 칩을 밀봉한 뒤 회사명과 제품명을 써 넣어 반도체 칩을 완성한다. [그림 11.18]에 완성된 반도체 칩을 보였다.

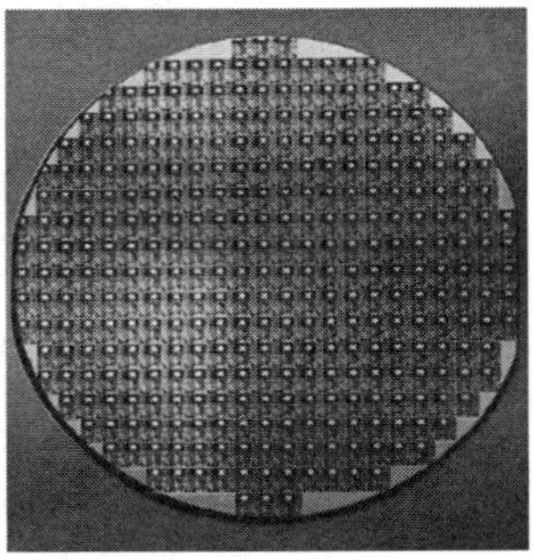

그림 11.17 집적 회로가 웨이퍼위에 완성된 모양

그림 11.18 완성된 반도체 집적 회로 칩

4부

정밀 화학

Industrial Chemistry

12 유지

12.1 서론

유지(oil and fat)는 지질(lipid)의 일종으로, 식물성 기름(oil)과 동물성 지방(fat)을 뜻한다. 식물성 기름은 액체이고 동물성 지방은 고체로서 상(phase)이 다르지만 화학 구조는 매우 유사하여, 함께 '유지'라는 범주에 포함시킨다.

유지는 오랜 옛날부터 식용, 등(lamp) 연료, 비누, 도료 등으로 널리 이용되어 왔다. 18세기 중반부터 유지가 공업적으로 생산되기 시작하였으며, 19세기 말에는 비누, 도료, 마가린(margarine) 등의 제조에 대량 사용되었다. 20세기 초에 지방산(fatty acid), 글리세린 등을 생산하는 유지 화학 공업이 크게 발전하였으나 1940년대 이후 석유 화학 공업이 급속한 발전을 이루면서 원료로서의 지위는 다소 낮아지게 되었다. 그러나 유지를 원료로 하는 긴 사슬(long chain) 화합물의 합성 원료를 비롯하여, 화장품, 계면활성제, 가소제, 도료, 합성왁스, 합성수지 등의 여러 가지 정밀 화학 제품 원료로서 새로운 용도를 개척하고 있다.

12.2 유지의 화학 구조 및 분류

유지의 주성분은 긴 사슬 지방산과 글리세린의 에스터 화합물인 **트라이글리세라이드**(triglyceride)이다. 아래에 트라이글리세라이드의 구조를 나타내었다. 여기서 R_1, R_2, R_3은 본래의 지방산의 탄화수소 구조에 해당한다.

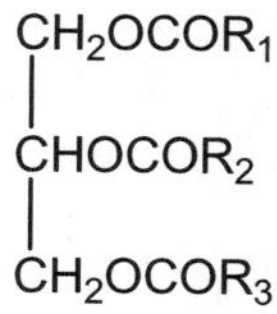

트라이글리세라이드에 결합된 3개의 지방산은 탄소수가 서로 다른 경우가 많은데, 일반적으로 탄소수가 12~20 범위의 짝수로 되어 있다. 3개의 지방산은 불포화도(즉, 이중 결합의 수)도 서로 다른 경우가 많은데, C=C 이중 결합은 보통 cis의 입체 구조를 가진다. [표 12.1]에 유지를 구성하는 대표적인 지방산의 화학식을 나타내었고, 아래에는 포화 스테아르산과 불포화 리놀레산의 화학 구조를 나타내었다.

한 종류의 원료에서 채취한 유지라도 다양한 화학 구조의 트라이글리세라이드의 혼합물 형태로 되어 있다. 예를 들어, 소기름에서 얻은 유지에는 팔미트산이 24~35 %, 스테아르산이 14~30 %, 올레산이 39~50 % 함유되어 있다.

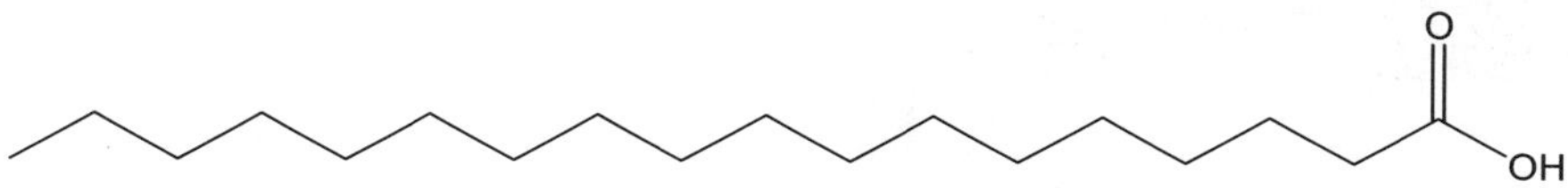

stearic acid

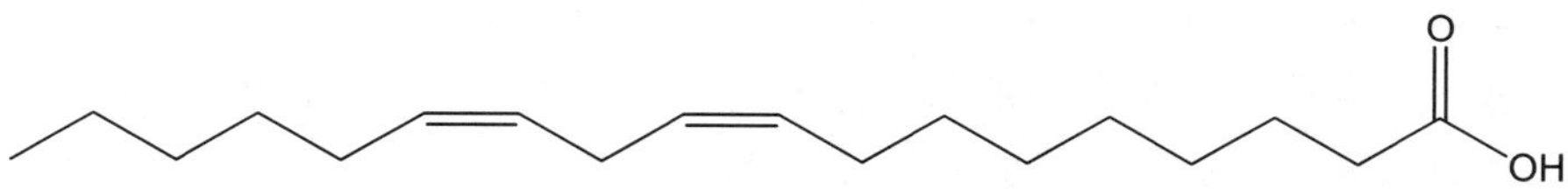

linoleic acid

유지에는 트라이글리세라이드 외에도 미량 성분으로서 유리 지방산(free fatty acid), 레시틴(lecithin)과 케팔린(cephalin) 등의 인지질(phosphatide), 바이타민(A, D, E 등) 등이 포함되어 있다.

유지는 서론에서도 언급하였듯이 그 생성원을 기준으로 크게 식물 유지와 동물 유지로 분류된다. 식물 유지에는 아마인유, 참기름, 올리브유, 피마자유 등이 있고, 동물 유지에는 돼지기름, 소기름, 향유고래기름, 정어리유 등이 있다. 이러한 유지는 불포화도의 정도에 따라 세부적으로 더 나누어지며, 일반적으로 동물 유지에는 불포화도가 높은 트라이글리세라이드가 식물 유지보다 더 함유되어 있다.

표 12.1 트라이글리세라이드를 구성하는 대표적인 지방산의 화학 구조

지방산	구 조
〈포화〉	
라우린산(lauric acid)	$CH_3(CH_2)_{10}CO_2H$
미리스트산(myristic acid)	$CH_3(CH_2)_{12}CO_2H$
팔미트산(palmitic acid)	$CH_3(CH_2)_{14}CO_2H$
스테아르산(stearic acid)	$CH_3(CH_2)_{16}CO_2H$
아라키드산(arachidic acid)	$CH_3(CH_2)_{18}CO_2H$
〈불포화〉	
팔미톨레산(palmitoleic acid)	$CH_3(CH_2)_5CH{=}CH(CH_2)_7CO_2H$ (cis)
올레산(oleic acid)	$CH_3(CH_2)_7CH{=}CH(CH_2)_7CO_2H$ (cis)
리놀레산(linoleic acid)	$CH_3(CH_2)_4(CH{=}CHCH_2)_2(CH_2)_6CO_2H$ (all cis)
리놀렌산(linolenic acid)	$CH_3CH_2(CH{=}CHCH_2)_3(CH_2)_6CO_2H$ (all cis)
아라키돈산(arachidonic acid)	$CH_3(CH_2)_4(CH{=}CHCH_2)_4CH_2CH_2CO_2H$ (all cis)

12.3 유지의 분석

유지의 평균 분자량과 불포화도를 분석하기 위하여 산가(acid value: AV), 비누화가(saponification value: SV), 아이오딘값(iodine value: IV)을 측정한다.

산가는 유지 1 g 중에 존재하는 유리 지방산을 중화시키는 데 필요한 KOH의 mg수를 뜻하며, 이 결과를 이용하여 유지 중의 유리 지방산의 양과 그 분자량을 구할 수 있다. 비누화가는 유지 1 g을 완전히 비누화시키는 데 필요한 KOH의 mg수를 의미한다. 아이오딘값은 탄소-탄소 이중 결합에 할로젠이 부가되는 반응을 이용하며, 부가된 할로젠의 양을 아이오딘으로 환산하여 유지의 불포화도를 추정한다.

12.4 유지 가공 공업

12.4.1 가수 분해

유지를 고온 · 고압하에서 물과 반응시키거나, 산 또는 알칼리 존재하에서 물과 반응시키면 가수분해되어 식 12.1과 같이 지방산과 글리세린이 얻어진다. 유지에 수산화나트륨(NaOH) 수용액을 가하여 가열하면 비누와 글리세린이 얻어진다. 이처럼 유지의 가수분해는 지방산, 비누, 글리세린의 제조에 매우 중요한 반응이다.

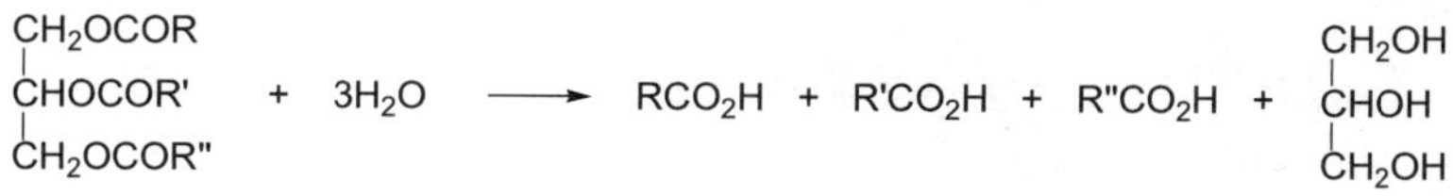

(12.1)

12.4.2 수소첨가(수소화)

유지 분자 중의 불포화 결합에 촉매 존재하에 수소를 반응시키면 부가 반응이 일어나 포화 결합으로 전환되면서 융점이 높아지며 색, 냄새, 맛이 개선되고 산화나 열에 대하여 안정성이 향상된다(식 12.2). 예를 들어, 올레산에 수소 첨가를 시키면 스테아르산이 생성된다(식 12.3). 이처럼 액상의 불포화 유지에 수소를 첨가하여 고융점의 고상 유지로 전환시키는 것을 '경화'라고 하고, 이렇게 제조된 유지를 '경화유'라고 한다.

유지의 수소 첨가는 유지 가공 공업 중에서 가장 중요한 공정이며, 이 공정에 의해 유지의 용도가 확대된다. 용도에 따라 수소 첨가의 정도를 조절하는데, 식용 경화유는 수소 첨가를 부분적으로 수행하고 공업용 경화유는 매우 높게 수행한다. 예를 들어, 마가린(margarine)은 면실유나 대두유를 부분 수소 첨가한 경화유에 유화제, 발효유, 향료 등을 첨가하여 제조한다. 또한 쇼트닝(shortening)은 돼지기름이나 식물유지를 부분 경화시켜 제조한다. 쇼트닝 중에서 특히 돼지기름을 원료로 한 것이 라드(lard)이다.

$$R_1CH{=}CHR_2 + H_2 \rightarrow R_1CH_2CH_2R_2 \qquad (12.2)$$

$$\text{oleic acid} + H_2 \rightarrow \text{stearic acid} \qquad (12.3)$$

12.4.3 지방산 에스터 제조

지방산 에스터류는 트라이글리세라이드의 에스터 교환 반응, 지방산의 직접 에스터화 등에 의해 얻어지며, 합성된 에스터는 계면활성제, 가소제, 화장품, 윤활유, 도료 등에 이용된다.

트라이글리세라이드를 알코올, 지방산, 또는 에스터와 반응시켜 다른 에스터를 합성하는 반응은 에스터 교환 반응의 일종으로서, 이 중 알코올과의 반응을 가알코올 분해 alcoholysis)라고 한다. 식 12.4에 나타낸 것처럼 트라이글리세라이드를 메탄올과 반응시키면 3종류의 메틸에스터와 글리세린이 생성된다. 만약 메탄올 대신 글리세린을 사용하여 가알코올 분해를 시키면 모노글리세라이드와 다이글리세라이드의 혼합물이 얻어지며, 이 생성물은 알키드 수지, 식품용 유화제 등에 사용된다. 식 12.5에 모노글리세라이드의 생성 반응식을 보였다.

$$\begin{matrix} CH_2OCOR \\ | \\ CHOCOR' \\ | \\ CH_2OCOR'' \end{matrix} + 3CH_3OH \longrightarrow \begin{matrix} RCO_2CH_3 \\ R'CO_2CH_3 \\ R''CO_2CH_3 \end{matrix} + \begin{matrix} CH_2OH \\ | \\ CHOH \\ | \\ CH_2OH \end{matrix} \qquad (12.4)$$

$$\begin{matrix} CH_2OCOR \\ | \\ CHOCOR' \\ | \\ CH_2OCOR'' \end{matrix} + 2\begin{matrix} CH_2OH \\ | \\ CHOH \\ | \\ CH_2OH \end{matrix} \longrightarrow 3\begin{matrix} CH_2OCOR''' \\ | \\ CHOH \\ | \\ CH_2OH \end{matrix} \quad (R'''=R,\ R',\ \text{또는}\ R'') \qquad (12.5)$$

지방산 에스터는 지방산의 직접 에스터화 반응으로도 제조된다. 식 12.6과 같이 지방산과 알코올을 축합 반응시켜 지방산 에스터를 합성한다. 가역 반응이므로 정반응을 원활히 진행시키기 위해서는 생성되는 물을 효과적으로 제거해 줄 필요가 있다. 알코올 중 반응성이 낮은 삼차 알코올이나 페놀의 경우에는 지방산을 할로젠화 또는 무수물 형태로 전환하여 반응시킨다(식 12.7 및 12.8)

$$RCOOH + R'OH \rightleftharpoons ROOR' + H_2O \qquad (12.6)$$

$$RCOCl + R'OH \rightarrow ROOR' + HCl \qquad (12.7)$$

$$(RCO)_2O + R'OH \rightarrow ROOR' + RCOOH \qquad (12.8)$$

12.4.3 고급 알코올의 제조

탄화수소 부분이 긴 고급 알코올은 석유 화학 공업에서도 합성되지만, 유지, 지방산, 지방산 에스터를 원료로 하여 합성되기도 한다. 일반적으로 식 12.9에 나타낸 것처럼 지방산의 메틸에스터를 수소로 환원시키면 사용되는 촉매에 따라 포화 또는 불포화 고급 알코올이 합성된다. 고급 알코올은 계면활성제, 가소제, 화장품 등에 널리 이용된다.

$$RCH=CH(CH_2)_nCO_2CH_3 + H_2 \longrightarrow \begin{cases} R(CH_2)_{n+2}CH_2OH + CH_3OH \\ RCH=CH(CH_2)_nCH_2OH + CH_3OH \end{cases} \qquad (12.9)$$

12.5 유지의 용도

위에서도 부분적으로 유지의 용도를 언급하였으나 여기에서 전체적으로 다시 정리해 보기로 한다. [표 12.2]에 나타낸 것처럼 유지 가공 공업에 의하여 제조되는 화합물은 크게 지방산, 지방산의 메틸에스터, 글리세린, 지방족 고급 알코올, 지방족 고급 아민으로 나눌 수 있고, 이들은 식품, 화장품, 계면활성제, 도료, 의약품, 윤활유 등의 매우 다양한 분야에 이용되고 있다. 유지는 화학 공업에 있어서 매우 중요한 원료 중 하나임을 알 수 있다.

표 12.2 유지 화학 제품의 용도

유지 화학 공업에 의해 제조되는 화합물 분류	주된 제조 반응	용 도
지방산	유지의 가수 분해	계면활성제, 화장품, 의약품, 도료, 윤활유, 가소제, 식품
지방산 메틸에스터	유지의 에스터 교환 반응 또는 지방산의 에스터화	화장품, 윤활유, 청정제
글리세린	유지의 가수 분해	화장품, 의약품, 식품, 도료, 합성수지, 담배, 폭약, 셀룰로오스, 윤활유
지방족 알코올	지방산 메틸에스터의 환원	화장품, 섬유, 종이, 윤활유, 가소제
지방족 아민	지방산 → 지방산 아마이드 → 지방산 나이트릴 → (환원)	섬유처리, 도로포장, 살균제, 윤활유

13 계면활성제

13.1 서론

계면활성제(surfactant)는 일상생활과 공업 전반에 걸쳐 다양한 용도로 사용되는 중요한 화학 제품이다. 계면활성제의 기원인 비누는 선사시대부터 사용되어 왔고, 1830년에 올리브유 등으로 만든 황산염이 염색보조제로 사용되면서 합성 계면활성제의 역사가 시작되었다. 처음에는 천연 유지를 원료로 하였으나, 석유 화학 공업이 발전하면서 석유에서 다양한 계면활성제를 대량으로 생산하게 되었다.

13.2 계면활성제의 작용 원리

계면활성제란 2상(기체-액체, 액체-액체, 액체-고체 등)의 계면에 흡착하여 계면의 자유에너지(표면장력)을 현저하게 저하시키는 물질을 말한다. 비누를 예로 들어 계면활성제의 작용 원리를 설명하기로 한다. 흔히 의복에 묻어 있는 '때'라고 부르는 것은 먼지가 기름에 묻어서 의복에 달라붙어 있는 것으로, 기름이 물에 용해되지 않기 때문에 물로 씻는 것만으로는 때를 제거할 수 없다. 기름때를 제거하기 위하여 비누를 사용하는데, 비누 분자는 **소수성**(hydrophobic)과 **친수성**(hydrophilic) 구조를 함께 가진 전형적인 계면활성제이다. [그림 13.1]에 나타내었듯이, 비누는 기름에 용해되는 소수성 탄화수소 구조와 물에 용해되는 친수성 카복실레이트 구조를 가지고 있다. 비누 성분이 물속에 들어갔을 때 기름이 존재하면 소수성 부분이 기름을 둘러싸게 되고 친수성 부분은 바깥쪽, 즉 물 쪽으로 향하여 작은 방울 형태를 만든다([그림 13.2]). 이것을 **마이셀**(micelle)이라고 한다. 이 작은 방울들은 표면에 음전하를 띠기 때문에 서로 반발하여 마이셀끼리 뭉치지 않는다.

비누 성분의 농도가 낮을 때는 분자가 수중 또는 수면에 분산되어 마이셀이 형성되지 않지만, 임계 마이셀 농도(critical micelle concentration, CMC)에 도달하면 수용액 표면에 빈틈없이 흡착되어 단분자 막을 형성하는 동시에 수중에서는 마이셀을 형성한다. 대부분의 계면활성제의 CMC는 $10^{-4} \sim 10^{-2}$ mol/L의 범위에 있다. 계면활성제의 CMC가 낮을수록, 또 소수성 부분이 클수록 마이셀의 크기가 커지는 경향이 있다. [그림 13.3]에 계면활성제의 농도와 표면장력 간의 관계를 나타내었다. 농도가 높아질수록 표면장력이 낮아지며, CMC에서 마이셀이 형성되기 시작하면서 일정한 수준을 유지하게 된다. CMC 이상으로 계면활성제를 첨가하면 마이셀 수는 증가하지만 표면장력의 저하는 더 이상 일어나지 않는다. 일반적으로 계면활성제를 사용할 때는 CMC 이상의 농도에서 사용한다. 만약 CMC 이하의 농도로 사용하면 계면활성제의 성능이 나타나지 않거나 불안정한 상태가 된다.

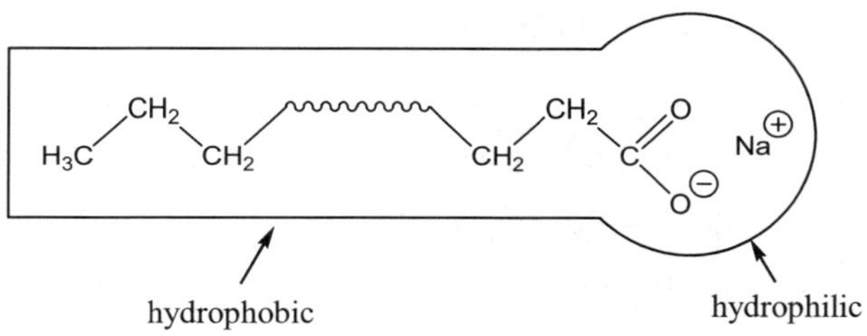

그림 13.1 계면활성제의 전형적인 구조

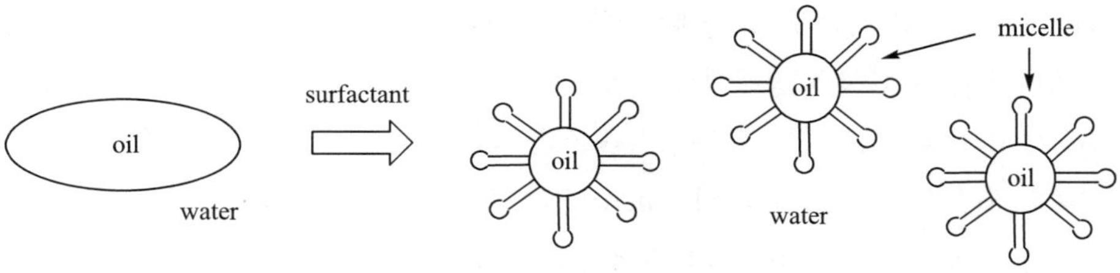

그림 13.2 계면활성제의 세척작용의 원리

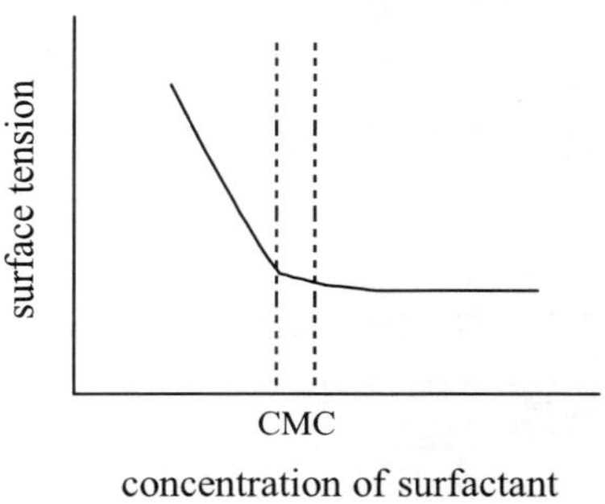

그림 13.3 계면활성제의 농도와 표면장력의 관계

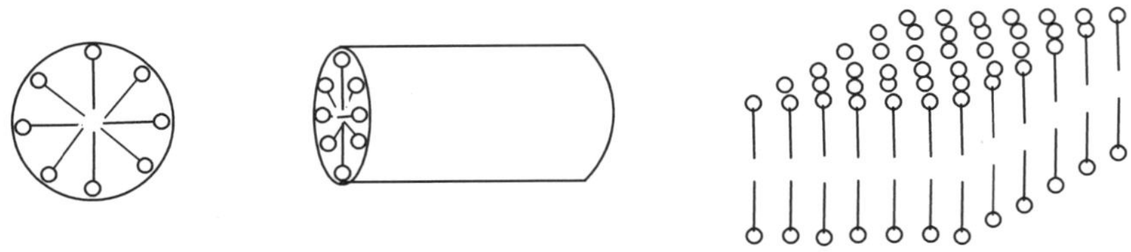

spherical　　cylindrical　　lamellar

그림 13.4 마이셀의 형태

마이셀의 형태는 계면활성제의 화학 구조나 농도에 따라서 변화한다. [그림 13.4]에 나타낸 것처럼 계면활성제 농도가 CMC 이상이 되면 구형(spherical)의 마이셀이 형성되고, 농도가 더 증가하면 원통형(cylindrical), 그 이상으로 증가하면 라멜라형(lamellar)으로 변하는 경향이 있다. 이러한 마이셀의 크기가 나노미터 수준이므로, 최근에 계면활성제로부터 형성되는 마이셀을 나노 소재 합성에 이용하는 연구도 진행되고 있다.

계면활성제의 주요 작용 중의 하나로서, 어떤 액체에 그것과 섞이지 않는 다른 액체를 미세한 방울 상태로 균일하게 분산시키는 것을 **유화**(emulsification)라고 하는데, 위의 예에서 물에 용해되지 않는 기름 성분이 물속에 작은 마이셀 형태로 분산되었으므로 유화되었다고 할 수 있다. 유화가 일어나 마이셀들이 안정하게 분산되어 있는 물질을 에멀션(emulsion)이라고 한다. 유화시키는 데 사용되는 성분을 유화제(emulsifier)라고 하는데, 유화제는 계면활성제의 일종이라고 할 수 있다. 6.3.1절에서도 단량체를 유화시킨 상태에서 중합시키는 유화 중합에 대하여 기술한 바 있다. 계면활성제의 또 다른 기능으로서, 기름 성분이 마이셀 형태로 물속에 투명하게 용해된 상태가 되었다면 **가용화**(solubilization)되었다고 표현한다. 가용화는 용매에 불용 또는 난용성의 물질이 계면활성제의 존재에 의해 용매에 투명하게 용해되는 현상을 말한다. 한편, **분산**(dispersion)은 고체 미립자를 액체 중에 균일하게 분산시키는 계면활성제의 기능 중의 하나이다. **젖음**(wetting)은 고체 표면 위에 어떤 액체가 묻어 있을 때 계면활성제가 작용하여 액체 자신의 응집력이 약화되어 고체 표면에 넓게 퍼지는 현상이다. 이상 설명한 유화, 분산, 가용화, 젖음은 계면의 종류에 따라 다음 [표 13.1]

표 13.1 계면의 종류에 따른 계면활성제 기능의 분류

계면의 종류	계면활성제 기능
액체-액체 계면	유화, 가용화
고체-액체 계면	분산, 가용화, 젖음

과 같이 분류할 수 있다. 계면활성제의 기능은 이들 이외에도 침투, 기포 등 매우 다양한데, 뒤에서 설명하기로 한다.

13.3 계면활성제의 분류

13.2.1 화학 구조에 따른 분류

일반적으로 계면활성제는 소수성과 친수성 구조를 함께 가지고 있다. 소수성 구조는 [표 13.2]에 나타내었듯이 지방족 또는 방향족 탄화수소 구조가 여기에 속한다. 친수성기에는 일반적으로 전기음성도가 높은 산소나 질소를 가진 구조(이온 포함)가 속한다.

계면활성제는 친수성기의 이온성 여부와 분자량 등에 따라 분류된다. 우선, 물속에서 해리되는 이온성 계면활성제와 해리되지 않는 비이온성 계면활성제로 분류하고, 또한 특이한 성질을 나타내는 특수 계면활성제를 따로 분류한다([그림 13.5]).

13.2.2 HLB에 따른 분류

용도에 맞는 계면활성제를 선정할 때 유용한 척도로서 HLB(hydrophilic-lipophilic balance)가 있다. 이것은 소수성과 친수성 구조의 상대적인 세기를 비교한 것을 수치화한 것이며, 다음과 같은 식으로 계산된다.

$$\text{HLB} = (\text{친수성기의 분자량} \ / \ \text{전체 구조의 분자량}) \times 20$$

주로 비이온성 계면활성제에 적용되며, [표 13.3]에 HLB 값에 따른 용도를 정리하였다. HLB 값이 낮은 것은 용액 중의 거품을 억제하거나 제거하는 소포제(defoaming 또는 antifoaming agent)의 용도로 사용된다. 3~7의 HLB 값을 갖는 계면활성제는 주

표 13.2 계면활성제를 구성하는 일반적인 소수성기와 친수성기

소수성기	친수성기			
알킬(alkyl) 페닐(phenyl) 알킬페닐(alkylphenyl) 나프틸(naphthyl) 알케닐(alkenyl)	–OH –COO–	–SH –O–	–COOH $-SO_3^-$	$-COO^-$ $\equiv N^+$

- 이온성 계면활성제
  - 음이온성 계면활성제
  - 양이온성 계면활성제
  - 양쪽성 계면활성제
- 비이온성 계면활성제
- 특수 계면활성제

그림 13.5 계면활성제의 분류

표 13.3 HLB값과 용도

HLB값	용 도
1 ~ 4	소포(defoaming)
3 ~ 7	유화(W/O)
7 ~ 15	침투(penetrating)
7 ~ 18	유화(O/W)
13 ~ 15	습윤(wetting)
13 ~ 18	세정(washing)
15 ~ 20	가용화(solubilizing)

로 기름 중에 수분 방울을 분산시키는 W/O(water in oil)형의 유화에, 7~18값을 갖는 것은 수중에 기름 방울을 분산시키는 O/W(oil in water)형의 유화에 사용된다. HLB 값이 클수록 수용성을 띤다.

13.4 계면활성제의 분류에 따른 제조 방법 및 특성

13.4.1 음이온성 계면활성제

수용액 중에서 이온화하여 음으로 하전된 유기 이온을 생성하여 계면활성을 나타내는 계면활성제를 뜻한다. 주로 세제의 활성 성분으로 중요하게 사용되며, 카복실산염, 황산염, 황산에스터염, 인산에스터염 등이 있다.

비누는 긴 사슬 지방산의 알칼리금속염으로, 오랜 옛날부터 사용되어 온 **카복실산염** 계면활성제이다. 주로, 유지의 수산화나트륨(NaOH)에 의한 비누화에 의해 합성된다(식 13.1). 지방산으로는 탄소수가 12~18의 포화지방산이나 올레산이 유리하다. 합성된 염에 향료, 색소, 산화 방지제 등을 첨가하고 고화시켜 비누 제품을 제조한다.

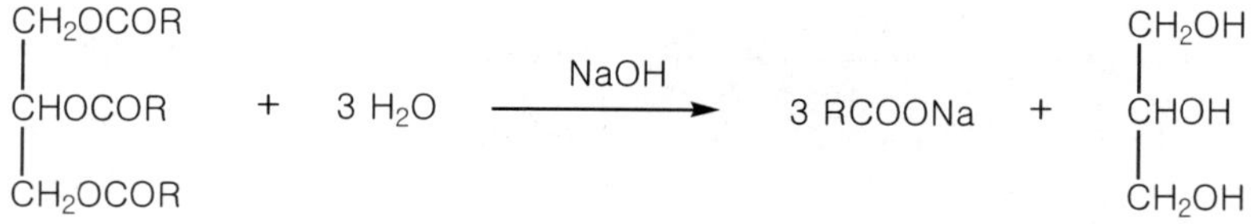

(13.1)

비누의 단점으로서 칼슘이나 마그네슘 같은 금속 이온을 함유한 센물(hard water)에서는 이들 이온과 비누 성분 간의 반응에 의해 침전이 형성되어 끈적거리는 찌꺼기처럼 붙게 된다(식 13.2). 또한, 산성 용액 중에서는 염에서 산(acid) 형태로 전환된다(식 13.3). 두 경우 모두 결과적으로 계면활성제로서의 기능을 상실하게 된다.

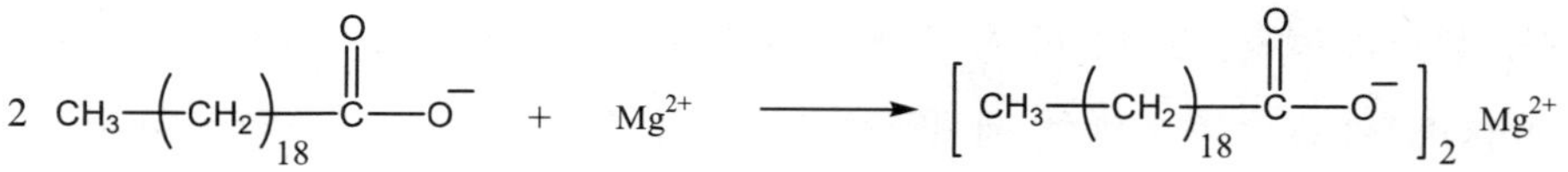

(13.2)

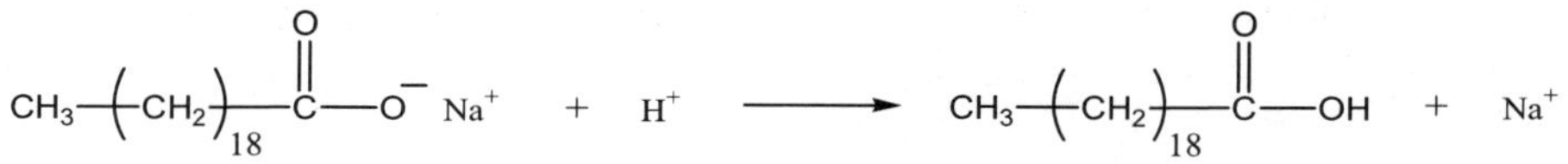

(13.3)

앞에서 기술한 비누의 단점을 개선하기 위하여 개발된 것이 **황산염형** 계면활성제이다. 황산염형 계면활성제는 친수성 구조로서 $-SO_3Na$를 가진 화합물로, 알칼벤젠으로부터 합성(식 13.4)되는 것을 선형 알킬벤젠 황산염(linear alkylbenzenesulfonate, LAS), 올레핀으로부터 합성(식 13.5)되는 것을 α-올레핀 황산염(α-olefinsulfonate, AOS), 파라핀으로부터 합성(식 13.6)되는 것을 알킬 황산염(sodium alkylsulfonate, SAS)이라고 한다. LAS와 AOS는 **합성세제**의 주성분으로서 널리 사용된다. 특히 AOS는 센물 중에서 세정력 저하가 일어나지 않고 생분해성이 우수하여 많이 사용되고 있다.

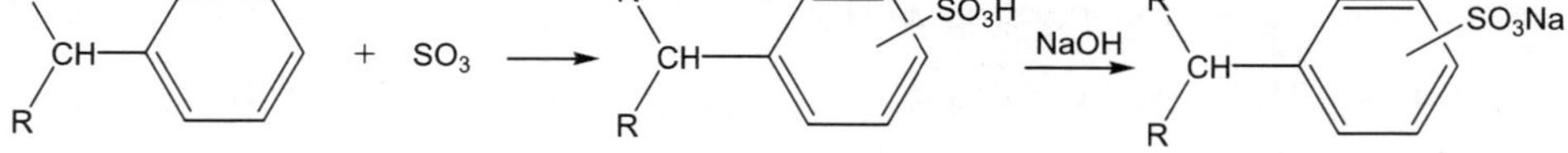

LAS

(13.4)

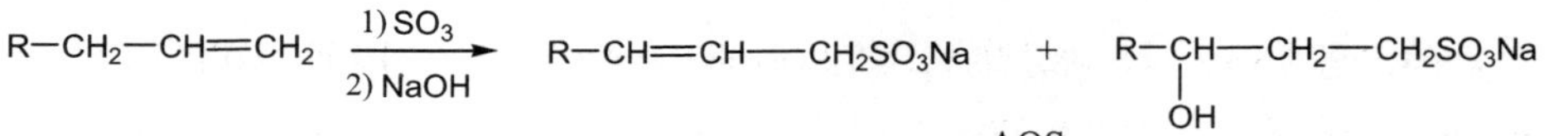

AOS

(13.5)

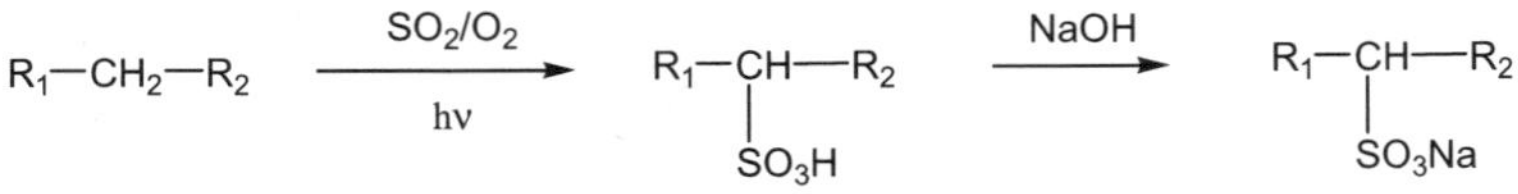

SAS (13.6)

황산에스터염형 계면활성제는 친수성 구조로서 $-OSO_3Na$를 가진 화합물이다. 알킬황산에스터염(alkyl sulfate, AS)은 탄소수 12~18의 고급 알코올을 황산으로 처리한 후 NaOH로 중화하여 얻는다(식 13.7). 세정력과 생분해성이 우수하여 양모제품용 세제를 비롯하여 샴푸 또는 일반세제의 성분으로 사용된다. 알킬에테르황산에스터염(alkyl ether sulfate, AES)은 긴 사슬 알코올에 에틸렌옥사이드를 부가중합시키고 황산화한 후 중화시켜 얻는다(식 13.8). AES는 수용성이며, 세정력과 기포성(foaming property)이 우수하여 액상 세제와 샴푸의 성분으로서 널리 사용되고 있다.

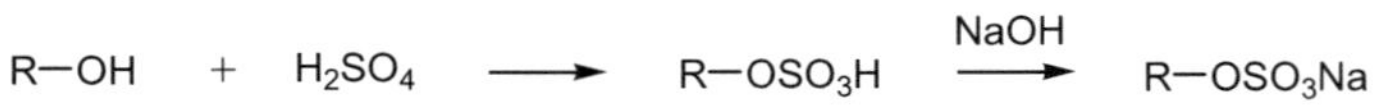

AS (13.7)

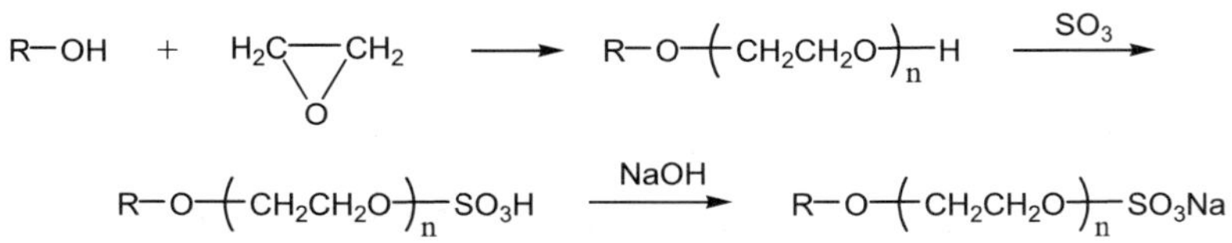

AES (13.8)

13.4.2 양이온성 계면활성제

수용액 중에서 이온화하여 양으로 하전된 유기 이온을 생성하여 계면활성을 나타내는 계면활성제로, 대부분은 암모늄염과 아민염이다. 이 중 아민염은 알칼리에 불안정하기 때문에 많이 사용되지 않으며, 주로 암모늄염이 사용되고 있다. 세정력이 약하며, 음이온성 계면활성제와 함께 사용할 경우 두 계면활성제가 반응하여 염을 형성하면서 불용화되기 때문에 세제에는 잘 사용되지 않는다. 섬유의 방수·유연제, 헤어린스, 유화제, 콘크리트 방수제, 부유선광제(floatation agent), 안료분산제, 살균소독제 등의 용도로 사용된다.

암모늄염형에서는 테트라알킬암모늄염(tetraalkylammonium salt)형과 피리디늄염(pyridinium salt)형의 두 가지가 주류를 이루고 있다. 테트라알킬암모늄은 삼차 아민을 할로젠화알킬(alkyl halide) 또는 할로젠화톨루엔(benzyl halide) 등을 반응시켜 사차 화합물로 변환시켜 얻는다(식 13.9 및 13.10).

$$C_{12}H_{25}N(CH_3)_2 + CH_3Cl \longrightarrow C_{12}H_{25}\overset{+}{N}(CH_3)_3 \quad Cl^- \tag{13.9}$$

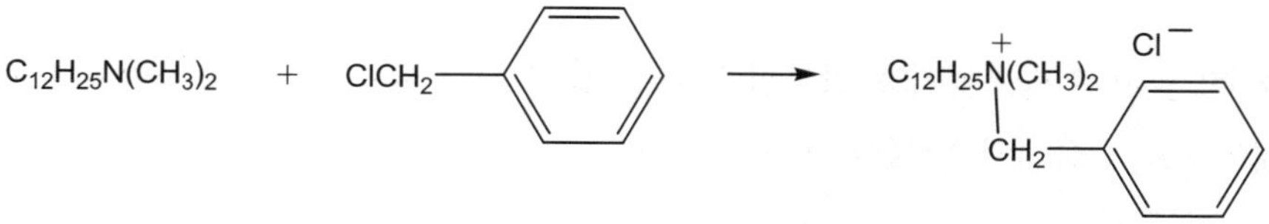

(13.10)

한편, 피리딘(pyridine)을 할로젠화알킬과 반응시키면 피리디늄염이 얻어진다(식 13.11).

(13.11)

13.4.3 양쪽성 계면활성제

넓은 의미로 보면 친수성 구조로서 음이온성, 양이온성, 비이온성의 세 가지 중 어느 두 가지를 가지고 있는 계면활성제를 말할 수도 있지만, 일반적으로는 음이온성과 양이온성의 두 가지를 가지고 있는 것을 뜻한다. 산성 용액 중에서는 양이온성 계면활성제로서, 염기성 용액 중에서는 음이온성 계면활성제로서 작용한다. 비교적 넓은 pH 영역에서 사용 가능하고, 다른 계면활성제와 공용도 가능하며, 독성과 자극성이 작고 항균성을 가진다. 샴푸나 화장품에 사용되며, 살균소독제, 섬유유연제, 대전방지제(antistatic agent), 금속방식제, 연료유 첨가제 등의 용도에 사용된다.

음이온 구조로는 카복시기나 설폰산기, 양이온 구조로는 암모늄이나 아민을 가지는 것이 일반적이다. 대표적인 종류로는 아미노산형과 베타인(betaine)이 있다. 아미노산형의 합성에서는 아민을 메틸아크릴레이트(methyl acrylate)에 부가시킨 후 가수 분해하거나(식 13.12), 아민을 클로로메틸아세트산과 반응시켜 합성하는 방법(식 13.13)이 알려져 있다.

$$R-NH_2 + CH_2{=}CH\overset{O}{\overset{\|}{C}}OCH_3 \longrightarrow R-NH-CH_2CH_2\overset{O}{\overset{\|}{C}}OCH_3$$

$$\xrightarrow{\text{hydrolysis}} R-NH-CH_2CH_2\overset{O}{\overset{\|}{C}}OH \tag{13.12}$$

$$R-NH_2 \quad + \quad Cl-CH_2CH_2COOH \longrightarrow R-NH-CH_2CH_2COOH \tag{13.13}$$

베타인형은 사차 암모늄기와 카복실레이트기를 가지는 것으로, 삼차 아민과 클로로아세테이트를 반응시켜 합성한다(식 13.14)

$$R-N(CH_3)_2 \quad + \quad Cl-CH_2CONa \longrightarrow R-\overset{+}{N}(CH_3)_2-CH_2COO^- \tag{13.14}$$

13.4.4 비이온성 계면활성제

수용액 중에서 이온을 생성하지 않는 계면활성제로, 분자 내에 친수성 구조로서 수산기(hydroxyl group)나 에테르기 등을 가진다. 센물, 산성 수용액, 염기성 수용액 중에서도 계면활성 기능을 유지한다. 비이온성이기 때문에 음이온성 또는 양이온성 계면활성제와 공용할 수 있다. 유화제, 가정용 세제, 샴푸 등에 널리 사용되며, 음이온성 계면활성제 다음으로 많이 생산된다. 폴리에틸렌글리콜[poly(ethylene glycol)]형과 다가 알코올(polyalcohol)형이 있다.

폴리에틸렌글리콜형은 고급 알코올이나 알킬페놀(alkylphenol)에 에틸렌옥사이드를 부가중합시켜 얻는다(식 13.15 및 13.16). 용도에 따라 에틸렌옥사이드의 몰수를 변화시켜 분자량을 조절한다. 식 13.17과 같이 카복시산에 폴리에틸렌글리콜을 반응시켜 에스터형을 합성하기도 한다.

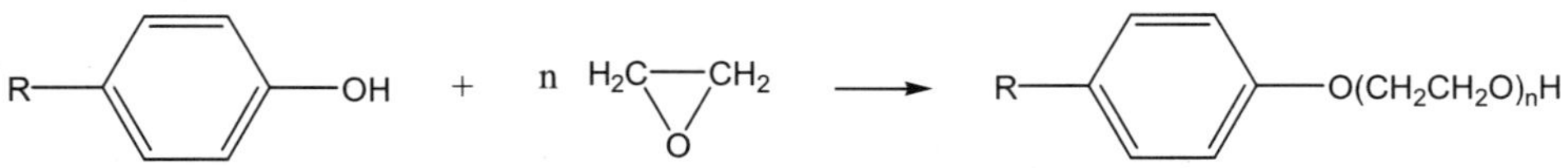

(13.15)

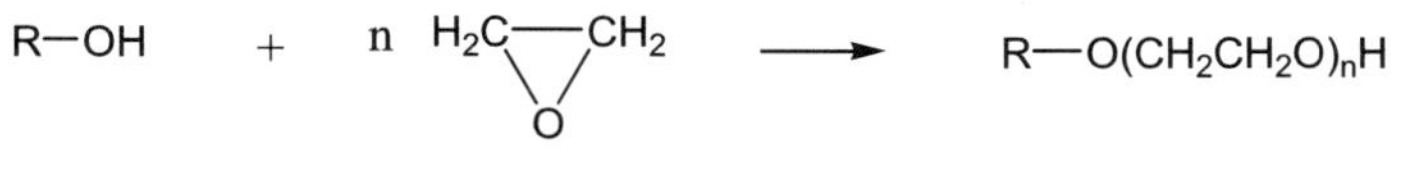

(13.16)

$$RCOOH \quad + \quad HO(CH_2CH_2O)_nH \xrightarrow{H_2SO_4} RCOO(CH_2CH_2O)_nH \tag{13.17}$$

13.4.5 특수 계면활성제

특수한 형태의 계면활성제로는 플루오르계, 실리콘계, 고분자계 계면활성제가 있다. 계면활성제 분자에 플루오린(fluorine)을 도입하면 CMC가 저하되어 낮은 농도에서도 마이셀을 형성할 수 있고 표면장력이 저하되어 습윤침투성이 향상된다. 이러한 **플루오르계** 계면활성제의 대표적인 예로서 음이온성과 비이온성 각각 한 가지를 다음에 나타내었다. 소화제(fire extinguishing agent), 도금액(plating solution), 에칭액(ethching solution), 유화제, 윤활제 등의 특수한 용도에 사용된다.

$C_8F_{17}SO_3Na$	$C_8F_{17}NH(CH_2CH_2O)_nH$
ionic	nonionic

실리콘계 계면활성제로는 분자 간 힘이 작고 표면장력 저하 성능이 큰 소수성의 폴리다이메틸실록세인(polydimethylsiloxane) 구조를 가지는 것이 개발되어 있다. 또한, 음이온성 실리콘계 계면활성제도 사용되고 있다. 아래에 각각 한 가지씩의 예를 나타내었다. 이형제, 방담제 등의 특수 용도에 사용된다.

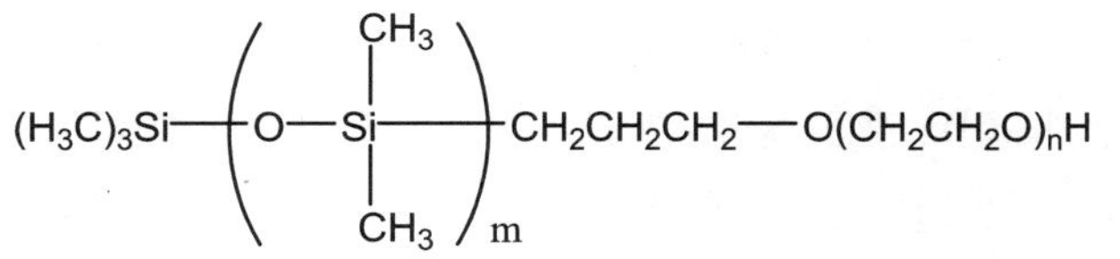

nonionic

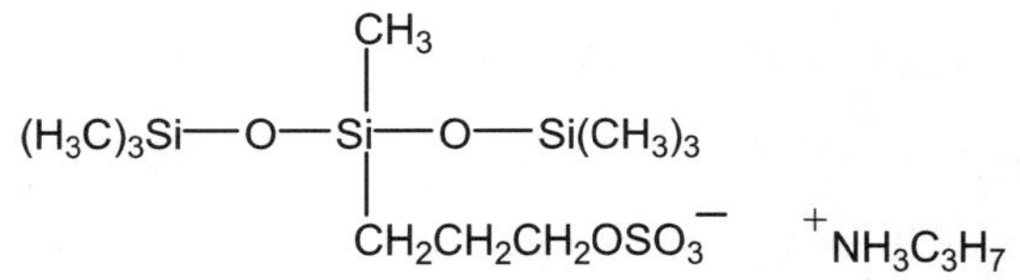

ionic

저분자 계면활성제의 경우는 수많은 분자가 모여 1개의 마이셀을 형성하는 데 비하여, **고분자 계면활성제**는 1개의 분자가 1개의 마이셀을 형성하는 것으로 알려져 있다. 고분자계 계면활성제의 대표적인 예로는 프로필렌옥사이드와 에틸렌옥사이드의 블록 공중합체(block copolymer)가 있는데, 폴리프로필렌글리콜 블록은 분자량이 1,000 이상이 되면 물에 불용성이 되므로 이 블록이 소수성 구조로서 작용한다. 아래에 블록 공중합체의 구조를 나타내었다. 이 공중합체는 화학적으로 안정하며, 유화분산력과 세정력이 우수하고 거품이 적게 일어나며 무독·무자극성의 특성이 있어서 저포성 세제, 화장품, 의약품에 사용되고 있다.

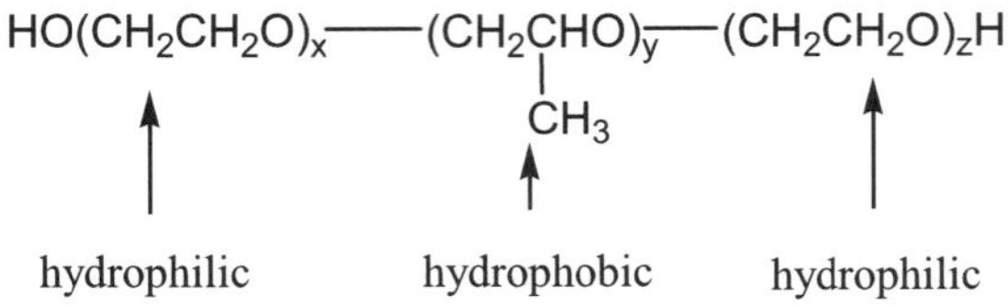

고분자 계면활성제의 또 다른 예로는 다음에 나타낸 폴리알킬페놀(polyalkylphenol)과 폴리바이닐피리디늄염(polyvinylpyridinium salt)이 있다.

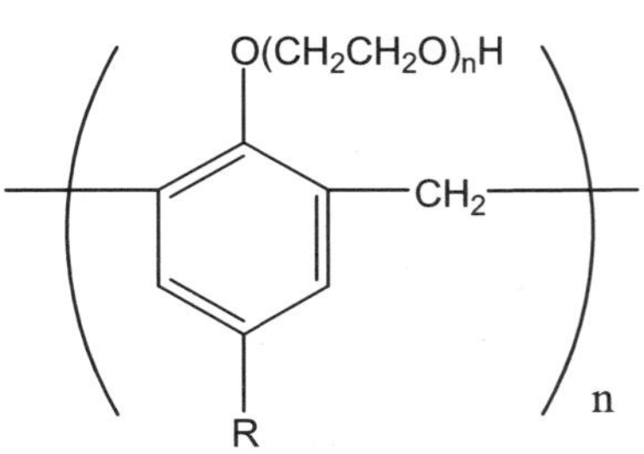

polyalkylphenol

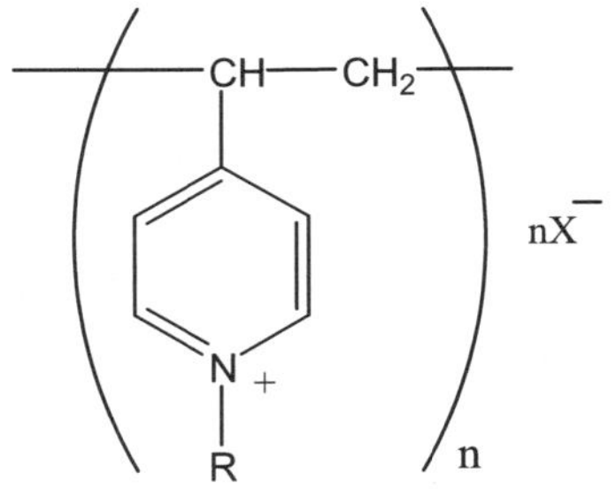

polyvinylpyridinium salt

기타, 다양한 식품의 기체-액체 상에 계면활성제가 사용되어 기체 거품을 유지시키는 역할을 한다([그림 13.6]). 예를 들어, 맥주의 거품은 맥주를 맛있어 보이게 할 뿐만 아니라 맥주와 공기와의 접촉을 막아 맥주를 신선하게 유지시켜 준다. 또 거품이 있으면 맥주에 녹아 있는 탄산 가스가 잘 빠져나가지 않아 마셨을 때 톡 쏘는 맛이 살아 있다. 이처럼 맥주의 거품을 유지하는 계면활성제는 맥아에서 나온 단백질이다. 이외에도, 카푸치노의 거품은 우유에서 나온 단백질이, 크림의 거품은 우유에서 나온 지방 성분이, 그리고 카스테라의 거품은 계란 흰자에서 나온 단백질이 계면활성제로 작용한 결과이다.

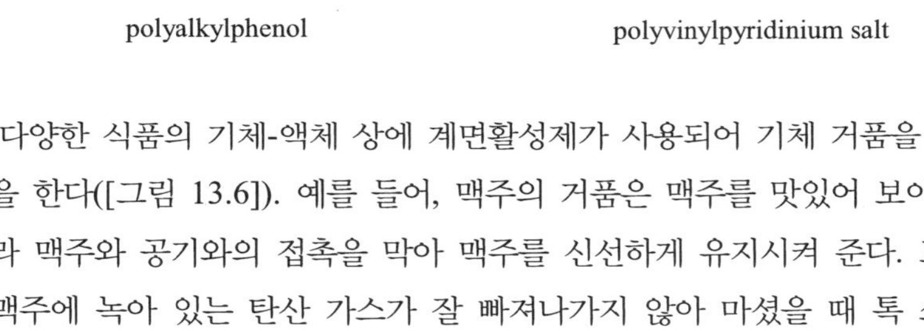

그림 13.6 맥주와 카푸치노의 거품

13.5 계면활성제의 용도

계면활성제의 용도는 일상생활에서 공업에 이르기까지 대단히 다양하다. [표 13.4]에 각 용도별로 계면활성제의 작용을 나타내었다. 표에 나온 작용 중 유화, 분산, 가용화, 젖음의 원리는 앞에서 설명한 바 있다.

원하는 작용에 따라 사용되는 계면활성제의 종류가 달라질 수 있다. 예를 들면, 젖음(wetting)이나 침투(penetrating)가 요구되는 분야에는 음이온성이나 비이온성 계면활성제를 사용한다. 기포(foaming)를 목적으로 할 때에는 음이온 계면활성제를 주로 사용한다. 유화를 목적으로 사용하는 경우에는 앞에서 기술한 HLB 값을 기준으로 계면활성제를 선정하는 것이 일반적이다.

표 13.4 계면활성제의 대표적인 용도 및 작용

용도	작용
섬유	세정, 침투, 표백, 염색, 유연 마무리, 대전방지, 방수
합성수지, 고무	유화, 안정화, 젖음, 대전방지, 방담, 이형
도료	젖음, 분산
석유 채굴	처리, 에멀전 파괴
의약	살균, 소독
농약	유화, 전착
화장품	세정, 유화, 기포, 분산, 가용화, 침투, 살균, 젖음, 유연, 윤활
식품	유화, 기포
금속	세정, 방청, 도금 첨가

14 화장품

14.1 서론

인간은 자신의 외모를 아름답게 가꾸어 타인에게 잘 보이고 싶은 욕구를 가지고 있다. 이러한 욕구를 충족시키기 위해 다양한 **화장품**을 사용하여 화장을 한다. 화장품의 정의는 '인체를 청결 · 미화하여 매력을 더하고 용모를 밝게 변화시키거나 피부 · 모발의 건강을 유지 또는 증진하기 위하여 인체에 바르고 문지르거나 뿌리는 등 이와 유사한 방법으로 사용되는 물품으로서 인체에 대한 작용이 경미한 것'으로 되어 있다. 의약품은 신체의 기능 자체를 변화시키지만 화장품은 신체의 기능보다는 주로 인간의 아름다움을 추구하는 데 사용되고 있다.

화장품의 기원은 고대에 종교, 주술, 의료 등에 사용된 것을 계기로 고대 문명과 함께 시작되었다고 할 수 있다. 화장품에 관한 초기 유물은 이집트에서 찾아볼 수 있는데, 기원전 3000년경 티니스 왕조시대의 왕의 무덤에서 화장품과 연고가 발견되었고, 투탕카멘왕의 무덤에서는 향료를 담은 병이 발견되었다. 화장품은 미를 가꾸려는 이집트 여인들에 의해 발전하여 클레오파트라 시대에 융성하였다. 로마시대에는 네로황제 등극과 함께 화장품이 궁전에서 중요한 역할을 하였다. 피부를 하얗게 칠하고 눈 화장을 했으며, 볼, 입술, 치아 등을 위한 화장품이 개발되었다. 13세기 말, 파리와 로마에서 화장을 경멸하는 인식이 생겨나면서 화장이 의학과 분리되었고, 이것은 화장과 화장품이 별도의 영역으로 발전하는 계기가 되었다. 옛날의 화장품은 오늘날처럼 안전한 것이 아니어서, 18세기 유럽에서 많은 여성들이 피부를 희게 하기 위하여 발랐던 탄산납($PbCO_3$)은 독성과 중독성 때문에 많은 사람들이 죽기도 하였다. 화장품이 과학적인 체계를 가지고 발전하기 시작한 것은 19세기 후반부터이고, 20세기에 들어서는 기업적 생산이 시작되었다. 특히 19세기 후반부터 발전한 염료, 제약 공업 등의 화학 공업이 본격적으로 발전하면서 화장품이 저렴한 값으로 대량 생산되어 보급되기 시작하였다.

▶한방화장품(출처=백옥생, LG생활건강, 설화수 홈페이지)

그림 14.1 기능성 한방 화장품(www.cbs.co.kr)

우리나라에서도 오랜 옛날부터 화장이 널리 행해지고 있었음이 역사적 자료를 통해 알려져 있다. 낙랑시대 고분에서 눈썹 화장을 한 여인의 그림이 발견되었고, 신라시대의 화랑제도 관련 기록, 고려시대의 향유 수출에 관한 기록, 조선시대의 소설인 '여용국전(女容國傳)'을 통해서도 확인되고 있다.

오늘날의 화장품은 단순히 인간의 미를 추구하는 용도를 뛰어넘어, 보다 과학적으로 피부를 보호하고 관리하는 등의 다양한 목적으로 사용되게 되었다. 또한 화장품 원료도 보다 안전하고 특수한 기능을 가지는 생약 성분을 이용하는 등 점차 다양화되고 있다. [그림 14.1]에 현재 시판되고 있는 한방 화장품의 사진을 실었다.

14.2 화장품의 종류와 용도

화장품은 크게 피부 세정 화장품, 기초 화장품, 마무리 화장품, 남성 화장품, 두발 화장품, 방향성 화장품 등으로 분류할 수 있다. **피부 세정 화장품**은 피부의 노폐물을 제거하여 청결하게 하고 피부 본래의 기능을 유지시켜 준다. **기초 화장품**은 피부를 유연하고 탄력 있게 해 주며 외부 자극으로부터 보호해 준다. **마무리 화장품**은 기초 화장품으로 피부의 손질이 끝난 다음에 외모를 아름답게 보이도록 꾸미기 위한 제품이다. 마무리 화장품은 주로 색조 화장품(또는 메이크업 화장품)으로 1) 얼굴의 피부색을 건강하고 아름답게 보이게 하고 기미 · 주근깨 · 잡티 등 피부 결점을 감추어 주는 역할과, 2) 입술 · 눈 · 볼 · 손톱 등에 국부적으로 사용하여 혈색을 돋보이게 하고 입체감을 부여하는 역할을 한다. **남성 화장품**은 면도를 용이하게 하고 면도 후 피부를 보호하며, 청량감을 준다. **두발 화장품**은 두발 및 두피를 청결하게 하고 보호하며, 두발의 형태를 변화시키거나 색상을 부여하는 제품이다. **방향성 화장품**은 이성에 대하여 관능적인 감각을 높여주며 긴장을 풀어주고 마음을 편안하게 해준다. [표 14.1]에 위에서 기술한 각 분류에 대하여 해당되는 화장품의 종류와 대표적인 제품의 예를 정리하였다.

표 14.1 화장품의 종류와 대표적 제품

대분류	소분류	대표적 제품의 예
피부 세정 화장품	비누(soap)	화장비누, 여드름비누, 액체비누, 클렌징 크림
기초 화장품	화장수(toilet water)	세정용, 수렴용, 유연용
	크림(cream)	콜드크림(cold cream), 마사지크림(massage cream), 에몰리엔트크림(emollient cream), 영양크림(nurishing cream), 바디크림(body cream)
	로션(lotion)	밀크로션(milk lotion), 바디로션(body lotion) 보습에센스(moisturizing essence)
	팩(pack)	젤마스크(gel mask), 파우더마스크(powder mask) 크림팩(cream pack)
마무리 화장품	파운데이션 (foundation)	유화형(액상, 크림상), 유성, 파우더
	분(face powder)	가루분(loose powder), 고형(compact powder)
	립스틱(lipstick)	스틱형, 액상, 크림상
	연지(rouge)	액상, 크림상
	손톱화장품(manicure)	네일메이크업, 네일칼라리무버(nail color remover)
	눈화장품 (eye cosmetics)	아이라이너(eyeliner), 마스카라(mascara), 아이섀도우(eye shadow)
남성 화장품	면도 관련 화장품	쉐이빙솝(shaving soap), 쉐이빙크림(shaving cream), 애프터쉐이빙로션(aftershaving lotion)
두발 화장품	샴푸(shampoo) 린스(rinse)	액상, 크림상, 분말상
	파마, 염색, 정발	퍼머넌트웨이브로션(permanent wave lotion)
방향성 화장품	각종 방향성 화장품	향수, 방향비누
기타	햇빛 관련 냄새 제거 관련	자외선 차단제, 일광욕 후 사용하는 화장품 방취화장품

[표 14.2]에 각 화장품의 용도를 정리하였다.

표 14.2 화장품의 용도

대분류	소분류	용도
피부 세정 화장품	비누	유성·수성 노폐물 제거를 통한 피부의 청결 및 기능 유지
기초 화장품	화장수	세정 : 노폐물 제거, 화장 지우기 수렴 : 각질층에 수분 및 보습 성분 보충, 피지 분비 억제 유연 : 거친 피부 예방, 피부의 pH 조절
	크림	외부의 물리적·화학적 위해요소로부터 피부 보호 연로하여 피지막 생성 능력 저하시 인공 피지막 형성 피부에 수분 공급
	로션	용도는 크림과 유사. 크림과 유액은 모두 에멀션인데, 크림보다 유상 성분이 적어 끈적거림이 없음
	팩	각질 제거, 피부 청결, 혈행 촉진, 보습
마무리 화장품	화운데이션	피부를 정돈하여 자연스러운 메이크업이 되도록 도움
	분	기미·주근깨 등의 피부 결점을 감추고 피부색을 다듬어 줌 피지·땀 등의 피부 분비물에 의한 번들거림을 없애 줌
	립스틱	입술의 혈색을 강조하고 건조 방지
	연지	볼의 혈색을 강조하고 입체감을 줌
	손톱화장품	손톱의 보호 및 메이크업
	눈화장품	눈의 메이크업
남성 화장품	면도 관련 화장품	면도를 용이하게 하고 면도 후 피부를 보호하며 청량감을 줌
두발 화장품	샴푸, 린스	두발 및 두피를 청결하게 하고 보호함
	파마, 염색, 정발	두발의 형태를 변화시키거나 색상을 부여함
방향성 화장품	향수	기분을 좋게 하고 안정시킴. 관능적인 느낌을 가지게 함

14.3 화장품의 성분

화장품에는 각각의 용도에 맞는 기능을 발현하기 위하여 다양한 화학 성분을 첨가한다. 성분의 종류는 매우 다양한데, 여기서는 대표적인 성분을 중심으로 소개한다.

14.3.1 물

물은 화장품 제조시 주로 용매 또는 에멀션의 분산매로서 사용된다. 화장수, 크림, 유액 등 물을 많이 함유한 기초 화장품에 주로 사용되지만, 액체 또는 에멀션형의 다른 종류의 화장품에도 사용된다. 립스틱 등에는 사용되지 않는다. 화장품용의 물은 미생물과 미량 원소가 제거된 정제수이어야만 한다. 물의 정제는 증류, 여과, 이온 교환 등에 의하여 수행된다.

14.3.2 알코올

수산기(-OH)를 가진 분자를 알코올이라고 하는데, 화장품에 주로 용매, 흡습제(humectant), 보습제로 사용된다([표 14.3]). 에탄올은 석유 화학 공업에서 에틸렌을 수화시켜 제조한 것을 사용한다. 에탄올은 유기 용매로서, 물에 녹지 않는 성분(향료, 색소, 안료 등)을 녹일 수 있다. 또한 소독 작용이 있어서 수렴 화장수나 애스터쉐이브 스킨로션 등에 사용되기도 한다. 프로필렌글리콜, 글리세린, 소비톨은 보습제와 흡습제로 사용되는데, 공기 중의 수분을 흡수하여 피부 표면의 수분을 유지시킴으로써 피부와 털의 건조를 막아주는 것이 보습제의 역할이다. 흡습제는 화장품의 건조를 방지하고 피부에 수분을 유지시켜 주는 기능을 하며, 뒤에서 다시 자세히 설명하기로 한다. 레티놀은 피부 재생을 촉진함으로써 노화를 예방한다.

14.3.3 유지

화장품에서 유지가 차지하는 비중은 높은 편이다. 유지는 화장품에서 기제 또는 에멀션 형태로 존재한다. 식물성, 동물성, 광물성, 합성 유지로 분류할 수 있으며, [표 14.4]에 각각 해당 성분과 용도를 정리하였다.

표 14.3 화장품 성분으로서의 알코올의 용도

알코올	용 도
에탄올	용매, 소독제
아이소프로필알코올	용매
에틸렌글리콜	흡습제
프로필렌글리콜	용매, 보습제, 흡습제
글리세린	보습제, 흡습제
소비톨	보습제, 흡습제
레티놀	피부재생

표 14.4 주요 유지 성분과 용도

분류	주요 성분	용도
식물성 유지	야자유, 올리브유, 피마자유, 칼나우바납	비누, 크림, 스틱상 화장품
동물성 유지	라놀린, 밀납, 스쿠알란	크림, 액상 화장품
광물성 유지	파라핀, 미네랄 오일, 바셀린	크림, 유액
합성 유지	고급 알코올, 고급 지방산 에스터	화장품 기제

14.3.4 분말 성분

분말 성분은 안료가 주종을 이룬다. 안료는 일반적으로 색깔을 띤 고체 분말 형태로 되어 있으며, 주로 화장품의 색깔을 나타내기 위해 사용된다. 분말 성분은 일반적으로 표면적이 크고 흡착력이 있으므로 수분이나 유분을 흡수하고 증발시키는 성질이 있어서, 얼굴의 번들거림을 막아준다. 또한 자외선을 반사, 산란, 흡수하여 자외선 차단제로서 피부를 보호하기도 한다. [표 14.5]에 대표적인 분말 성분의 종류와 기능을 나타내었다. 여기서는 백색의 분말 성분만을 설명하고, 다른 색깔을 가진 분말에 대해서는 뒤의 착색제 부분에서 설명하기로 한다.

14.3.5 흡습제

화장품을 사용하는 동안 수분이 증발되어 딱딱하게 굳어지는 것을 방지하기 위하여 사용하는 성분이다. 흡습제는 이렇게 화장품의 건조를 방지하기 위하여 사용하기도 하지만, 피부에 발라졌을 때에도 유사한 역할을 한다. 즉, 흡습제가 함유된 크림을 피부에 바르면 각질층에 수분이 침투하게 되고, 유성 막이 피부를 덮어서 수분이 증발되는 것을 막아 준다. 화장품용 흡습제로 사용되는 성분에는 에틸렌글리콜, 프로필렌글리콜, 글리세린, 소비톨, 염화칼슘(calcium chloride), 규산칼슘(calcium silicate) 등이 있다.

표 14.5 화장품 백색 분말 성분의 대표적인 예와 기능

분말 성분	기 능	사용 제품
산화아연 (zinc oxide)	착색, 수렴 작용, 살균, 자외선 차단	연고, 팩, 크림, 자외선 차단제
산화타이타늄 (titanium oxide)	착색, 피복, 흡착	파운데이션, 파우더, 팩, 자외선 차단제
활석(talc)	퍼짐, 광택, 빛 반사	파운데이션, 팩, 자외선 차단제
카올린(caolin)	흡습, 흡착	팩

14.3.6 방부제

대부분의 화장품은 물을 함유하고 있어서 미생물이 번식하기에 좋은 환경이 된다. 미생물에 의한 화장품의 변질을 방지하기 위해서 제품 생산 과정에서 소독을 하기도 하지만, 사용 중의 변질을 막기 위해서는 방부제의 첨가가 필수적이다. 방부제 성분으로는 에탄올, 페놀 유도체, 파라벤(paraben), 파라클로로메타자일렌올(*p*-chloro-*m*-xylenol) 등이 사용된다.

14.3.7 산화 방지제

화장품의 대부분은 물과 기름이 혼합된 에멀션 형태이거나 기름에 안료가 분산된 형태이다. 이 기름 성분은 공기, 열, 햇빛, 유기금속 화합물 등에 의해 쉽게 산화되므로 이를 방지하기 위하여 산화 방지제를 첨가한다. 천연 산화 방지제로서는 레시틴, 토코페롤 등이 있고, 합성 산화 방지제로서는 뷰틸하이드록시아니솔(butylhydroxyanisole, BHA), 뷰틸하이드록시톨루엔(butylhydroxytoluene) 등을 사용한다.

14.3.8 착색제

착색제(안료)는 화장품의 색깔을 나타내는 데 사용되며, 주로 마무리 화장품에 함유된다. 클로로필(녹색) 등의 천연 안료는 빛과 산소에 노출되었을 때 불안정하여 많이 사용되지는 않지만, 치약이나 립스틱 등 구강과 입술 부분용 화장품에 사용한다. 대부분의 안료는 합성된 화합물을 사용하는데, 무기 안료, 타르계 안료, 형광제 등이 여기에 해당한다. 무기 안료로는 산화타이타늄(백색), 산화아연(백색), 황산화철(적색), 카본블랙(흑색), 산화크로뮴(녹색) 등이 있다. 타르계 안료는 콜타르를 원료로 하여 합성되는 유기 안료로, 색조가 선명하기 때문에 주로 화장수, 연지, 손톱화장품, 눈화장품 등에 사용된다.

14.3.9 계면활성제

13장의 계면활성제 부분에서도 설명하였듯이 계면활성제는 화장품에서 세정, 유화, 기포, 분산, 가용화, 침투, 젖음 등의 기본적인 기능뿐만 아니라 살균, 유연, 윤활, 대전방지 등의 부가적인 기능을 나타낸다. [표 14.6]에 화장품에 사용되는 계면활성제의 종류와 용도를 정리하였다.

표 14.6 화장품에 사용되는 계면활성제

분류	해당 계면활성제	용도
음이온 계면활성제	고급 지방산 비누	비누, 크림, O/W형 에멀션
	황산에스터형	샴푸
	인산에스터형	유화제, 대전 방지제
양이온 계면활성제	사차 암모늄염형	샴푸, 헤어린스, 약용 비누
양쪽성 계면활성제	폴리에틸렌글리콜형	화장수(향료, 약제의 가용화) 크림, 로션의 가용화제
비이온성 계면활성제	베타인형	샴푸

화장품에서 계면활성제가 다양한 기능을 토대로 이용되고 있는 대표적인 예를 기술하면 다음과 같다. 비누나 샴푸에 함유된 계면활성제는 피부의 피지나 오염 물질을 유화시킴으로써 세정 작용을 한다. 유화된 에멀션형의 화장품으로는 크림과 유액이 대표적이다. 안료 등의 분말 성분은 계면활성제의 분산 작용에 의해 액체 중에 분산되어 있다. 화장수에는 고체 분말 또는 유상 성분이 계면활성제에 의해 가용화되어 있다.

14.3.10 향료

향료는 화장품의 품질을 특징짓는 중요한 성분 중의 하나이다. 동물성 향료는 사향노루의 분비물에서 채취하는 시베톤(civetone), 고래의 위장에서 채취하는 향(ambergris) 등이 있다. 식물성 향료는 향을 함유한 식물의 꽃, 잎, 열매, 뿌리, 나무껍질 등에서 추출한다. 천연 향료와 같은 화학 구조의 향을 인공적으로 합성한 것을 합성 향료라 한다. 예를 들어 천연 시베톤은 매우 고가이기 때문에 주로 합성하여 사용한다. 식 14.1에 나타낸 것처럼 8-헥사데켄-1,16-다이카복실산을 고리화시켜 고리케톤 화합물인 시베톤을 합성한다. 위에서 기술한 향료는 화장품에 단독으로 사용하지 않고 20여 성분 이상을 조합하여 사용하는 경우가 대부분이다.

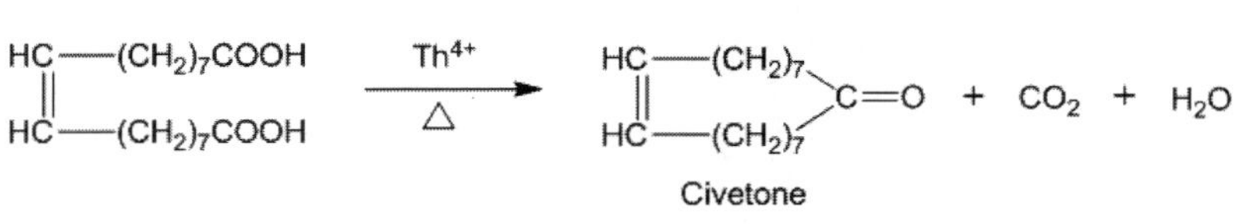

(14.1)

14.3.9 기타 성분

앞에서 기술한 성분들 이외에도 바이타민, 효소, 미량 원소 등이 함유되어 다양한 기능을 발휘한다.

14.4 대표적 제품

14.4.1 크림과 로션

목욕을 한 후 피부 보호와 수분 유지를 위해 바르는 유지는 식물성 유지, 동물성 유지, 광물성 유지 등이 있다. 이처럼 수분을 유지하여 피부를 보호하는 물질을 보습제(moisturizer)라고 한다. 보습제로 널리 사용되는 크림(cream)과 로션(lotion)은 유지 성분과 물, 그리고 다른 성분을 적절한 비율로 혼합하여 만든 혼합물이다. 크림과 로션은 에멀션 상태로 되어 있는데, 크림은 유지 성분을 로션에 비해 더 많이 포함하고 있고, 로션은 물을 크림에 비해 더 많이 포함하고 있다. 따라서 크림이 로션에 비해 좀 더 점도가 높고 걸쭉한 느낌을 준다.

크림과 로션 제품은 용도에 따라 W/O (water in oil)형 또는 O/W (oil in water)형으로 제조한다. 마사지와 클렌징 용도로 사용되는 콜드크림은 W/O 에멀션으로서, 아몬드 오일, 밀랍 등의 유지 성분이 유화제인 라놀린에 의해 유화되어 있다. 바니시 크림은 스테아르산(stearic acid)이 물에 분산된 O/W 에멀션으로, 유화제로서는 스테아르산 포타슘염이 사용된다. 로션은 대부분 세테아릴 알코올(cetearyl alcohol) 등을 유화제로 사용하는 O/W 에멀션으로 제조되지만 W/O 에멀션으로도 제조된다.

14.4.2 향수

전형적인 향수는 10~25 %의 향료 원액과 75~90 %의 알코올로 구성된다. 향료는 일반적으로 탑 노트(top note), 미들 노트(middle note), 베이스 노트(base note) 성분의 혼합물이다. 탑 노트는 향료의 성분 중 가장 휘발성이 강한 향료로서, 향수를 뿌렸을 때 우리가 가장 먼저 감지하게 된다. 탑 노트 성분으로서는 주로 알데하이드 향

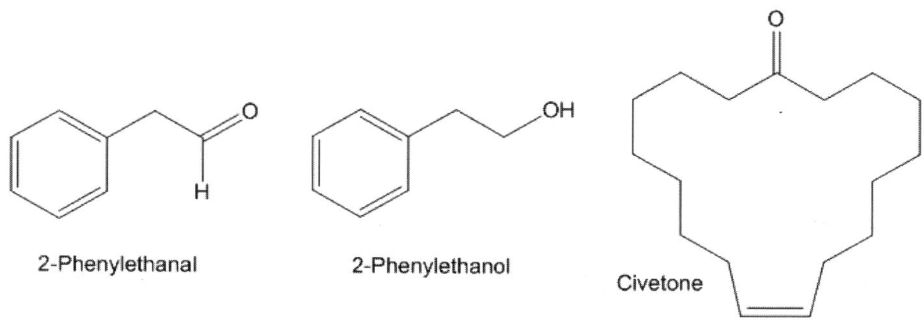

그림 14.2 대표적인 탑 노트, 미들 노트, 베이스 노트의 향료

료가 사용되고 있는데 대표적인 예로서 히아신스와 라일락 향기를 가지는 2-페닐에탄알을 들 수 있다(그림 14.2). 미들 노트는 감지에 약간 시간이 걸리는 향료로서, 자스민, 백합, 라일락, 카네이션, 장미 향기를 가진 향료 등이 그것이다. 대표적인 예로서 장미향을 가지는 2-페닐에탄올을 들 수 있다(그림 14.2). 베이스 노트는 향수의 가장 휘발성이 낮은 물질로, 수지나 왁스 고분자이다. 처음에는 이 향을 감지하지 못하지만 그 향수의 특징을 가장 확실히 전달한다. 베이스 노트는 또한 탑 노트와 미들 노트를 구성하는 휘발성 물질을 붙잡아두는 역할을 하며, 향수의 사용 시간 동안 균형적인 향기를 낼 수 있도록 해 준다. 사향을 가지는 시베톤이 대표적인 베이스 노트 향료에 해당된다(그림 14.2). 너무 빠른 휘발을 방지하고 나중까지 향이 유지될 수 있도록 정밀한 배합법이 사용된다.

14.4.3 모발 염색제

모발의 구조는 그림 14.3에 나타낸 것과 같이 바깥쪽부터 모표피, 모피질, 모수질의 구조로 구성되어 있다. 모표피는 케라틴 단백질로, 다른 말로는 큐티클이라고도 하며, 물고기 비늘처럼 모피질을 덮어서 보호한다. 머리카락의 색깔은 모피질에 들어 있는 멜라닌 색소에 의해 결정된다. 멜라닌 색소에는 갈색 또는 검은색의 유멜라닌(eumelanin)과 노란색 내지 오렌지색의 페오멜라닌(pheomelanin)의 두 종류가 있는데, 이들의 비율에 따라 머리카락의 색깔이 달라진다. 검은 머리가 많은 아시아 사람들에게는 유멜라닌의 함량이 높고, 금발이 흔한 유럽 사람들은 페오멜라닌의 함량이 높다.

모발 염모제는 크게 염모제 성분의 출처에 따라 화학 염모제와 천연 염모제로 구분되는 한편, 염색의 지속성에 따라 일시적 염모제, 반영구적 염모제, 영구적 염모제로 분류된다(표 14.7). 일시적 염모제는 착체 구조에 따라 다양한 색깔을 나타내는 유기물의 코발트 또는 크로뮴 착체이며, 색소가 주로 큐티클의 표면에 흡착되어 착색되므로 머리를 감을 때 쉽게 씻겨나간다. 반영구적 염모제에는 컬러 매니큐어나 컬러 왁

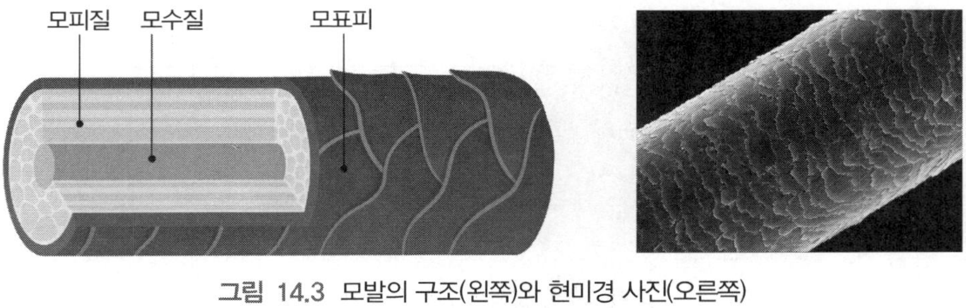

그림 14.3 모발의 구조(왼쪽)와 현미경 사진(오른쪽)

표 14.7 모발 염색제의 분류

염색 지속성에 따른 분류	대표적 제품
일시적 염모제	컬러 스프레이
반영구적 염모제	컬러 매니큐어, 컬러 왁싱
영구적 염모제	알칼리 산화 염모제
	천연 염모제

싱이 있고, 일시적 염모제와 마찬가지로 염료가 큐티클층을 통과하지 못하고 모발 표면에만 부착되므로 지속 시간이 2~3주로 짧다.

영구적 염모제인 알칼리 산화 염모제는 제1제(염색제)와 제2제(산화제)로 구성된다(그림 14.4). 이 두 가지를 혼합한 후 모발에 발라주면 [그림 14.5]에 나타낸 염색 과정이 진행된다. 제1제의 알칼리제는 큐티클을 팽윤시켜 열리게 하여 제1제의 염료중간체와 염료수정제, 그리고 제2제의 과산화수소가 큐티클의 틈으로 들어가 모피질에 침투할 수 있게 해 준다. 염색하고자 하는 색상에 따라 염료중간체와 염료수정제의 화학성분이 달라진다. 염모제 성분들이 모피질로 들어가면 먼저, 과산화수소에서 발생한 산소가 멜라닌 색소를 산화시켜 탈색한다. 머리카락을 탈색하면 노란색을 띠는 이유는,

구분	구성성분 분류	대표적인 성분
제1제(염색제)	알칼리제	NH_3 
	염료중간체	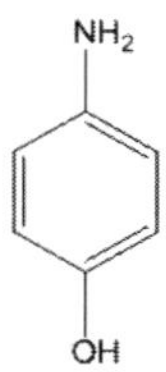 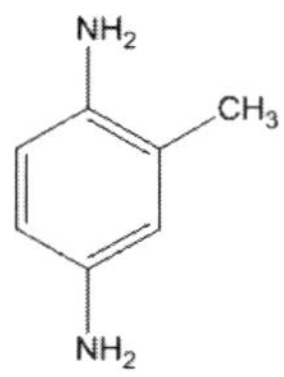 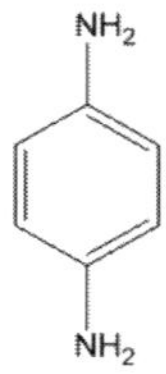
	염료수정제	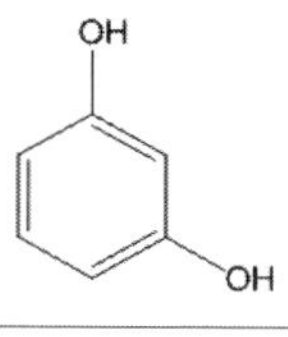 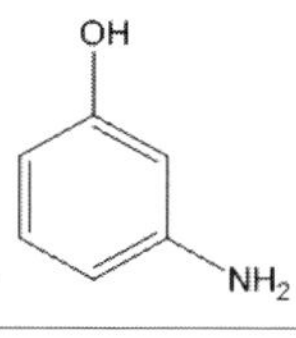 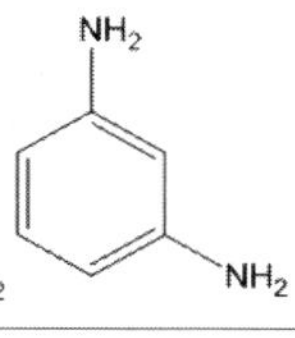
	산화방지제	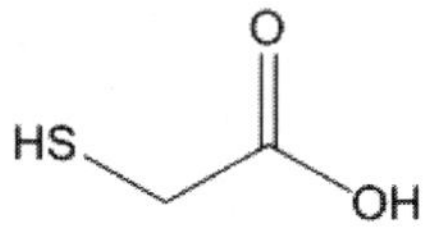
제2제(산화제)	산화제	H_2O_2

그림 14.4 알칼리 산화 염모제의 구성

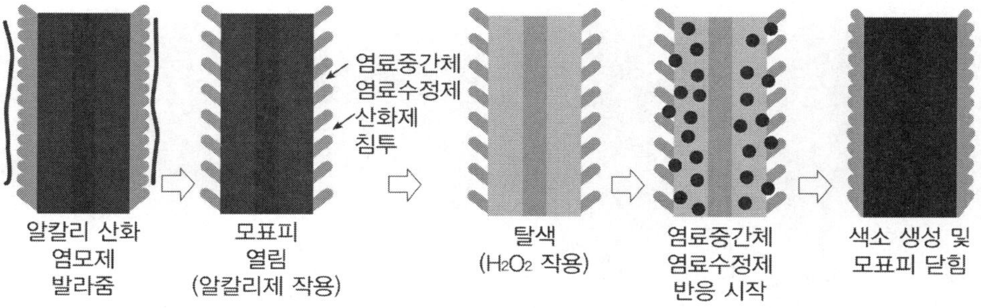

그림 14.5 모발 염색의 과정

검은 계열의 색을 띠는 유멜라닌이 산화되어 탈색되면서 노란색 계열의 페오멜라닌 색소만 남게 되기 때문이다. 유멜라닌은 페오멜리닌과 다르게 입자 크기가 크고 화학 구조가 불안정해 쉽게 파괴된다. 다음으로, 모피질에서 염료중간체와 염료수정제가 반응하여 1) 색소 분자로 전환되면서 색깔을 나타내게 되며, 2) 분자 크기가 커짐으로써 밖으로 빠져나오지 못하게 된다. 염색에 사용되는 과산화수소의 농도는 3~9 %로 다양한데, 농도가 높을수록 탈색과 염료 발색이 잘된다. 그러나 농도가 높을수록 모발의 손상도 심해진다. 식 14.2에 과산화수소의 존재 하에 염료중간체(2,5-diaminotoluene)와 염료수정제(*m*-phenylenediamine)가 반응하여 파란색의 색소 분자가 생성되는 예를 들었다. 최근 염료중간체 성분에 있어서 *p*-phenylenediamine의 높은 유해성 때문에 2,5-diaminotoluene을 대신 사용하는 경향이 있다. 제1제에 들어있는 산화 방지제는 보관 중에 산화가 일어나는 것을 방지해준다.

최근, 화학 염모제인 알칼리 산화 염모제의 부작용을 감소시키기 위하여 화학 염모제의 일부 성분을 천연 물질로 대체한 천연 염모제가 개발되고 있다. 창포 추출물, 아몬드, 올리브오일 등의 식물성 성분 또는 어류의 비늘에서 추출한 콜라겐, 누에고치에서 추출한 실크 단백질, 오징어 먹물 등이 사용되고 있다.

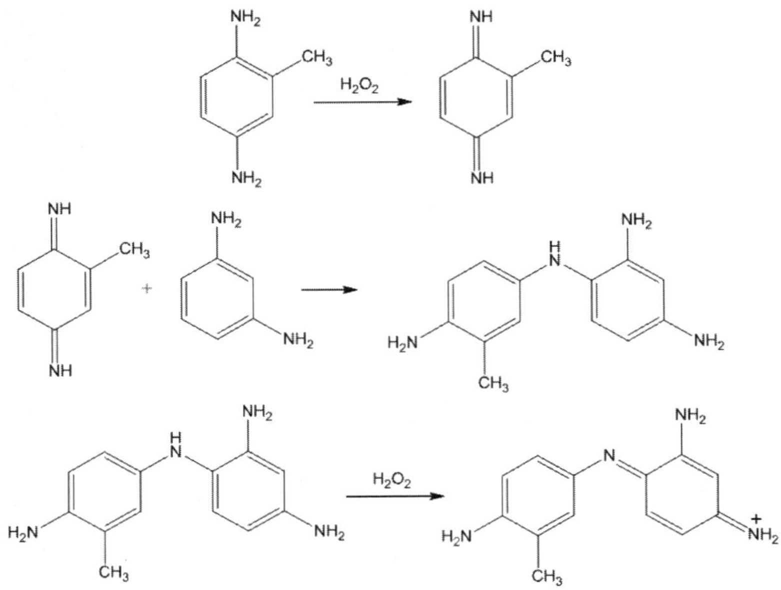

(14.2)

14.5 화장품의 발전 전망

화장품은 신체의 아름다움을 가꾸는 제품이며, 좋은 화장품이란 1) 사용자의 피부에 적합하고 적절한 효과가 있어야 하며, 2) 향취가 좋고 사용감이 우수하며, 3) 색상이 잘 표현되어 감성적인 면을 충족시켜야 한다. 이러한 각 사항별로 선진 각국의 화장품 관련 회사를 중심으로 연구 개발 경쟁이 치열하게 전개되고 있기 때문에, 보다 발전된 효능과 기능성을 갖춘 제품이 속속 개발될 것으로 판단된다.

현재 생명 공학 및 화학 기술의 발달로 여러 가지 우수한 효능을 갖는 화학 성분들이 개발되어 화장품의 피부에 대한 효과를 높이고 있다. 피부 과학의 발달로 피부의 생리적 활성에 대한 이해가 높아지면서 피부의 노화 방지나 색소 침착을 억제하는 기능성 화장품으로 발전하고 있다. 또한, 바이타민 A나 C와 같은 중요 성분들이 산소, 빛, 열 등에 의해 활성을 잃지 않도록 안정화시키는 기술과 함께, 보다 피부에 친화성이 있는 계면활성제의 개발 등도 이루어지고 있다. 현재 '화장품법'에 의하면 '기능성 화장품'은 1) 피부의 미백에 도움을 주는 제품, 2) 피부의 주름 개선에 도움을 주는 제품, 3) 피부를 곱게 태워주거나 자외선으로부터 피부를 보호하는 데 도움을 주는 제품, 4) 모발의 색상 변화 · 제거 또는 영양 공급에 도움을 주는 제품, 5) 피부나 모발의 기능 약화로 인한 건조함, 갈라짐, 빠짐, 각질화 등을 방지하거나 개선하는 데 도움을 주는 제품으로 정의되고 있다. 화장품이 피부의 건강을 도모하는 방향으로도 발전하면서 점차 화장품과 의약품의 경계가 사라질 수 있다는 예측도 나오고 있다.

아름다움과 건강을 추구하는 인간의 기본적인 욕구가 개성화, 다양화 등의 경향으로 이어지면서 여기에 맞는 화장품의 개발이 요구되고 있다. 앞으로 시대가 요구하는 제품의 개발을 위해서는 피부 과학, 계면 화학, 합성 화학, 생명 공학, 화학 공학, 심리학 등의 다양한 분야에서 폭넓은 교류가 필수적이다.

15 의약

15.1 서론

의약품이란 사람 또는 동물의 질병 진단, 치료, 경감, 처치 또는 예방의 목적으로 사용하는 정밀 화학 제품이다. 의약품에는 의사나 치과의사에 의해 사용되거나 이들의 처방전 또는 지시에 의해 사용되는 의료용 의약품과, 의사나 치과의사의 처방전 없이 약국에서 직접 구입할 수 있는 일반용 의약품이 있다. 여기에서는 주로 의료용 의약품에 초점을 맞추어 기술하기로 한다.

인류가 의약품을 이용한 역사는 매우 오래되었다. 1800년대 중반 이전까지는 천연물을 이용하였으나, 이후 아산화질소(nitrous oxide), 에테르(ether), 클로로폼(chloroform) 등이 흡입 마취제로 사용되면서 본격적으로 합성 의약품이 개발되기 시작하였다. 1800년대 중반부터 시작된 초기의 합성 의약품 개발을 [표 15.1]에 정리하였다.

정밀 화학 공업의 세계 시장에서 의약품이 차지하는 비율은 40 %를 넘고 있는데, 이것은 인류의 삶의 영위에 있어서 의약품이 얼마나 중요한 역할을 하는 것인가를 반영하는 것이며, 다른 측면에서는 의약품이 부가가치가 매우 높은 제품임을 의미하는 것이다.

표 15.1 초기의 합성 의약품 개발

개발 연도	의약품 명	작 용
1875	나트륨살리실레이트 (sodium salicylate)	해열 진통
1884	안티피린(antipyrine) 코카인(cocaine)	진통 국소 마취
1899	아스피린(aspirin)	해열 진통
1910	아스펜아민(arsphenamine)	항감염

15.2 의약품의 연구 개발

의약 산업에서 매출액 대비 연구 개발비의 비율은 다른 산업과 비교할 때 월등히 높은 편이다. 신약 개발에 있어서 연구 시작부터 시판까지 10~16년의 기간과 약 2억 달러의 비용이 소요되며, 성공률은 1/10,000 정도로 알려져 있다.

[그림 15.1]에 신약 개발의 과정을 나타내었다. 먼저 어떠한 특정 의약품을 개발하려는 목표를 설정하고 계획을 수립한다. 광범위한 문헌 및 특허 조사가 선행되어야 하며, 약리학적 지식과 경험을 토대로 컴퓨터를 활용한 의약품 설계(drug design)가 수행된다. 천연물 또는 합성 화합물을 원료로 하여 먼저 선도 화합물(lead compound)을 합성하고, 이것을 기본으로 하여 치환기 또는 부분 구조가 다른 다수의 유도체를 합성하여 신약 후보 화합물군을 확보한다. 화합물의 구조와 약리 활성의 관계는 명확한 상관 관계가 없는 경우가 많기 때문에 의약품 설계시 어려움이 따른다. 즉, 활성을 가지는 어떤 화합물의 유사 구조가 유사한 활성을 갖는 경우도 있지만, 화학 구조가 조금만 다른데도 활성에 큰 차이를 보이는 경우도 많기 때문이다.

합성된 화합물의 화학 구조를 NMR, IR, UV, 질량 분석기 등을 이용하여 확인하고, 기본적인 물성을 측정한다. 이 화합물들에 대해 약리 활성이 존재하는지를 **스크리닝 테스트**(screening test)를 통해 확인하여 활성이 없는 화합물은 탈락시킨다. 약리 활성을 나타내는 화합물에 대해서는 물질 특허를 신청하여 그 화학 구조에 대한 권리를 확보해 두는 것이 필요하다. 스크리닝 테스트를 통과한 화합물에 대해서는 [그림

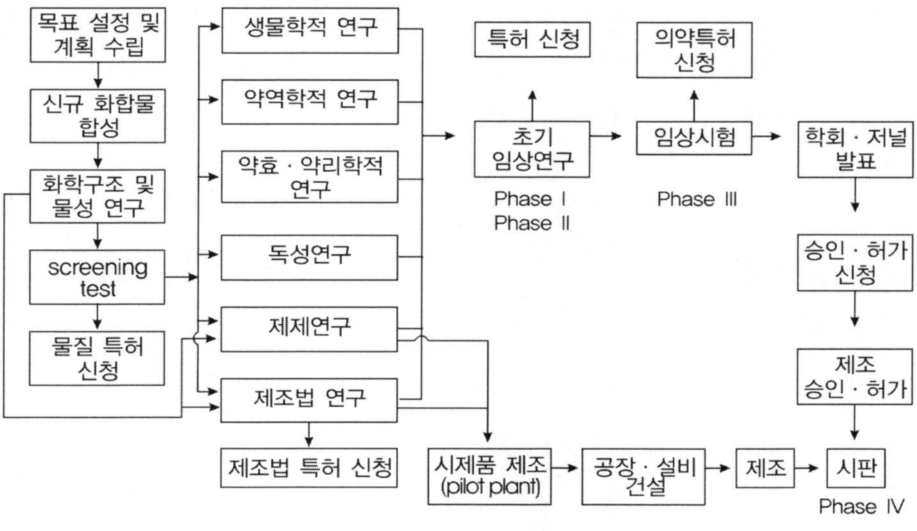

그림 15.1 신약 개발 과정

표 15.2 약리 활성을 갖는 화합물의 임상 전단계 연구

연구의 종류	내 용
생물학적 연구	체내에서의 대사, 흡수, 배설을 조사
약역학적 연구	각종 신경계에 대한 작용을 조사
약효・약리학적 연구	약리 활성을 심층 조사
독성 연구	급성, 아급성, 만성, 최기성, 발암성 등을 조사
제제 연구	어떠한 제형으로 제조하는 것이 적절한지 연구 (산제, 과립제, 정제, 캡슐제, 연고제, 주사제, 점안제, 좌제 등)
제조법 연구	합성, 분리, 정제 등의 공정 연구

15.1]에 나타낸 여러 가지 연구를 수행하게 된다. 각 연구의 내용을 [표 15.2]에 나타내었다.

제조법 연구에 있어서는 미생물 배양액으로부터 추출하는 소량 합성 방법 또는 유기 합성법에 의한 대량 합성 방법이 선택된다. 선정된 방법에 해당하는 분리와 정제 공정이 연구된다. 제조 공정에 신규성이 있을 경우에는 제조법에 대한 특허를 신청할 수 있다. [표 15.2]의 연구를 마치면 초기 임상 연구(Phase I, Phase II)를 실시하고, 임상 시험(Phase III)으로 넘어간다. Phase III에서 해당 의약 물질의 용법과 용량이 결정된다. 임상 시험이 성공적일 경우 학회나 저널을 통하여 결과를 발표할 수 있고, (한국의 경우) 식품의약품안전처에 제조 및 판매에 대한 허가를 신청한다. 허가를 받으면 제조하여 시판할 수 있다. 시판이 시작되면 Phase IV의 시험을 실시하여 해당 의약품에 대한 다각도의 평가를 내리고, 그 결과는 필요한 경우 제품의 개선에 활용할 수 있다. [표 15.3]에 각 Phase 시험의 내용을 정리하였다. Phase III에서 얻어진 결과와 제조법 연구 결과를 토대로 시제품을 제조하여 평가하고, 파일럿 플랜트(pilot plant)를 사용한 제조 시험을 통하여 제조 규모를 스케일업(scale-up)하여 공장 설비를 갖추고 최종 생산 단계에 도달한다.

표 15.3 각 단계의 임상 시험의 내용

단 계	내용
Phase I	주로 안전성 시험 대상 : 건강인(20~100명)
Phase II	주로 약효 시험(안전성 시험도 포함됨) 대상 : 소수의 환자(수백명)
Phase III	안전성, 약효, 용량 시험 대상 : 다수의 환자(수백~수천명)
Phase IV	시판 제품에 대한 임상 데이터 수집

신약 개발에는 화학, 공업 화학, 화학 공학을 비롯하여 생물학, 미생물학, 의학, 공학(컴퓨터, 기계 등)의 다양한 분야의 학문과 기술이 요구된다. 최근에는 나노 기술, 조합화학(combinatorial chemistry), 컴퓨터를 이용한 의약 설계(computer aided drug design) 기술이 발달하면서 앞으로 더욱 다양한 기능의 의약품이 효율적으로 개발될 것으로 전망된다.

의약품에는 매우 다양한 종류가 있으나 여기에서는 생산액을 기준으로 중요한 몇 가지 종류만을 소개하기로 한다.

15.3 중추신경계 작용약

척추 동물의 등뼈를 통과하는 신경 다발을 척수라고 부르고, 뇌와 척수를 합쳐서 중추신경계(central nervous system)라고 한다. 중추신경으로부터 나와 몸의 각 부분으로 퍼져 있는 신경을 말초신경계(local nervous system)라고 한다. 중추신경계와 말초신경계를 총칭하여 집중신경계라고 하는데, [그림 15.2]에 사람의 집중신경계를 나타내었다.

- 집중신경계
  - 중추신경계
  - 말초신경계
    - 체성신경계
      - 뇌신경(지각)
      - 척추신경(운동)
    - 자율신경계
      - 교감신경
      - 부교감신경

그림 15.2 사람의 집중신경계

말초신경계는 수의 운동에 관여하는 체성신경계와, 내장이나 분비계 등의 불수의 운동에 관여하는 자율신경계로 나누어진다.

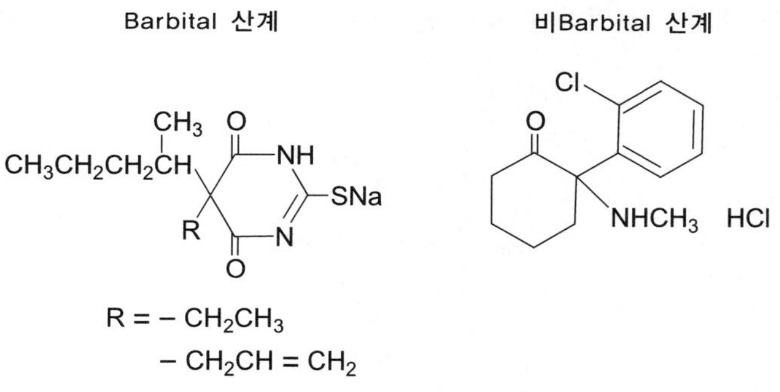

그림 15.3 정맥 마취약의 화학 구조

중추신경계 작용약(central nervous system drugs)의 대표적인 것으로는 전신 마취약, 최면약, 정신 안정제, 진통약, 해열 진통약 등이 있다. **전신 마취약**은 중추신경을 선택적으로 마취시켜 감각, 의식 및 반사 작용을 억제하며, 호흡과 혈액 순환은 유지시킨다. 기체상으로서 흡입 마취 방식으로 사용되는 것으로는 에틸에테르(ethyl ether, $C_2H_5OC_2H_5$), 할로테인(halothane, $CF_3CHBrCl$), 아산화질소(N_2O), 사이클로프로페인(cyclopropane, C_3H_6) 등이 있다. 정맥에 주사되는 정맥 마취약으로는 바비탈(Barbital)산계와 비바비탈산계 유도체가 있는데, [그림 15.3]에 각각 한 가지씩 예를 보였다.

최면약은 중추신경을 억제하여 정상에 가까운 수면을 인공적으로 유발시킨다. 외부 자극에 용이하게 반응하는 정도의 수면이며, 자극이 없는 경우에는 일정 시간 동안 수면을 지속할 수 있다. [그림 15.4]에 바비탈(Barbital)산계와 비바비탈산계 유도체 각각 한 가지씩의 예를 나타냈다.

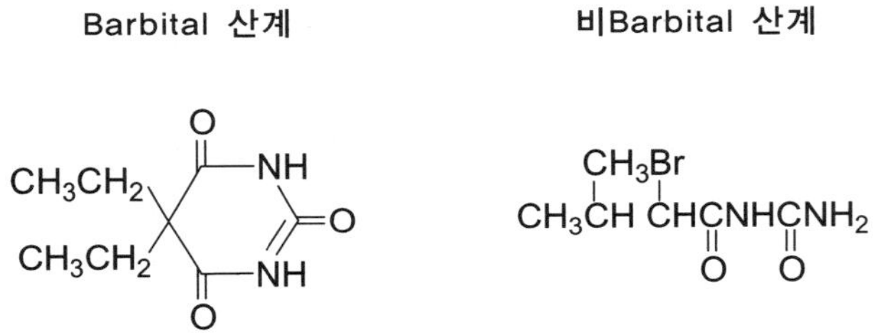

그림 15.4 최면약의 화학 구조

정신 안정제는 수면을 유발하지는 않고 정신 기능에 선택적으로 작용한다. 대표적으로 [그림 15.5]에 나타낸 클로로다이아제폭사이드(chlorodiazepoxide)가 있다.

진통약은 천연 화합물인 아편 알칼로이드(opium alkaloid)와 합성 화합물로 크게 나눌 수 있다. [그림 15.6]에 아편 알칼로이드에 속하는 염산 모르핀(Morphine)과 인산 코데인(Codeine)을 나타내었다. 아편 알칼로이드는 습관성, 탐닉성이 강하므로 이러한 단점을 개선하기 위하여 합성 진통약이 개발되었다. 대표적인 예로 염산 페티딘

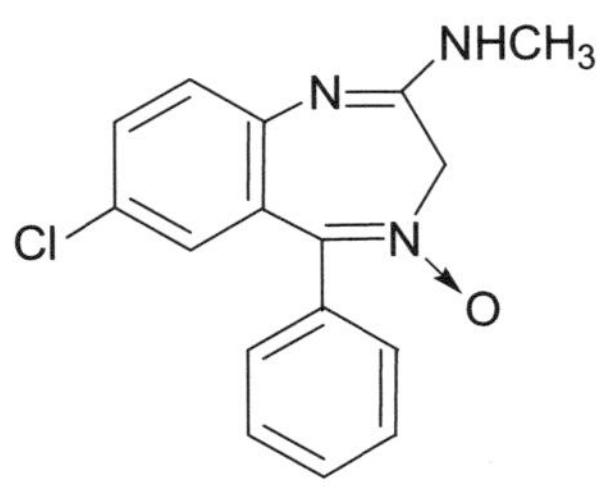

그림 15.5 정신 안정제의 화학 구조

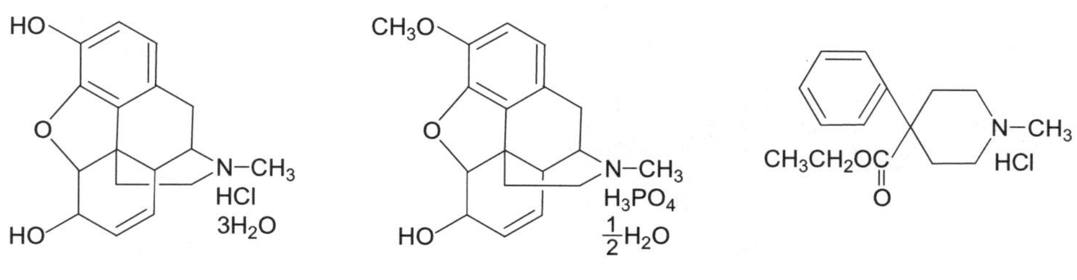

Morphine　　Codeine　　Pethidine

그림 15.6 진통약의 화학 구조

(Pethidine)을 [그림 15.6]에 나타내었다.

해열 진통약은 시상지각 중추에 작용하여 진통 작용은 비교적 약하며, 두통, 치통 등에 사용된다. 아닐린(aniline) 유도체, 살리실산(salicylic acid) 유도체, 피라조론 유도체, 키니네 관련 화합물 등이 여기에 속한다. [그림 15.7]에 아스피린(Aspirin)과 콜히신(Colchicine)의 구조를 나타내었다.

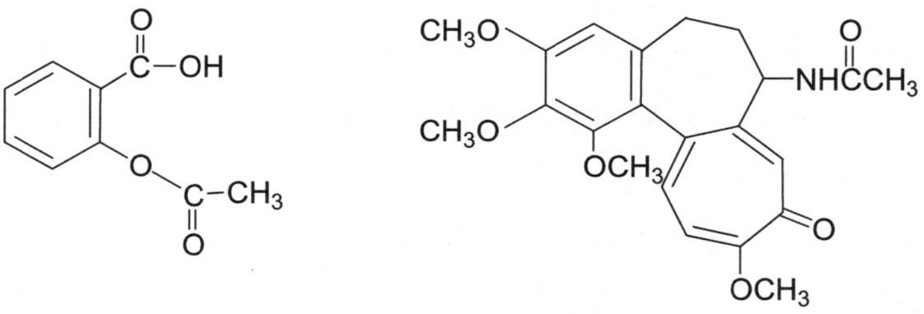

Aspirin　　Colchicine

그림 15.7 해열 진통약의 화학 구조

15.4 체성신경계 작용약

[그림 15.2]에 나타내었듯이 말초신경계는 체성신경계와 자율신경계로 나누어진다. 체성신경계에는 뇌(지각) 신경과 척수(운동) 신경이 있다. 지각신경을 마취시키는 **국소 마취약**에는 에스터류(코카인이라고 부름)와 아마이드류가 있다. [그림 15.8]에 에스터류의 일종인 프로카인(Procaine)과 아마이드류의 일종인 염산 다이뷰카인(Dibucaine)의 구조를 나타내었다.

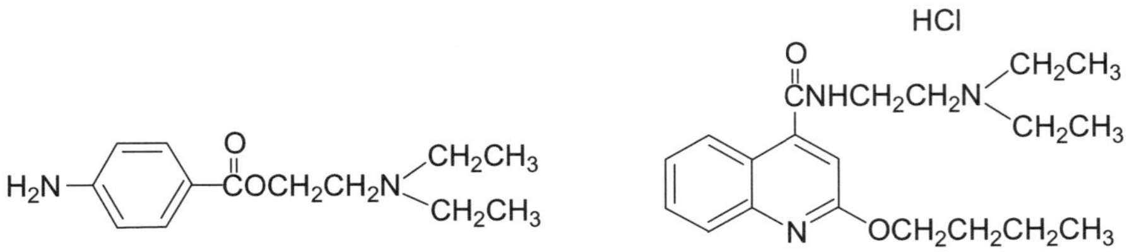

Procaine   Dibucaine

그림 15.8 국소 마취약의 화학 구조

운동신경을 마취시키는 **근육 이완제**는 주로 외과 수술을 용이하게 할 목적으로 사용된다.

15.5 자율신경계 작용약

자율신경계는 의지에 관계 없이 신체에서 자동적으로 장기 운동, 분비, 혈관, 생식, 체온 등을 조절하는 신경계로 교감신경과 부교감신경이 있다. **교감신경 작용약**은 기관지근의 이완과 혈관 수축에 작용하고 심장 박동수를 증가시킨다. 아드레날린(Adrenaline)이 대표적으로, [그림 15.9]에 나타내었다. **교감신경 억제약**은 혈압 강하 작용을 나타내는데, 대표적인 예로 황산 구아네티딘(Guanethidine)을 [그림 15.9]에 나타내었다.

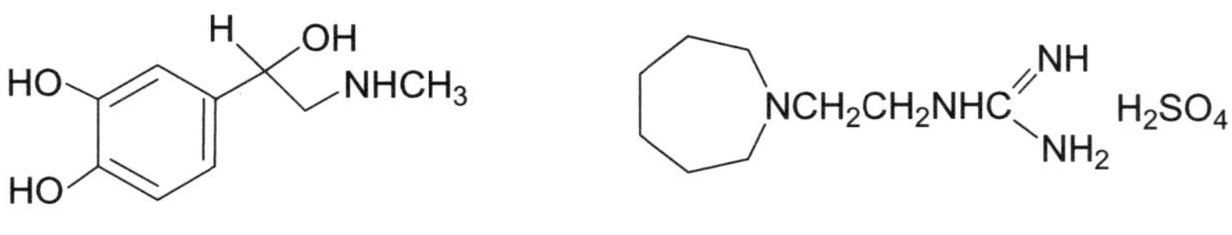

Adrenaline   Guanethidine

그림 15.9 교감신경 작용약과 억제약의 화학 구조

부교감신경 작용약의 예로는 염화 아세틸콜린(Acetylcholine)이 있고([그림 15.10]), 말초 혈관 확장, 평활근 긴장 증대, 위근육 연동 항진 등의 목적으로 사용된다. **부교감신경 억제약**의 예로는 [그림 15.10]에 나타낸 황산 아트로핀(Atropine)이 있다. 천식, 경련성 변비, 위액 분비 과다 등의 증세에 사용한다.

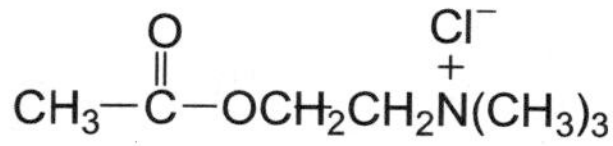

Acetylcholine

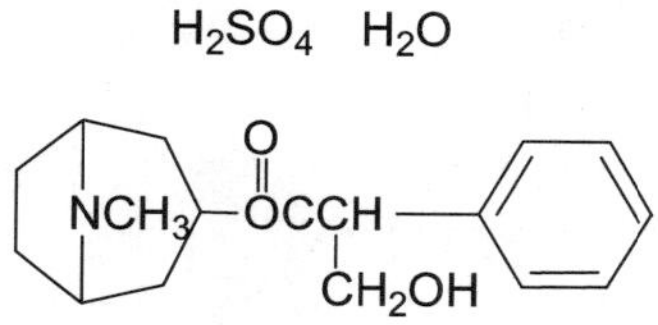

Atropine

그림 15.10 부교감신경 작용약과 억제약의 화학 구조

15.6 순환기계 작용약

순환기계 작용약(cardiovascular system drugs)에는 부정맥 치료제, 혈압 강하제, 관혈관 확장제, 동맥경화 치료제, 강심약 등이 있다. 부정맥 치료제로 사용되는 아테놀올(Atenolol)의 구조를 [그림 15.11]에 나타내었다. 혈압 강하제로서 널리 사용되는 것으로 말레인산 에나프린(Enaprine)을 들 수 있다([그림 15.11]).

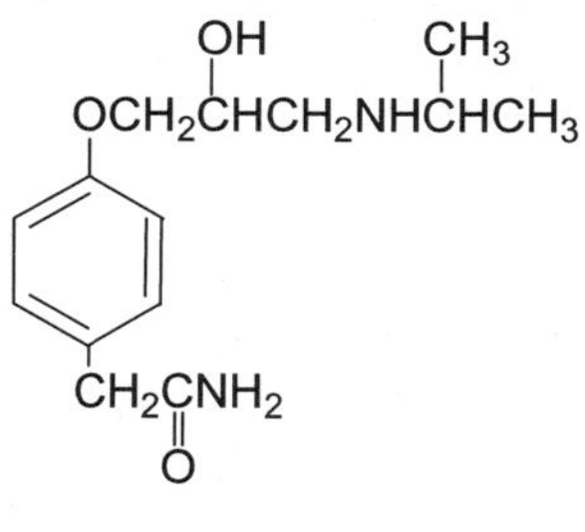

Atenolol

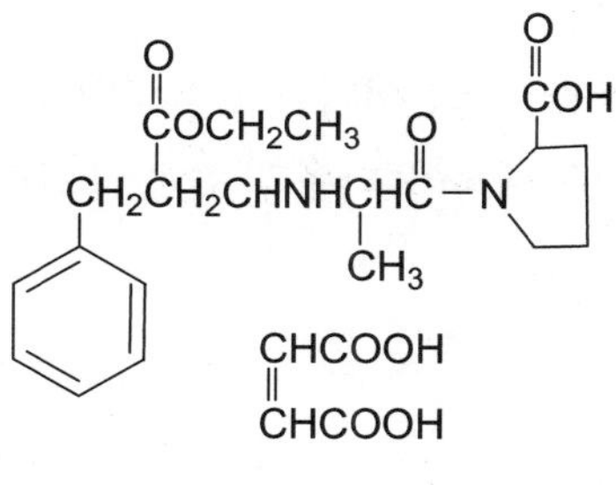

Enaprine

그림 15.11 부정맥 치료제와 혈압 강하제의 화학 구조

협심증에서 심근의 산소의 수요와 공급의 불균형을 개선하는 데 관혈관 확장제가 사용된다. 따라서 관혈관 확장제를 협심증 치료제라고 부르기도 한다. 한 예로서 니페디핀(nifedipine)의 구조를 [그림 15.12]에 나타내었다. 동맥 경화의 치료 목적으로 혈중 콜레스테롤의 농도를 감소시키는 작용을 하는 프로부콜(probucol)의 구조를 [그림 15.12]에 나타내었다.

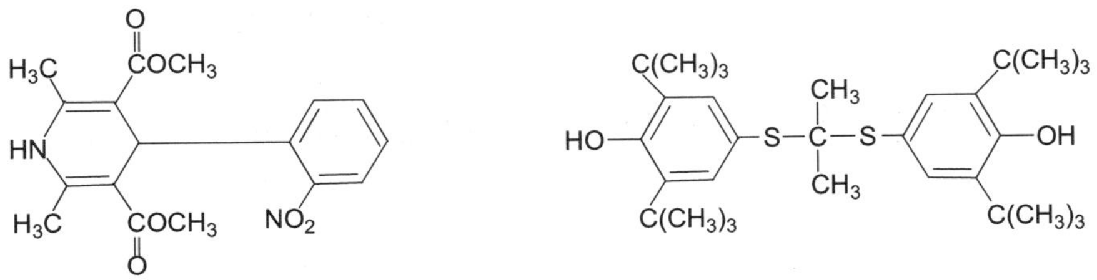

Nifedipine　　　　Probucol

그림 15.12 관혈관 확장제와 동맥경화 치료제의 화학 구조

15.7 항감염제

항균 작용을 나타내는 약물 중 대표적인 것으로 설폰아마이드(sulfonamide)를 들 수 있다. 그러나 설폰아마이드에 대하여 내성을 가진 균이 출현함에 따라 설폰아마이드는 특정한 소수의 질환(상기도 감염증, 요로 감염증 등)에만 사용하고, 대신 항생제가 사용되는 경우가 많다. [그림 15.13]에 설폰아마이드 유도체의 구조의 예를 나타내었다.

수많은 설폰아마이드 유도체가 합성되어 테스트되었고, 약효를 가지기 위한 화학 구조에 대하여 다음과 같은 결론이 도출되었다([표 15.4]).

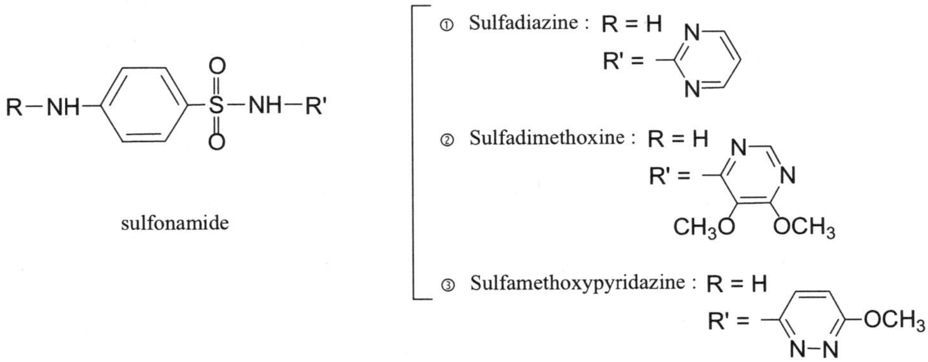

그림 15.13 설폰아마이드 유도체

표 15.4 설폰아마이드 유도체가 약효를 가지기 위한 요구 조건

구 조	요구 조건
치환기 R	반드시 수소(H)이어야 함 (단, 아실(acyl)기도 가능하나 이 경우는 체내에서 대사 과정을 거친 후에 비로소 활성이 생김)
벤젠 고리 및 설폰아마이드기	반드시 존재해야 함
벤젠 고리 치환 위치	반드시 파라 위치여야 함
아마이드 질소	반드시 이차(secondary)여야 함
치환기 R'	설폰아마이드 구조에서 유일하게 변화를 줄 수 있는 부분임

15.8 항생제

미생물이나 세균의 발육을 저해하는 물질을 항생 물질(antibiotics)이라고 한다. 1924년 A. Fleming에 의해 페니실린(Penicillin)이 발견된 이래 다수의 항생 물질이 개발되어 현재 50종 이상의 항생 물질이 임상에서 사용되고 있다. 클로람페니콜(Chloramphenicol)을 제외한 다른 항생 물질은 발효법을 거친다. 강제 통기하에서 완전 무균 상태를 유지하면서 발효시키는 생물화학 공학적 공정이 수행된다. 얻어진 화합물은 필요한 경우 추가적인 유기 합성 공정을 통하여 다른 구조로 전환하기도 한다.

β-락탐 구조를 가진 페니실린계 항생제를 예로 들어 제조 방법을 설명하기로 한다. 발효법에 의하여 먼저 페니실린 G를 얻고, 이것을 가수 분해하여 6-APA를 얻는다(식 15.1). 6-APA의 아미노기의 아실화(acylation)을 통하여 β-락탐 구조를 기본으로 한 다양한 구조를 합성할 수 있다([그림 15.14]).

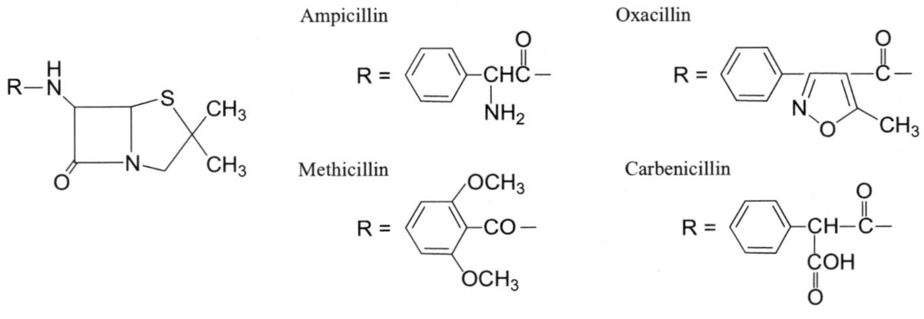

그림 15.14 페니실린계 항생 물질

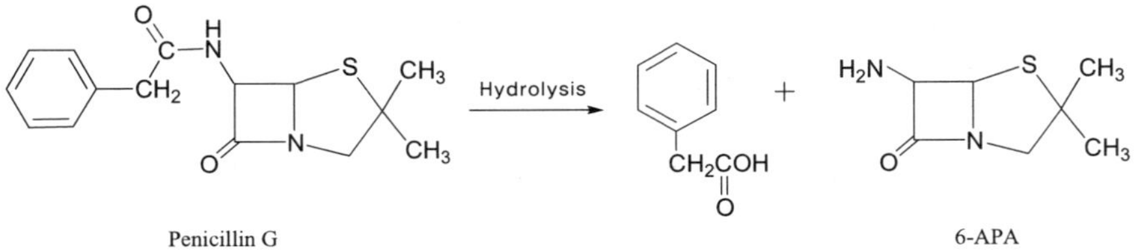

(15.1)

또 다른 β-락탐 구조 물질인 세팔로스포린계 항생제는 [그림 15.15]의 7-ACA를 기본 구조로 하며, 아미노기의 아실화에 의해 얻어진 다양한 세팔로스포린계 항생제가 합성된다. 이 중 세팔로틴(Cephalothin)이 가장 널리 이용되고 있다([그림 15.15]).

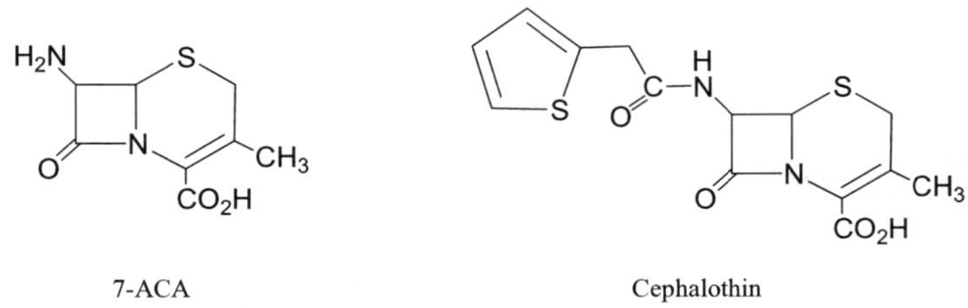

그림 15.15 세팔로스포린계 항생제의 기본 구조 및 대표적 예

15.9 바이타민제

바이타민은 미량으로 사용되어 신체의 정상적인 대사를 유지시키는 필수적인 물질이다. 유기 화합물로, 지용성(바이타민 A, D, E, K 등)과 수용성(바이타민 B, C 등)으로 나누어진다. [표 15.5]에 주요 바이타민에 대하여 결핍시의 증상을 정리하였다.

표 15.5 바이타민 결핍시 증상

바이타민	결핍시 증상
A	발육 불량, 피부 각질화, 야맹증
D	구루병, 골 연화
E	뇌 연화, 근 수축, 빈혈, 습관성 유산
K	혈액 응고 지연
B	각기, 경련, 빈혈
C	괴혈병

[그림 15.16]에 바이타민 A의 일종인 레티놀(Retinol)와 E의 일종인 토코페롤(Tocopherol)의 구조를 나타내었다.

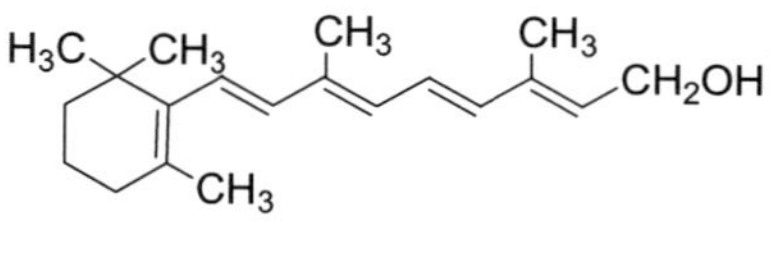

Retinol

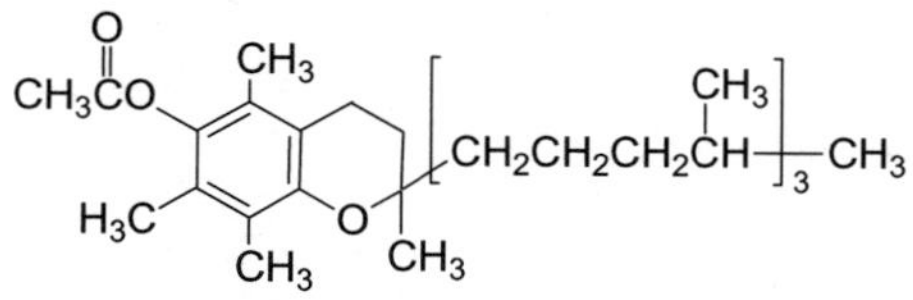

Tocopherol

그림 15.16 바이타민 A(레티놀)와 E(토코페롤)의 화학 구조

[그림 15.17]에는 바이타민 B_6인 피리독신(Pyridoxine)과 바이타민 C인 아스코브산(Ascorbic acid)을 보였다.

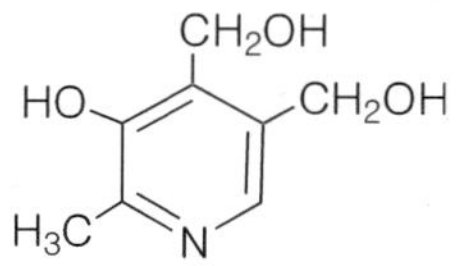

Pyridoxine

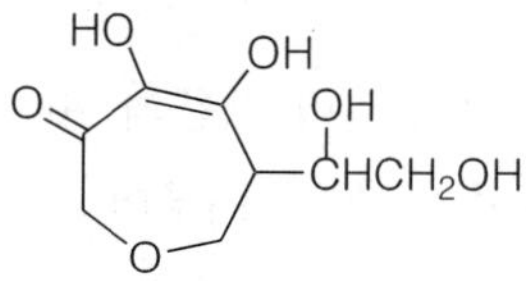

Ascorbic acid

그림 15.17 바이타민 B6와 C의 화학 구조

16 촉매

16.1 촉매와 화학 공업 발전

촉매는 화학 반응 속도를 높여주는 물질로서 화학 공업 전반에 걸쳐서 광범위하게 이용되고 있다. 현재 화학 제품의 90 % 이상이 촉매를 사용한 공정에 의해 생산되고 있다. 과거 100여 년 동안 이루어진 세계 화학 공업의 발전은 새로운 촉매의 지속적인 개발에 힘입은 바 크다. 예를 들어, 질소와 수소를 반응시켜 암모니아를 합성하는 반응(8.1.2절 참조)은 촉매가 없으면 반응이 거의 진행되지 않지만 촉매(철) 가루를 넣어주면 즉시 암모니아가 생성된다. 이처럼 촉매는 반응 속도를 획기적으로 높여 화학 공업의 생산성을 향상시키는 중요한 역할을 한다.

1835년 Berzelius가 촉매의 개념을 확립한 이래, 이산화황(SO_2)을 삼산화황(SO_3)으로 산화시키는 연실 공정(lead chamber process)에 최초로 촉매(질산, HNO_3)가 공업적으로 사용되었다. 1900년 이후의 촉매를 사용한 화학 공업의 주요 발전 내용을 [표 16.1]에 정리하였다. 크게 세 단계로 나눌 수 있으며, 1900~1940년의 시기는 암

표 16.1 촉매를 사용한 화학 공업의 발전

시 기	발전 내용	주요 파생 효과
1900~1940년	암모니아 합성(Harber와 Bosch) 질산 합성(Ostwald) 합성 가스로부터 메탄올 합성 합성 가스로부터 연료 제조	비료 제조, 식량 증산 화약 제조 C_1 화학 발전 석유 대체 연료 개발
1940~1965년	석유 정제 공업과 석유 화학 공업에서의 각종 화학 반응(접촉 분해, 접촉 알킬화, 수소화, 수소화분해, 탈수소, 이성질화, 산화, 중합 등)	석유 정제 공업과 석유 화학 공업의 비약적인 발전
1965년 이후	정밀 화학 공업 발전 환경 관련 화학 공업 발전	고부가가치 제품 생산 환경 보전

모니아, 질산 공업과 석탄 관련 공업, 1940~1965년의 시기는 석유 관련 공업, 1965년 이후의 시기는 정밀 화학과 환경 관련 공업의 발전으로 분류된다.

16.2 촉매의 정의 및 작용 원리

16.2.1 촉매의 정의

촉매는 한마디로 '비교적 소량으로 화학 반응에 참가하여 반응 속도를 높이면서 자신은 소모되지 않는 물질'이라고 정의할 수 있다. 이 정의는 다음의 여섯 가지 의미를 내포한다고 생각해 볼 수 있다. 첫째, 촉매는 화학 평형 자체를 변화시키지는 못하며, 단지 평형에 도달하는 속도를 빠르게 한다. 따라서 평형과 관련된 개념인 자유 에너지, 엔탈피-엔트로피, 평형 상수 등은 변화시키지 못한다. 둘째, 가역 반응에 있어서 촉매는 정반응 속도뿐만 아니라 역반응 속도도 증가시킨다. 따라서 평형 상수 값이 유지되는 것이다. 셋째, 어떤 물질로부터 출발하여 열역학적으로 가능한 생성물이 여러 개일 때 특정 촉매는 이 중에서 한 가지 반응의 생성 속도만을 선택적으로 증가시킨다. 예를 들어, 폼산(formic acid)의 분해 반응에서 알루미나 촉매를 사용하면 물과 일산화탄소(CO)가 생성되고(식 16.1), 금속 촉매를 사용하면 탈수소 반응이 진행되어 수소와 이산화탄소(CO_2)가 생성된다(식 16.2).

$$HCOOH \longrightarrow H_2O + CO \qquad (16.1)$$

$$HCOOH \longrightarrow H_2 + CO_2 \qquad (16.2)$$

넷째, 이상적인 촉매는 반응 과정에서 소모되지 않는다. 그러나 실제로는 몇 가지 이유에 의해 활성을 잃을 수 있는데, 16.2.3절에서 설명하기로 한다. 다섯째, 촉매는 물질로 되어 있다. 즉, 물질이 아닌 다른 어떤 요인에 의한 속도의 증가는 촉매 반응으로 보지 않는다. 여섯째, 촉매의 활성점(active site)은 반응 후에 재생되어야 한다.

16.2.2 촉매 반응의 종류

촉매 반응은 크게 균일계, 불균일계, 생체 촉매 반응의 세 가지로 나누어진다. **균일계 촉매 반응**(homogeneous catalytic reaction)은 촉매와 반응물이 같은 상(phase)이어서 한 종류의 상에서 반응이 진행되는 경우를 말한다. 촉매와 반응물이 같은 액체이

표 16.2 균일계 촉매 반응의 대표적인 예

촉매의 상	반응물의 상	대표적인 예
기체	기체	산화질소 촉매에 의한 이산화황의 산화
액체	액체	산 촉매에 의한 에스터(ester)의 가수분해
고체	고체	이산화망간(MnO_2) 촉매에 의한 칼륨클로레이트(potassium chlorate)의 분해

거나 기체인 경우가 여기에 해당한다. [표 16.2]에 균일계 촉매 반응의 대표적인 예를 나타내었다. 공업적으로 사용되는 대부분의 균일계 촉매 반응은 유기금속 화합물(organometallic compound)을 촉매로 사용하는 액상 반응이다. [표 16.2]에 나온 반응 이외에도 광학 활성(optical activity)을 가진 고가의 정밀 화학 제품(주로 의약품, 농약 등)이나 식품 제조에 이용되고 있다. 균일계 촉매 반응은 선택도(selectivity)가 높고, 낮은 온도에서도 활성(activity)이 높은 장점이 있으나, 촉매의 분리와 회수가 어렵고 촉매가 활성을 잃기 쉽다는 단점이 있다.

불균일계 촉매 반응(heterogeneous catalytic reaction)은 촉매와 반응물의 상이 다른 반응을 지칭한다. [표 16.3]에 불균일계 촉매 반응에 있어서의 촉매와 반응물의 상의 조합과 대표적인 예를 나타내었다. 공업적으로 사용되는 불균일계 촉매 반응의 대부분은 고체 촉매를 사용하여 액체나 기체 반응물을 반응시키는 것이다. 장점으로는 촉매와 생성물의 분리와 회수가 용이하며, 촉매의 제조가 용이하고, 촉매가 화학적으로 안정하기 때문에 공정 조건의 선택의 폭이 넓고 생성물의 품질이 일정하다. 따라서 공업적으로 이용되는 대부분의 촉매 공정은 불균일계 촉매 반응으로 되어 있다. 그러나 선택도의 조절이 어려운 점, 촉매의 표면 구조/활성점/반응기구 등을 규명하기가 어려운 점 등의 단점이 있다.

생체 촉매 반응은 효소(enzyme)라고 부르는 촉매에 의해 진행되는 반응이다. 효소는

표 16.3 불균일계 촉매 반응의 대표적인 예

촉매의 상	반응물의 상	대표적인 예
액체	기체	인산(phosphoric acid) 촉매에 의한 알켄(alkene)의 수화(hydration)
고체	액체	금(gold) 촉매에 의한 과산화수소의 분해
고체	기체	철 촉매에 의한 암모니아의 합성
고체	액체+기체	팔라듐 촉매에 의한 나이트로벤젠의 수소화

단백질의 일종이며, 균일계 촉매와 불균일계 촉매의 중간적인 성질을 나타낸다. 생체 촉매는 거의 100 %의 선택도를 나타내며, 효율이 대단히 높아 속도 상수를 10^{12}배 이상 증가시킨다. 그러나 효소는 일반적으로 어느 특정한 좁은 온도 영역에서만 기능을 발휘하며, 온도가 상승하면 그 활성을 잃어버리거나 효소 특성이 바뀌기도 한다. 이러한 단점 때문에 상업적인 면에서는 불리하다. 그러나 효소를 고체에 고정시킬 경우 안정성이 향상된다는 사실이 발견되어, 효소를 고체 표면에 고정시키는 방법이 활발히 연구되고 있다. 효소 분자의 지지체(support)로 사용되는 고체로는 합성 고분자, 다공성 유리, 스테인레스 등이 있다. 이러한 촉매 형태를 이용한 연구는 신물질 개발 분야에서 선도적인 역할을 하고 있다. 상업화된 방법 중 대표적인 예로서, 다이어트 청량 음료에 사용되는 감미료인 아스파탐(aspartame)은 아스파테이스(aspartase) 효소를 지지체에 고정시킨 촉매를 사용하여 생산한다.

16.2.3 촉매의 작용 원리

현재 공업적으로 사용되는 대부분의 촉매는 불균일계이므로, 불균일계 촉매를 중심으로 그 작용 원리를 설명하기로 한다. 불균일계 고체 촉매의 전형적인 형태는 [그림 16.1]에 나타낸 것처럼 매우 미세한 금속 결정이 **다공성 지지체**(porous support)의 기공 표면에 분산되어 있는 것이다. 이러한 형태를 가짐으로써 촉매의 표면적을 최대한 크게 할 수 있으며, 이를 **지지 촉매**(supported catalyst)라고 한다.

불균일계 지지 촉매에서의 반응은 1) 반응물이 기공 내부로 확산되어 들어가고, 2) 반응 분자가 금속 촉매의 표면에 흡착(adsorption)되고, 3) 표면 반응이 진행되어 생성물로 전환되고, 4) 생성물이 촉매 표면으로부터 탈착(desorption)되고, 5) 탈착된 생성물이 기공 밖으로 확산되어 나가는 과정으로 진행된다.

촉매 반응과 무촉매 반응의 **활성화 에너지**(activation energy)의 변화를 [그림 16.2]

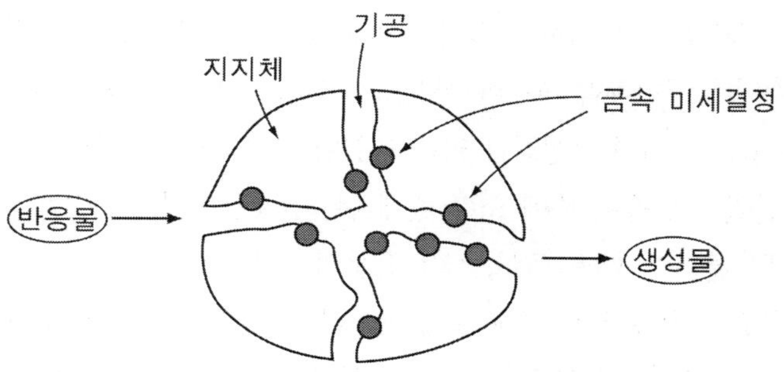

그림 16.1 지지 촉매의 형태

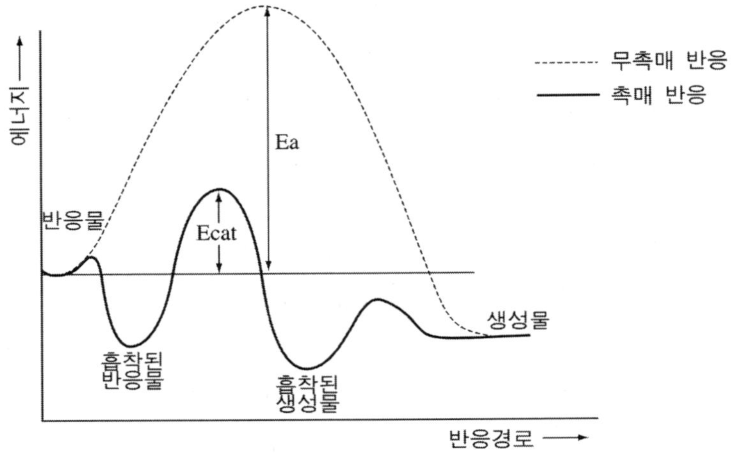

그림 16.2 무촉매 반응과 촉매 반응의 에너지 변화

에 나타내었다. 무촉매 반응은 반응 분자들의 충돌에 의해서만 반응이 진행되므로 활성화 에너지(E_a)가 높다. 이에 반하여 촉매 반응은 반응물이 먼저 촉매 표면에 흡착되고 흡착된 성분들간의 반응이 일어나 생성물로 전환된 후 생성물이 탈착하는 과정이 진행되는데, 흡착된 성분들은 촉매 표면에서 서로 가깝게 위치하고 있으므로 활성화 에너지(E_{cat})가 매우 낮다. 반응 속도 상수(k)에 관한 다음의 식에서 볼 때 활성화 에너지가 작을수록 속도 상수가 커지므로 반응 속도가 증가한다. 식에서 A는 상수, E는 활성화 에너지, R은 기체 상수, T는 절대 온도를 나타낸다. 결론적으로 촉매는 반응 경로를 활성화 에너지가 낮은 쪽으로 변경시킴으로써 반응 속도를 증가시킨다고 할 수 있다.

$$k = A\exp(-E / RT)$$

16.2.4 촉매의 비활성화

촉매는 그 자신은 소모되지 않으면서 반응을 촉진시키는 물질로 정의되므로 이상적으로는 그 수명이 무한해야 하지만 실제로는 여러 가지 이유에 의해 활성을 잃게 된다. **피독(poisoning)**은 촉매의 활성점과 피독 물질이 화학적으로 반응하여 활성을 잃는 현상이다. 피독 물질은 반응계 중에 소량 존재하는 불순물이거나 반응의 부산물(byproduct)인 경우가 대부분이다. 예를 들어, 석유 유분의 수소화 분해에 있어서 황이나 암모니아 등이 피독 물질로 작용한다. 미세 촉매 입자가 서로 뭉쳐서 촉매의 표면적이 감소되는 **소결(sintering)**은 고온에서 일어날 수 있다. 일반적으로 높은 녹는점을 가지는 지지체 위에 분산된 낮은 녹는점의 금속, 금속 산화물, 금속 황화물 등은 높은 온도에서 여러 가지 원인에 의하여 소결을 일으킬 수 있다. 대표적으로는 고온에서 유동성을 가지게 된 미세 금속 촉매 입자가 서로 충돌하여 합쳐지는 경우와, 고온에서 금속 촉매 입자로부터의 기상 확산과 표면 확산에 의한 원자 전달에 의하여 작은 금속 결정은 사라지고 큰 금속 결정은 더욱 커지는 경우가 있다. **탄소침적**(coking)은 반응에 의해 생성되는 탄화물에 의해 지지체의 기공이 막히거나 촉매 입자 표면이 덮여 결과적으로 활성점이 감소되는 현상을 말한다. 이외에도 촉매 비활성화의 원인이 더 있으나 앞에서 기술한 피독, 소결, 탄소침적의 세 가지가 주된 원인이 된다.

16.3 촉매의 화학 성분과 종류

16.3.1 주촉매

주촉매는 촉매의 활성을 나타내는 성분이다. 금속, 금속 산화물, 금속 황화물, 고체산, 고체 염기, 제올라이트 등이 주촉매로서 사용된다.

금속 원소의 형태로 효과적인 촉매 작용을 할 수 있는 것은 d 부준위(sublevel)를 채우는 전이 금속(transition metal)이다. 알칼리 금속(alkali metal)과 알칼리 토금속(alkali earth metal)은 반응 조건하에서 쉽게 이온 상태로 전환되므로 주촉매보다는 조촉매로서 사용된다. f 부준위를 채우는 란타넘족(lanthanides)과 악티늄족(actinides) 금속들은 반응성이 너무 커서 금속 상태가 되기 어렵다. 따라서 산화물의 형태로 조촉매 또는 지지체로 사용된다. 전이 금속 촉매의 대표적인 예를 반응 특성에 따라 [표 16.4]에 분류하였다. 전이 금속 중에서도 주로 8~10족 원소가 널리 사용되고 있다. 금속의 촉매 작용은 성분이 동일한 경우라도 금속 결정면 종류, 금속 입자 크기, 표면 조성 등에 따라 달라질 수 있으므로 이러한 요소들까지도 고려되어야 한다.

표 16.4 전이 금속 촉매의 반응 특성에 따른 분류

반응 특성	대표적인 예	용 도
H–H 결합의 절단에 의한 활성화	8~10족 금속(Ni, Co, Pd, Pt 등), Cu	수소화
C–H 결합의 절단에 의한 활성화	8~10족 금속	수소화 분해
O=O 결합의 절단에 의한 활성화	Ag, Au, Pt, Rh, Pd	산화
N≡N와 H–H 결합의 절단에 의한 활성화	Fe, Ru	암모니아 합성

표 16.5 금속 산화물 촉매의 분류

분류	대표적인 예	용도
전이 금속의 산화물	Mo, V 등의 단일 또는 복합 산화물	부분 산화
	Fe_2O_3, ZnO, Cr_2O_3	탈수소
	TiO_2, ZnO	광촉매 반응 산염기 반응
주족 금속의 산화물	SiO_2–Al_2O_3	산염기 반응

금속 산화물 촉매는 전이 금속의 산화물과 주족 금속의 산화물로 나눌 수 있다. 또한, 단일 금속의 산화물인 단일 산화물과 두 종류 이상 금속의 복합 산화물로 나누어지는데, 공업적으로는 복합 산화물의 형태로 더 많이 사용된다. [표 16.5]에 공업적으로 사용되고 있는 금속 산화물 촉매의 종류를 정리하였다. 전이 금속 산화물 중에서 산소 이온이나 원자가 결정 격자 내를 쉽게 움직이는 것은 기상의 산소와 격자의 산소가 교환되어 탄화수소의 선택적 또는 완전 산화가 일어날 수 있다. 격자 산소가 용이하게 이동할 수 있도록 MoO_3에 다른 금속 산화물을 복합화시킨 복합 몰리브데넘 산화물 등이 대표적인 예이다. 산소와의 결합력이 강한 전이 금속 산화물(Fe_2O_3, ZnO, Cr_2O_3)은 격자 산소의 반응성이 낮아 산화 반응에는 부적합하지만, 수소 분자 존재하에서도 금속 상태로 환원되지 않으므로 탈수소에 적합한 촉매가 될 수 있다. TiO_2, ZnO 등은 반도체 성질을 가지면서 광촉매 반응에 활성을 나타낸다. 주족 금속의 산화물은 산염기 반응의 촉매 활성을 나타내는데, 아래의 고체 산 · 고체 염기에서 다시 언급하기로 한다.

금속 황화물은 촉매독(catalyst poison)으로 작용하는 황이나 질소가 함유된 반응물의 반응(탈수소, 수소화, 수소화 분해, 수소화 정제 등)에 효과적인 촉매이다. Mo, W, Co, Ni의 황화물은 높은 수소화 활성을 가지고 있으며, 이들을 조합하면 촉매 활성이 더욱 향상되므로 Co-Mo, Ni-Mo, Ni-W 등을 알루미나에 지지시킨 형태로 사용된다. 여기서 Co, Ni은 조촉매 역할을 하는 것으로 알려져 있다. 이들 금속은 반응계 내에서 황화물로 전환되어 촉매 역할을 수행하게 된다. 금속 황화물 형태로는 Ni_3S_2, MoS_2, CdS, ZnS 등이 알려져 있다. 금속 촉매에 비하여 활성화 에너지가 높으므로 고온 조건이 요구된다.

고체산에는 금속 산화물, 금속 황산염, 금속 인산염, 고체 인산, 제올라이트, 양이온 교환 수지, 헤테로폴리산 등이 있다. **고체 염기**에는 주로 주족 금속의 산화물이 사용된다. 주족 금속의 산화물은 반응 분자에 양성자(proton)를 제공하는 산으로서의 역할을 하는 것과, 반응 분자로부터 양성자를 떼어내는 염기로서의 역할을 하는 것이 있다. 석유

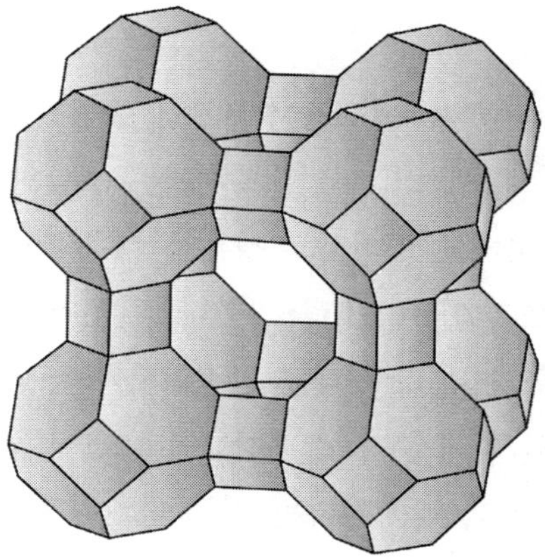

그림 16.3 제올라이트의 결정 구조

유분의 접촉 분해(3.3.3절 참조), 복분해(metathesis), 수화(hydration), 이성질화(isomerization) 등의 산염기 반응에 사용된다. 산으로서 사용되는 대표적인 예로서 SiO_2와 Al_2O_3가 복합화된 SiO_2-Al_2O_3가 있다. 전이 금속의 산화물로는 TiO_2, ZnO 등이 사용된다. 금속 황산염의 예로는 $NiSO_4 \cdot xH_2O$와 $Al_2(SO_4)_3 \cdot xH_2O$, 금속 인산염의 예로는 BPO_4와 $FePO_4$가 있다.

제올라이트(zeolite)는 다공성의 결정성 알루미노실리케이트(aluminosilicate)이다. 제올라이트는 이온 교환 특성과 규칙적인 미세 기공에 의한 분자체(molecular sieve) 특성이 있기 때문에 촉매로서 활용될 수 있다. 즉, 이온 교환 특성에 의해 브뢴스테드(Brønsted)산 또는 루이스(Lewis)산으로 작용할 수 있으며, 전이 금속을 도입하여 촉매 활성점을 만들 수 있다. 또한, 분자체 특성에 따른 형상 선택성을 갖는데, 좀 더 구체적으로 말하면 제올라이트 기공의 기하학적 형상([그림 16.3]) 때문에 촉매 반응의 선택성이 영향을 받게 되는 것이다. 제올라이트의 형상 선택성은 크게 세 가지로 나눌 수 있는데, 1) 기공 크기보다 작은 반응물만이 기공 내로 들어가 반응할 수 있고(반응물의 형상 선택성), 2) 기공 구조로 인해 생성되는 중간체가 달라져 결과적으로 생성물 분포가 달라지며(중간체의 형상 선택성), 3) 기공 내에서 생성된 생성물이 분자 크기에 따라 확산 속도가 달라지게 된다(생성물의 형상 선택성). 이러한 형상 선택성은 공업적으로 유용하게 활용될 수 있다. 대표적인 예로서, 석유 정제 공업의 p-자일렌의 제조 공정에 있어서 열역학적으로는 원하지 않는 m-자일렌의 생성이 유리하지만 제올라이트 촉매의 분자체 특성을 활용함으로써 원하는 p-자일렌의 선택도를 크게 증가시킬 수 있다.

16.3.2 조촉매

조촉매(cocatalyst)는 두 종류 이상의 성분으로 구성된 촉매에 있어서, 주성분 물질의 활성 및 선택성을 증대시키거나 안정화시키는 소량의 성분을 뜻한다. 예를 들면, 암모니아 합성 반응의 촉매에 있어서 주성분인 철에 대하여 소량의 알루미나(Al_2O_3)와 산화칼륨(K_2O)을 조촉매로서 소량 가한다. 알루미나는 철과 스피넬 구조(spinel structure)를 만들어 철을 미립자 상태로 안정화시키고, 반응에 참여하는 금속 표면적을 최대로 유지할 수 있게 해 준다. 산화칼륨은 표면에 많이 존재하면서 철에 전자를 제공하여 질소의 해리 흡착을 촉진하는 것으로 알려져 있다.

16.3.1절에서 언급하였던 촉매의 **복합화**도 일종의 조촉매의 활용이라고 할 수 있다. 복합 산화물을 형성하면 성분 간의 구조적 또는 화학적 상호작용에 의하여 촉매 특성이 향상된다. 대표적으로는 활성점의 안정화, 표면적의 증대, 반응 특성의 조절 등을 들 수 있다.

16.3.3 지지체

지지체(support)는 촉매 활성 성분을 그 표면에 지지시켜 촉매 성능을 효과적으로 발현할 수 있도록 도와주는 물질로서, 대부분의 공업용 촉매는 이러한 지지 촉매(supported catalyst) 형태로 되어 있다. 다공성 구조로 되어 있어서 기공 내에 촉매 활성 성분을 적절하게 분산시켜 촉매의 표면적을 최대화할 뿐만 아니라 촉매의 열적, 기계적 특성을 향상시키는 역할을 한다. 또한 촉매 반응의 일부에 직접 관여하여 반응을 촉진시키거나 원하지 않는 부반응을 억제하는 역할을 하는 경우도 있다. [표 16.6]에 지지체의 기능을 정리하였다. [표 16.7]에는 지지체로 사용되는 몇 가지 성분에 대하여 종류와 특징을 정리하였다. 이 중 알

표 16.6 지지체의 기능과 효과

기능	효과
금속을 미립자상으로 분리 고정	촉매 표면적 증가 촉매 입자의 소결 억제 촉매 성분의 승화 억제 반응열 제거 용이(국부적 가열 방지) 기계적 강도 향상
활성점을 고분산시켜 밀도 조절	반응 선택성 증가
촉매 금속의 전자 상태에 영향	촉매의 반응 특성 조절 활성 성분 안정화
반응에 직접 관여	여러 단계의 반응 중 일부 단계를 촉진

루미나가 값이 싸고 구조적으로 안정하며, 기공 특성의 조절이 용이하기 때문에 가장 널리 사용되고 있다.

표 16.7 주요 지지체 성분의 종류와 특징

종류	특성	지지체로서 사용되는 주요 분야
알루미나(Al_2O_3)	기공 특성 조절 용이 고온에서 촉매 활성 저하 가능성 고체 산 특성 가짐	탈황, 석유 개질, 수소화 알코올 탈수 황화수소에서 황 제조
실리카(SiO_2)	기계적 강도 우수 고온에서 안정 표면적 큼 고체 산 특성 가짐	수소화
타이타니아(TiO_2)	광촉매 특성 가짐 고체 산 특성 가짐	무수프탈산 제조
활성탄	표면적 큼 케톤, 수산기, 카복실기 등 가짐	수소화
기타: 제올라이트, 알루미나-실리카 복합체, 마그네시아(MgO) 등		

16.4 촉매의 공업적 이용

16.4.1 석유 정제 공업

[그림 3.2]에 나타내었듯이 석유를 상압 증류하여 얻어진 각종 유분(가스, 경질 및 중질 가솔린, 등유, 경질 및 중질 경유, 잔유)을 제품화하기 위하여 중합, 수소화 정제, 접촉 분해, 접촉 개질, 이성질화, 알킬화 등의 정제 또는 전화 공정을 거치게 되는데, 촉매는 이들 대부분의 공정에서 사용되고 있다.

이 중에서 **접촉 분해** 공정(3.3.3절 참조)은 현재 수행되고 있는 모든 촉매 공정 중에서 가장 규모가 크다. 일반적으로 500~550 °C에서 수행되며, 실리카-알루미나(SiO_2-Al_2O_3) 또는 제올라이트와 같은 고체 산 촉매에 의한 카보늄 이온의 반응에 의하여 진행된다. 반응은 결합의 절단 이외에도 이성질화, 고리화, 수소 이동 등의 반응이 함께 진행된다. 반응이 진행되면서 탄소가 촉매 표면에 침적(coking)되어 활성이 저하되므로 이 탄소 물질을 연소시켜 제거함으로써 촉매를 재생시키는 공정이 동시에 수행된다. 유동상 반응탑에서 접촉 분해 반응을 일으키면서 비활성화된 촉매가 재생탑으로 이동하고, 재생된 촉매는 다시 반응탑으로 이동하여 반응에 참여하는 유동 접촉 분해(fluid catalytic cracking: FCC) 방식이 사용되고 있다.

석유의 상압 증류 유분 중 특히 중질 가솔린을 원료로 자동차용 고옥탄가 가솔린을 제조하는 **접촉 개질** 공정(3.3.2절 참조)에서도 촉매가 중요한 역할을 한다. 접촉 분해는 가지가 달리거나 고리 구조를 가진 탄화수소의 제조가 주목적으로, 탈수소, 이성질화, 고리화 등의 반응이 함께 진행된다. 촉매로서는 알루미나 또는 실리카 / 알루미나 등의 고체 산을 지지체로 한 백금(Pt) 또는 백금 / 레늄(Pt / Re) 촉매가 사용된다. 고압의 수소가 사용되는데, 탈수소 반응에 따른 촉매 표면에의 탄소침적을 억제하기 위한 것이다.

석유 유분에 함유되어 있는 황이나 질소 화합물은 장치 부식, 석유 제품 질 저하, 대기 오염 등의 문제를 일으키므로 주로 **수소화 정제**(3.3.7절 참조)에 의해 제거된다. 수소화 정제 반응 중에서는 탈황이 가장 중요한데, 황 성분이 황화수소(H_2S)의 형태로 제거된다. 이 공정에서는 알루미나나 제올라이트를 지지체로 하는 황화몰리브데넘계 주촉매와 황화코발트나 황화니켈 조촉매가 사용된다.

16.4.2 석유 화학 공업

올레핀(에틸렌, 프로필렌 등)과 방향족 탄화수소(BTX)에서 출발하는 석유 화학 공업에 있어서 대부분의 화학 반응에 촉매가 사용되고 있다. 석유 화학 공업에 포함된 화학 반응을 크게 수소 관련 반응, 산화 반응, 산-촉매 반응으로 나누어 각각의 반응에 해당하는 촉매를 정리해 보기로 한다.

수소 관련 반응에는 수소화, 수소화 탈알킬, 수소화 정제, 탈수소 반응 등이 있다. [표 16.8]에 반응의 분류와 해당 촉매를 나타내었다. 수소 관련 반응에서 촉매의 중요한 역할은 촉매 표면에서 수소 분자의 결합을 절단하여 활성이 있는 수소 원자로

표 16.8 석유 화학 공업의 수소 관련 반응의 예와 촉매

반응의 종류	반응의 예	목적	촉매
수소화	벤젠의 수소화에 의한 사이클로헥세인 합성	나일론 원료 합성	Ni, Pt
수소화 탈알킬	톨루엔을 벤젠과 메테인으로 전환 (식 4.8)	수요가 큰 벤젠의 제조	Cr_2O_3–Al_2O_3
수소화 정제	에틸렌에 포함된 아세틸렌 불순물을 수소화하여 제거	에틸렌 정제	Co–Mo
탈수소	에틸벤젠을 스타이렌으로 전환 (식 4.12)	폴리스타이렌 원료 합성	Fe_2O_3–CrO_3

전환하는 것이다.

석유 화학 공업에서 수행되는 산화 반응에 의하여 제조되는 화합물과 사용되는 촉매를 [표 16.9]에 정리하였다. 알데하이드, 케톤, 에폭사이드, 산, 무수물 등이 제조된다.

석유 화학 공업에 있어서 산-촉매를 사용하는 반응과 촉매를 [표 16.10]에 정리하였다.

표 16.9 석유 화학 공업의 산화 반응과 촉매

생성물 분류	반응 예	촉매
알데하이드	프로필렌을 아크롤레인으로 전환(식 4.44)	Mo–Bi
케톤	프로필렌을 아세톤으로 전환(식 4.58)	Pd–Cu
에폭사이드	에틸렌을 에틸렌옥사이드로 전환(4.29)	Ag
산	아크롤레인을 아크릴산으로 전환(4.48)	Mo–V
무수물	뷰텐 또는 뷰타다이엔을 무수말레산으로 전환(식 4.65)	V_2O_5

표 16.10 석유 화학 공업의 산–촉매 반응과 촉매

생성물의 예	반 응	촉 매
에틸벤젠	벤젠과 에틸렌을 기상 반응시킴(식 4.11)	H_3PO_4–SiO_2 SiO_2–Al_2O_3
큐멘	벤젠과 프로필렌을 반응시킴(식 4.52)	$AlCl_3$ (액상 공정) H_3PO_4–SiO_2 (기상 공정)
벤젠과 자일렌	톨루엔의 불균화(식 4.9)	SiO_2–Al_2O_3
에탄올	에틸렌의 수화(식 4.33)	H_2SO_4 (액상 공정) H_3PO_4–SiO_2 (기상 공정)

16.4.3 무기 화학 공업

전통적인 무기 화학 공업에 있어서 암모니아, 질산, 황산 등의 제조에 촉매가 사용된다. 암모니아 합성에 있어서의 촉매에 대해서는 8.1.2 및 16.3.1절에서 기술하였다. 질산 제조(7.2.3절 참조)에서는 백금을 주촉매로 하고 로듐(Rh)을 조촉매로 사용한다. 로듐은 녹는점이 높아 백금의 증발을 방지하고 활성을 증대시키는 역할을 한다. 황산 제조(7.1.3절 참조)에 있어서는 이산화황으로부터 삼산화황을 합성하는 공정에 산화바나듐 촉매를 사용한다.

16.4.4 에너지

에너지원인 연료의 제조에도 촉매 기술이 중요한 역할을 하고 있다. 촉매는 16.4.1절에서 기술하였듯이 석유 정제 공업에서 각종 연료유 제품을 제조하는 데 사용되고 있다. 그 외의 에너지원으로서, 현재 일부 실용화되었거나 연구 개발 중인 에너지원과 관련된 촉매에 대하여 아래에서 기술하기로 한다.

석유 대체 에너지원 확보의 일환으로 연구되고 있는 **석탄의 액화**는 기본적으로 수소화 분해에 의해 이루어진다. 여기에 사용되는 촉매는 석유의 정제 공정 중의 수소화 관련 반응에도 사용되는 Co-Mo 또는 Ni-Mo계가 적용되고 있다.

4.10절에서 언급한 바와 같이, 일산화탄소와 수소의 혼합물인 **합성 가스**는 앞으로 유기 화학 공업의 주요 기초 원료가 될 것으로 예상되고 있으며, 동시에 석유 대체 연료를 제조하는 데 중요하게 사용될 수 있을 것으로 판단된다. 탄화수소로부터 합성 가스를 제조하는 반응에는 Rh, Ru, Ni 등의 금속 촉매가 높은 활성을 보이지만, Rh와 Ru는 고가이기 때문에 Ni이 주로 사용된다.

합성 가스로부터의 연료 제조는 크게 세 가지 방향으로 나누어지는데, 1) 탄화수소 혼합물인 경질 연료유의 직접 제조(Fischer-Tropsch 반응), 2) 합성 가스로부터 합성되는 메탄올을 사용하여 가솔린을 제조하는 MTG(methanol to gasoline) 공정, 3) 미래의 청정 에너지원으로 주목받고 있는 수소의 분리 제조 등이 있다. 액체 연료유를 제조하는 Fischer-Tropsch 반응에는 Fe, Co 촉매가 사용된다. MTG 공정에는 제올라이트 촉매가 사용되는데, 아직 경제성을 확보하지는 못하였지만 석유 대체 연료의 제조 방법으로서 주목받고 있다.

화학 물질의 전기 화학적 반응을 이용하여 전기를 얻는 **연료 전지**는 현재 실용화가 활발하게 진행되고 있다(9.2.3절 참조). 일반적으로는 수소를 산소와 반응시키는 방식이 사용된다. 반응이 일어나는 전극 촉매는 촉매 자신 또는 촉매 지지체가 전자 전도성을 가져야 한다. [표 16.11]에 각 연료 전지에 사용되는 전극 촉매를 정리하였다.

연료(주로 화석 연료)의 연소에 의하여 열에너지를 얻는 공정에 있어서, 촉매를 사용하여 연료를 절약하고 공해 물질의 배출을 억제할 수 있는 방식을 **촉매 연소**라고 한

표 16.11 연료 전지에 사용되는 전극 촉매

구분	고온형		저온형		
	용융탄산염형 연료 전지 (MCFC)	고체 산화물형 연료 전지 (SOFC)	알칼리 연료 전지	인산형 연료 전지 (PAFC)	고분자 전해질형 연료 전지 (PEMFC)
주촉매	니켈	perovskite	백금	백금	백금

다. 촉매 연소의 장점은 1) 연소 온도의 제어가 가능하며, 2) 착화 온도가 낮으며, 3) 완전 연소가 가능하며, 4) 무염 연소로 안전성이 높으며, 5) 통상적으로는 연소가 어려운 희박 가스의 연소가 가능하며, 6) 공해 물질의 발생을 억제할 수 있다는 것이다. 이러한 장점 때문에 가정용(석유 스토브, 라이터, 모발 미용기, 보일러 등), 산업용(폐가스 정화 장치, 보일러 등), 발전용(가스 터빈 등) 등 다양한 연소 장비에 촉매 연소가 적용되고 있다. 발전용 가스 터빈을 예로 들면, 터빈 내에서의 화염 연소 온도가 높을수록 NOx 발생량이 증가하는데, 촉매를 사용하여 연소 온도를 낮춤으로써 NOx의 발생량을 줄일 수 있다. 촉매로서는 고온에서 안정한 마그네시아(MgO) 미립자가, 지지체로서는 산화알루미늄계($LaAl_{11}O_{17}$ 또는 $BaAl_{12}O_{19}$ 등)가 사용되고 있다.

16.4.5 환경

환경 문제는 이제 전 지구적인 문제로서 부각되고 있고, 그 해결 대책의 중심에는 화학, 공업 화학, 화학 공학이 있다. 공해 물질의 제거 또는 저감에는 화학적 처리가 많은 부분을 차지하며, 따라서 촉매가 중요하게 사용되고 있다. [표 16.12]에 공해 물질의 처리의 방향을 크게 세 가지로 정리하고 각각에 해당하는 처리 방법을 나타내었다.

우선, 연료에 포함되는 공해 원인 물질을 최소화하는 것이 필요한데, 석유 정제 공업에서의 수소화 정제가 여기에 해당한다(16.4.1절 참조). 다음으로는 연료가 연소된 후 배출되기 직전에 정화하는 것으로서, 촉매 연소(16.4.4절 참조), 자동차 촉매 장치 등이 있다. 이미 환경으로 배출된 공해 물질의 처리에는 광촉매 등이 사용된다.

자동차 촉매는 자동차의 엔진에서 배출되는 배기 가스를 정화하는 촉매로서, 배기 가스에 포함된 일산화탄소, 미연소 탄화수소, 질소 산화물의 3종류 성분을 제거하는 것을 목적으로 한다. 현재 사용되고 있는 촉매는 백금, 팔라듐, 로듐을 주촉매로, 산화세륨을 조촉매로, 알루미나 분말을 지지체로 하여 제조된 것이다. 백금 성분은 식 16.3에서와 같이 일산화탄소를 이산화탄소로 전환시키며, 식 16.4에서와 같이 미연소 기체인 벤젠(C_6H_6)을 산화시켜 이산화탄소와 물로 전환시킨다.

표 16.12 공해 물질의 처리 방향

처리 방향	해당 공정 또는 장치
연료를 제품화할 때 제거	석유 정제 공업에서의 수소화 정제(탈황, 탈질)
연료가 연소될 때, 또는 연소 후 배출 직전 제거	촉매 연소, 자동차 촉매 장치, 배기 가스에서 황 산화물과 질소 산화물 제거
환경(대기, 수질, 토양)에서 제거, 기타	촉매 산화, 광촉매

$$2CO + O_2 \longrightarrow 2CO_2 \quad (16.3)$$

$$C_6H_6 + \frac{15}{2}O_2 \longrightarrow 6CO_2 + 3H_2O \quad (16.4)$$

로듐은 질소 산화물을 질소로 환원시키는 역할을 담당한다(식 16.5).

$$2NO \longrightarrow N_2 + O_2 \quad (16.5)$$

자동차 촉매는 벌집 모양의 하니컴(honeycomb)이라고 불리는 촉매 전환기(catalytic converter)의 내부에 분산되어 있다([그림 16.4]).

광촉매(photocatalyst)는 빛을 받아서 촉매 표면에서 강력한 산화 반응을 일으키는 반도체를 말한다. 광촉매의 자외선 복사 에너지에 의한 유기물을 분해 작용을 이용하여 1) 대기, 수질, 토양 등의 환경 정화, 2) 주택 실내의 공기 청정, 탈취, 항균, 항오, 3) 주택 유리, 자동차 유리, 타일 등의 셀프 클리닝(self cleaning), 4) 물의 수소와 산소로의 분해, 5) 표면에 친수성을 가지게 하는 기능(물에 젖어도 물방울이 맺히지 않고 매우 얇은 막으로 흡착하는) 부여에 활용되고 있다. 주로 산화타이타늄(TiO_2)을 기본으로 한 촉매가 사용되고 있다. 산화타이타늄은 주로 자외선에 반응하지만 최근에는 가시광선 영역에서도 반응할 수 있게 하는 기술이 개발되면서 이용 가치가 더욱 증대되고 있다.

[그림 16.5]에 광촉매의 작용 원리를 나타내었다. 광촉매에 특정한 에너지의 빛이 조사되면 전자가 원자가 밴드에서 전도 밴드로 여기하고 원자가 밴드에는 정공(hole)이 생기게 된다. 공기 중의 산소(O_2) 또는 오존(O_3)이 전도 밴드의 전자와 반응하여

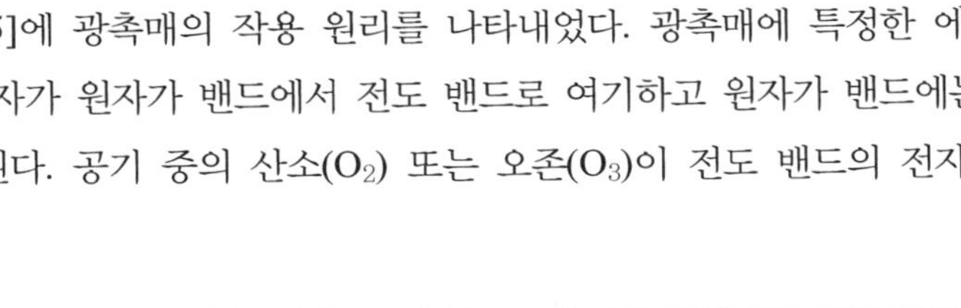

그림 16.4 자동차의 하니컴 촉매 전환기의 구조

[출처 : www.howstuffworks.com]

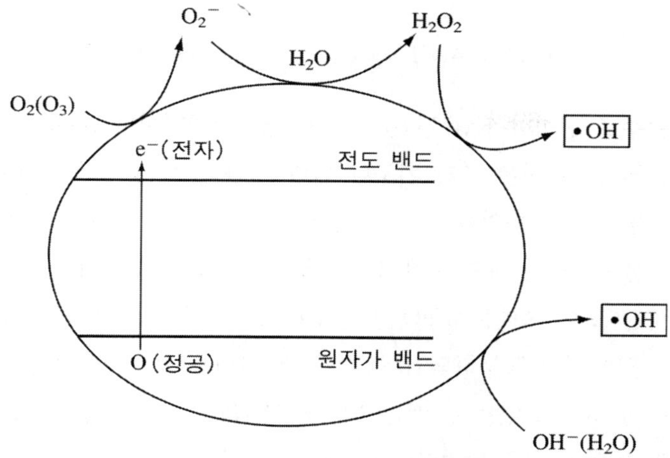

그림 16.5 광촉매의 작용 원리

초과산화 음이온(superoxide anion, O_2^-)을 생성하고, 이것은 물과 반응하여 과산화수소가 된 후 최종적으로 수산화 라디칼(· OH)을 생성한다. 정공은 수산화 이온(OH^-) 또는 물과 반응하여 역시 수산화 라디칼을 생성한다. 이 수산화 라디칼이 유기물(파라핀)을 분해하는 과정을 식 16.6~16.9에 나타내었다. 식 16.6에서와 같이 수산화 라디칼이 파라핀에서 수소 원자를 떼어가 파라핀의 라디칼을 생성하면 이것이 식 16.7과 같이 공기 중의 산소와 반응하면서 과산화(peroxide) 라디칼이 되고, 최종적으로 식 16.9와 같이 이산화탄소를 발생하면서 분자량이 감소한다. 식 16.9의 라디칼은 식 16.7~16.9의 반응을 반복하면서 분해를 일으킨다.

$$RCH_2CH_3 + \cdot OH \longrightarrow RCH_2CH_2\cdot + H_2O \tag{16.6}$$

$$RCH_2CH_2 + O_2 \longrightarrow RCH_2CH_2OO\cdot \tag{16.7}$$

$$RCH_2CH_2OO\cdot + 2\cdot OH \longrightarrow RCH_2COO\cdot + 2H_2O \tag{16.8}$$

$$RCH_2COO\cdot \longrightarrow RCH_2\cdot + CO_2 \tag{16.9}$$

시멘트 소성로나 유리 용해로 같은 장치들은 매우 높은 온도에서 운전되기 때문에 공기 중의 질소와 산소의 반응에 의하여 NOx가 생성된다. 또한 화력 발전용 보일러와 같이 화석 연료(석유, 석탄 등)를 연소시키는 경우에도 연료에 포함되어 있는 질소 화합물의 산화에 의해 NOx가 발생하게 된다. 이들 장치에서 배출되는 배기 가스에서 NOx를 제거하는 방법으로서 암모니아를 환원제로 하는 **탈질 촉매 공정**이 주로 사용된다. 반응은 식 16.10에 나타낸 것과 같이 진행된다.

$$4NO + 4NH_3 + O_2 \longrightarrow 4N_2 + 6H_2O \qquad (16.10)$$

촉매로서는 주로 산화바나듐(V_2O_5)을 지지시킨 산화타이타늄(TiO_2)이 사용된다.

완전 산화 촉매는 가정용 조리 기구나 난방 기구 등에 장착되어 에너지 절약, 조리 기능 개선, 자기 정화 등의 기능을 발휘한다. 예를 들어, 조리 기구에 사용된 촉매는 고기나 생선을 구울 때 나오는 유지를 불꽃 없이 연소(산화)시켜 이산화탄소와 수증기로 전환시킨다. 이 촉매는 MnO_2 또는 Zn-Mn계 훼라이트가 지지된 다공질 물질이며, 조리 기구의 벽면에 부착되어 있다. 완전 산화를 목적으로 하는 촉매 중에는 귀금속에 속하는 것들도 있는데, 백금(Pt), 팔라듐(Pd), 금(Au) 등이 있다. 금은 일반적으로 화학적 활성이 매우 낮지만 나노미터 크기의 미립자로 만들면 특이하게도 일산화탄소, 산소, 수소 등에 대하여 높은 흡착 및 반응 특성을 나타낸다.

참고문헌

- 서갑양. 나노기술의 이해. 서울대학교출판문화원.
- 최영락, 이은경. 세계 1위 메이드 인 코리아-반도체. 지성사.
- 이재철, 오용호, 김시호. 반도체와 정보화 사회. 시그마프레스.
- 권호영, 임종호. 재료과학. 도서출판 골드.
- 김유옥, 고완석, 박정환, 정광보 역. 유기공업화학. 동화기술.
- 조성기 역. 유기공업화학. 지성출판사.
- 한국공업화학회. 무기공업화학. 청문각.
- 구상만, 김화중, 이준. 무기공업화학. 자유아카데미.
- H.-J. Arpe. Industrial Organic Chemistry. Wiley-VCH.
- J. A. Brydson. Plastics Materials. Butterworth-Heinemann.
- News & Information for Chemical Engineers (NICE). 한국화학공학회.
- 이화학사전. 대광서림.
- 백운기, 박수문, 전기화학. 청문각.
- 송호봉. 생활과 화학. 탐구당.
- CHEM 생활속의 화학, 화학교재연구회.
- 이범종, 생활속 화학, 자유아카데미.
- 생활과화학교재연구회, 생활과 화학, 자유아카데미.
- 정일남, 제3세대 실리콘화학, 자유아카데미.
- 고분자과학과 기술. 한국고분자학회.
- W. L. Masterton, C. N. Jurley. Chemistry Principles and Reactions 5th ed. Harcourt College Publishers.
- B. Selinger. Chemistry in the Marketplace. Paul & Co Pub Consortium.
- G. L. Patrick. An Introduction to Medicinal Chemistry. Oxford.
- 화학세계. 대한화학회.

- KISTEP 브리프, 한국과학기술기획평가원.
- 과학동아, 동아사이언스.
- 윤호규, 김환건. 고분자 전자재료. 문운당.
- 윤진산, 진인주. 생활속의 고분자. 학연사.
- 정해상, 나노의 과학과 기술. 겸지사.
- 이인식. 나노기술이 미래를 바꾼다-Nanotechnology. 김영사.
- 三合知仁. ナノテクノロジ- のすべて. 工業調査會.
- 그린케미스트리-지속적 사회를 위한 화학, 김종호 등, 한티미디어.
- 네이버, Wikipedia, 조선일보.

찾아보기

ㅇ

저자 소개

정찬문
연세대학교 화학공학과 졸업
연세대학교 대학원 화학공학과 석사
Tokyo University 합성화학과 박사
Cornell University 화학과 박사후연구원
한국과학기술연구원 고분자연구부 선임연구원
현) 연세대학교 과학기술융합대학 화학및의화학과 교수
E-mail: cmchung@yonsei.ac.kr

공업화학 -제4판-

저　　자　정찬문
발 행 인　김지영
발 행 처　자유아카데미
주　　소　경기도 파주시 회동길 37-42
　　　　　파주출판도시
전　　화　031-955-1321
팩　　스　031-955-1322
홈페이지　www.freeaca.com
전자우편　main@freeaca.com (대표)
　　　　　editor@freeaca.com (편집)
　　　　　crm@freeaca.com (영업)
등　　록　제406-2003-017호, 1980. 7. 12
제4판1쇄　2024년 4월 30일 발행

저자와의
협의하에
인지생략

ISBN 979-11-5808-607-7　93430